처음 만나는 조경학

KB140551

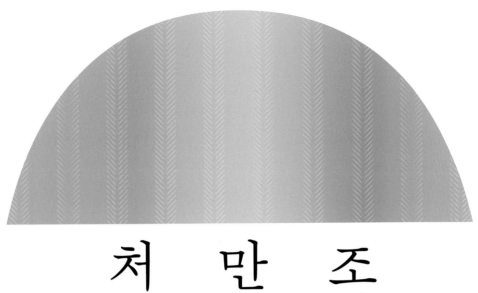

처/음 만나는 조경학

김아연 · 김영민 · 김용근 · 김한배 · 박찬 · 소현수 · 이상석 · 이재호 · 한봉호

일조각

책을 펴내며: 이상향으로의 초대

아름답고 건강한 조경의 세계에 오신 것을 환영합니다!

푸르른 자연과 인공적 환경이 상생과 조화를 이룬 도시, 고향같이 정답고 흥미가 넘치는 일상의 생활공간, 소읍과 농촌이 균형을 이룬 교외 지역, 이러한 환경들은 우리가 '살고 싶은' 거주 공간의 이상적 조건일 것이다. 이와 함께 독특한 자연경관에 역사·문화가 다양하고 상상력과 개성이 넘치는 환경은 우리가 '찾아가고 싶은' 관광명소의 이상적 모습이라 할 수 있다. 인류는 문명을 이룩한 이래로 '머무는(정주)' 환경을 주로 조성하고 발전시켜 왔으나 근대 이후에는 교통·정보의 발달로 '찾아가 즐기는(관광·휴양)' 환경을 발굴하거나 조성하여 새로운 것에 대한 욕구를 충족시키고 있다. 이러한 양대 축의 생활환경들은 많은 경우 겹치기도 하지만, 근대 이후 테마파크 등을 포함하는 후자의 다양화로 설계에 의해 환경을 형성하는 경우가 늘어나고 있다. 우리 삶의 대부분을 보내는 이 양대 환경들의 경관을 보다 편안하면서도 아름답고 건강하게 계획, 설계, 실현하여 가꾸는 일, 즉 이상적 경관을 만들어 나가는 일을 '조경'이라고 부른다.

조경의 기원은 농경문화가 시작되는 인류의 정착시대까지 소급하지만, 근대 이전에는 주로 조원gardening이라는 명칭으로 기초적 토목과 건축, 원예기술을 결합하여 지배계급의 심미적이고 기념비적 공간을 창출하였기 때문에 '예술적 접근'이 위주가 되었다. 산업혁명과 더불어 태동한 근대 이후에는 도시환경의 순화를 위한 '생태적 접근', 다수 대중의 이용 만족도에 부응하기 위한 '기능적·행태적 접근' 등 '과학적 접근'이 새롭게 도입되면서 '조경Landscape Architecture'이라는 새로운 이름의 독자적 영역으로 정착하였다. 이에 따라 근대 이후 현대에 이르기까지 조경의 전통은 예술적 전통과 과학적 전통의 양대 축 위에서 이론, 실무, 교육 등의 여러 영역들이 상호 영향을 주고받으면서 발전해 왔다. 또한 생활양식의 변화와 함께 조경의 대상 공간들도 다양해졌다.

『처음 만나는 조경학』은 이와 같은 배경 속에서 성장해 온 '조경'의 큰 흐름과 기초 지식들을 세계의 동향과 한국적 배경 속에서 개괄적으로 소개하기 위해 집필하였다. 이 책은 조경에 관심을 가진 일반 독자들을 포함해 조경학을 공부하는 학생과 관련 분야의 실무자들이 조경 분야의 현 지형을 새롭게 조감하면서 이 시대의 조경학의 동향을 이해하기 쉽게 만든 '조경학' 개론서이다.

이 책은 총 9개 장으로 구성하였는데, 크게 세 파트로 나눌 수 있다. 첫 번째 파트인 Ⅰ~Ⅳ장에서는 조경의 전반적이고 기본적인 내용을 소개하고 있다.

Ⅰ장은 조경학 전체에 대한 '개론'으로, 조경학의 전반적 가치를 재점검하고 현시점의 변화 추세에 대응하는 과제를 제시하고 있다. 기존의 조경학의 정의나 범위를 그대로 소개하기보다는 우리들이 가지고 있는 통념에 대해 문제를 제기하면서 독자들과 함께 새로운 조경학의 시야를 재탐색하려 하고 있다. 기존의 조경학이란 '무엇이냐'라는 고착적 정의보다는 '왜', '어떻게' 하는 것이 이 시대 조경의 역할인가라는 물음을 던지고 그에 대한 답변에서 조경의 정체성을 재발견하고자 한다. 나아가 이 시대에 새롭게 대두되는 도시환경의 개념들, 예를 들어 '생활형 조경', '주민주도적 조경', '리질리언스', '랜드스케이프 어바니즘' 등을 통해 조경의 새로운 전망과 과제를 열거하면서 앞으로의 조경의 방향성을 묻고 있다.

Ⅱ장에서는 근현대 조경의 성립과 전개에 중요한 역할을 한 시기별 주요 조경 양식과 대표 작품들을 선별하여 소개하고 이들이 어떻게 현대 도시공간의 풍요로움에 기여하고 있는지 설명하고 있다. '현대 조경설계의 흐름'에 대해 서술한 이 장은 근대 이후 현대에 이르기까지 조경학이 정착하고 전개되는 과정과 그 속에서 발생한 쟁점과 성과들을 핵심 조경가들의 역할과 함께 살펴본다. 여기서는 현재 우리 시대의 대표적 조경의 모습을 쉽게 이해할 수 있도록

조경 작품들을 사례로 들면서 정리하였다. 이 장을 통해서 현대 조경의 최전선 front line을 경험하고 조경설계에 대한 흥미를 북돋울 수 있기를 기대한다.

Ⅲ장은 조경학의 원초적 기반인 '경관'의 기본개념과 이론을 개괄하고, 이를 바탕으로 새로운 환경계획의 분야로 확장해 가고 있는 '경관계획'의 역할과 방법론에 대해 이야기하고 있다. 여기서는 근대적 의미의 경관에 대한 관심은 18세기 낭만주의 조경에서부터 촉발되었고 따라서 경관 연구의 진원지는 조경이라고 주장한다. 이어서 동아시아와 유럽의 도시경관문화의 변화 사례를 개괄한 후, 근대 이후 경관 이론의 발전을 계보학적으로 설명한다. 특히 경관의 학문적 발전은 지리학, 조경, 도시 등 환경 관련 분야와의 융복합적인 연구에서 성숙되어 왔으며, 그 이론적 변화 과정은 도시공간의 물리적 형태에 대한 심미적 연구에서 출발하여 환경심리학 이론의 도입과 함께 이미지와 장소성, 상징성의 총체적 차원의 주제와 방법론에 이르게 되었다고 정리한다. 이와 함께 이 장의 핵심적 내용인 실천적 내용의 '경관계획' 사례들을 소개하고 이를 종합한 경관계획의 방법론을 논의한 후 경관의 향후 사회적 역할을 강조하고 있다.

Ⅳ장에서는 조경의 기원에서부터 동서양 조경의 역사적 전개 과정인 '조경사'에 대한 이야기를 들을 수 있다. 여기서는 고대부터 이어져 온 조경의 지역별·시대별 발전의 큰 흐름과 시대별 조경 양식 및 그 대표 작품에 나타나는 예술적·철학적 가치를 설명하고 있다. 특히 동양권에서도 독특한 조경문화를 간직하고 있는 우리나라 조경의 역사와 작품들을 대표 사례를 통해 자세히 소개하고 있다. 조경의 역사는 현대의 조경 작품을 만들 때, 늘 준거의 역할을 하는 경관적 사고와 그 결과물의 저장고archive라 할 수 있다. 이 장에서는 현대 한국조경에 있어서 조경사적 지식 활용의 필요성 및 보전, 복원, 재현의 쟁점들을 함께 소개하고 있어 '지금, 여기'의 한국조경에 대한 통시적 인식과 문제의식을 동시에 넓혀 줄 수 있으리라 여겨진다.

두 번째 파트인 Ⅴ~Ⅷ장에서는 조경 분야의 중추적 부분인 조경의 핵심 전공들의 지식과 기법, 향후 전망들을 설명하고 있다.

V장은 현대 조경의 과학적 접근에 큰 계기를 제공한 '생태학에 기반한 조경'과 '환경생태계획'에 대한 내용을 소개하고 있다. '환경생태계획'은 조경의 양대 축 중, '과학으로서의 조경'의 방법론을 체계화시켜 준 '생태학'에 기반하고 있다. 1960년대 말에 미국의 이언 맥하그Ian McHarg(1967)는 당시 조경에서 태동한 IT기술 기반의 GIS(지리정보체계)를 이용하여 생태학적 자원 분석을 통한 광역조경계획의 토대를 제시함으로써 그 방법적 보편성으로 한 시대를 풍미하였다. 이러한 접근방법을 보다 숙성되고 제도화시킨 것이 독일에서 발전한 경관생태학Landscape Ecology이다. 이를 이론적 토대로 하여 1980년대 후반부터 한국에서 적용한 계획체계가 '환경생태계획'으로, 서울시립대학교 조경학과가 이 방법론의 발전에 크게 기여하였다. 이 장에서는 환경생태계획의 연원과 전개, 기법을 소개하고 단지 규모에서부터 도시 규모에 이르기까지의 적용 실례와 그 전망에 대해 기술하고 있다.

VI장은 조경의 전통적 핵심 분야인 '조경설계'의 이론과 실제, 새로운 접근 방법을 체계적으로 서술하고 있다. 이 장은 현장에서 활동하고 있는 조경디자이너의 시각으로 조경설계의 새로운 동향을 구체적으로 설명한 것이 특징이다. 조경설계는 관련 분야인 건축과 마찬가지로 도면과 모형 등 전통적 매체에 의해 표현해 왔지만, 이 장에서는 '다이어그램'과 '매핑' 등 새로운 매체가 생성하는 새로운 설계적 상상력을 예시하고 있다. 특히 최근 조경설계의 확장적 영역으로 도입되고 있는 '활동프로그래밍' 방법론을 통한 조경공간의 창발적 이용관리의 필요성을 강조하고 있다. 이와 관련하여 조경디자이너의 역할을 '총괄기획가', '컨설턴트', '퍼실리테이터' 등으로 세분하여 설명하고 있다. 마지막으로 다양한 시대적 요구를 반영하는 설계의 접근 방법으로 '기술·정보 기반 통합 디자인', '융복합 디자인', '커스텀 디자인'에 이르기까지 떠오르는 미래 조경설계방식의 추세를 다양하게 설명하고 있다.

VII장은 앞서 조경설계와 생태계획 등 머리와 도면 속에 구상된 조경의 아이디어를 실제 환경에 구현해 내는 '기술로서의' 조경시공학과 재료학에 대해 서술하고 있다. 또한 공학적 기술을 넘어서서 시공 단계에서 발전시킬 수 있는 '예술적' 완성도의 차원을 이야기하고 있다. 조경은 무기적 자연재료와 함께 유기적 생물재료를 적용하는 '살아 움직이는 예술'이므로 그 물리적인 현장성과 시공에 있어서 장인적 경험과 감각이 매우 중요하다. 이와 함께 현장의 상황에 따라 설계를 창발적으로 전환시키는 환류체계feed back system가 필수적으로 요구된다. 여기서는 특히 조경 작품의 완성도는 물론 지역성과 장소성을 높일 수 있는 재료의 '물성物性'과 디테일 설계의 가능성을 다양한 사례를 통해 확인하고 있다.

Ⅷ장은 현대 조경의 확장이라는 측면에서 최근 떠오르고 있는 관광여가 분야에 대한 내용을 다루고 있다. 특히 현대 도시민의 생활환경의 양대 축 중 하나인 '찾아가 즐기는' 환경인 관광지와 농촌환경의 조경에 대하여 좀 더 구체적인 동향을 살펴본다. 최근에 이 부분은 관광자원으로서의 경관의 보전 및 활용과 함께, 현지 주민과 방문자 사이의 상생적 관계가 강조되는 추세여서 전통적인 시각자원적 접근은 물론 새로운 사회과학적 접근이 필요하다. 조경의 관광 분야 참여는 초기에는 관광단지 조성을 중심으로 한 공간시설 조성 부분에서 시작되었지만, 요즈음은 관광행태의 시대적 변화에 따라 주민과 방문자가 함께 참여하는 관광체험의 극대화 방안 마련 등 주로 소프트웨어 중심의 이용 프로그램 계획과 운영관리 영역으로 그 역할이 확장되고 있다. 또한 기존의 명승지 관광만이 아닌 생태자연자원·산업·생활관광자원의 발굴, 활용 등 관광자원의 다양화와 함께 자연과학적·사회과학적 접근을 포괄하는 총체적 접근이 강조되고 있다. 이러한 확장적 추세를 '관광객과 지역주민이 공유하는 관광여가계획', '지역이미지 강화를 위한 관광여가계획', '자원가치가 훼손되지 않는 관광여가계획' 등으로 정리하면서, 관광사업의 관련 주체 간 갈등관리계획의 필요성까지 새롭게 제기하고 있다.

마지막 파트인 Ⅸ장에서는 미래 조경의 접근방식인 첨단과학기술적 방법론을 사용하여 더욱 광역적이고 장기적인 미래 환경과 사회의 문제에 대처하는 융합적·정책적 조경계획에 관한 동향을 소개하고 있다. 21세기로 넘어오면서 환경 문제는 더욱 복잡하고, 예측 불가능해지고 있다. 이에 따라 전통적 조경과 계획을 넘어서서 급격한 기후변화와 인구 구조 변화 등에 대응하는 광역적 시야에서 조경 정책 계획의 필요성이 대두하고 있다. 이 장에서는 새로운 정보과학적 방법으로서의 '빅데이터Big Data' 기반의 GIS를 활용하는 미래 국토의 토지이용계획 조정 방안 연구의 필요성을 강조한다. 구체적으로는 도시축소에 따른 토지자원의 합리적 재활용 방안, 수자원과 에너지자원의 순환과 재활용 방안 등을 포함하는 조경의 융복합적 정책 계획이 해당된다. 이러한 조경을 중심으로 하는 거시적 차원의 정책은 이미 UN, EU 등 국제기구가 시도하는 '그린인프라Green Infra' 정책과 국제협약을 통해 계획과 실행을 추진해 나가고 있어서 우리나라도 이에 당연히 동참할 것이며, 한국 조경학의 미래를 이끌 확장 방향으로 예측되고 있다.

이처럼 조경의 세계는 가깝게는 우리 집과 우리 동네를 가꾸고 환경을 지키는 일에서부터, 멀게는 국토 전체와 인접국과의 지역권 및 세계의 환경을 지키고 가꾸는 데 이르기까지 공간적·사회적으로 대상 영역을 넓혀 가고 있다. 이와 더불어 조경전문가의 사회적 입지는 환경운동가, 환경예술 작가, 나아가 환경과학자 및 기술자와 정책 입안자의 역할까지 확장되고 다양해졌다. 이 책이 독자 여러분들에게 조경에 대한 통념적 이해를 넘어서 조경의 학문적 발전에 관심을 갖는 계기가 될 수 있기를 바라며, 나아가 독자들이 이상향을 갈망하는 시민들과 함께 세계의 환경을 아름답고 건강하게 만드는 시민조경가가 될 수 있다면 저자들에게는 더할 나위 없는 기쁨일 것이다.

2020년 3월
저자 일동

차례

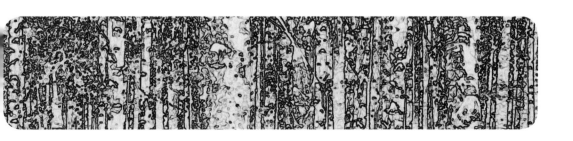

II 새로운 공간을 위한 탐색, 현대 조경설계의 흐름 (김영민)

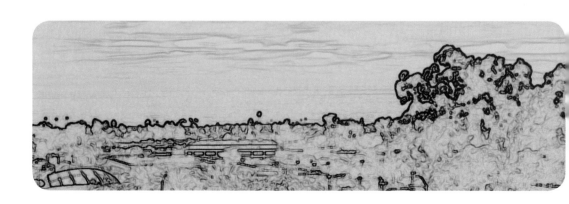

III 경관, 조경의 입구와 출구 　(김한배)

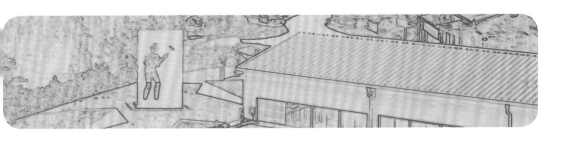

IV 경관에 기록된 역사, 교훈과 지혜로운 공존 　(소현수)

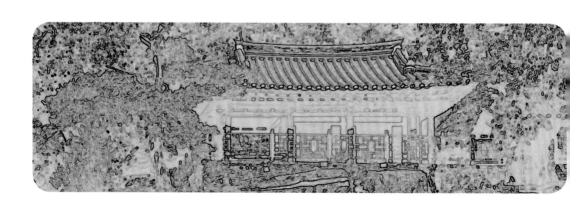

V 조경의 기초인 환경생태와 새로운 영역인 환경생태계획 (한봉호)

VI 상상을 현실로 만드는 과정, 조경설계의 영역과 실천 (김아연)

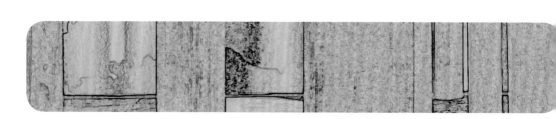

VII 조경재료, 구조, 기술에 나타난 공학과 예술의 통섭 (이상석)

VIII 새로운 관광시대를 대비한 관광여가의 이해 (김용근)

IX 융합을 통한 지속가능한 공간의사결정과 그린인프라 (박찬)

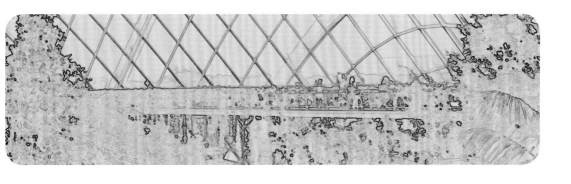

1.
조경의 가치와 변화를 통해 본 조경의 의미

이재호 · 강영민

강원 인제 자작나무 숲 © 소현수

조경을 전공하고 있는 사람이라면 누구나 한 번쯤 "조경은 무슨 일을 하는 거야?"라는 질문을 듣게 된다. 이런 질문은 조경에 오랫동안 몸담은 사람도 긴장하게 만든다. 일반 사람들이 생각하는 조경이라는 용어는 보통 나무 심는 일 정도로 생각하거나, 도심 외곽에 있는 농원 또는 조경업체를 떠올릴 것이다. 아마도 조경을 공부하는 사람들 대부분은 이런 협소한 의미에 동의하지 않을 것이며, 조경 분야는 그보다 훨씬 더 다양하고 방대하다고 말할 것이다. 하지만 이런 장황한 설명은, "그래서 조경이 뭐라고?"라는 질문으로 다시 돌아온다.

그렇다면 '조경'을 정의하는 것이 왜 그리 어려운지 생각해 봐야 할 것이다. '종합과학예술'이라는 그럴듯한 단어가 지금까지 조경을 정의하는 데 가장 널리 통용된 클리셰^{Cliché}일 것이다. 이는 마치 조경이 다른 모든 분야를 다룰 수 있을 것 같은 뉘앙스를 주지만, 일반 사람들은 '조경이 과학인가'라는 의구심을 가질 것이고, 또 조경이 예술의 범주에 들어가는지도 확신하기 어려울 것이다. 조경이 명확하게 무엇을 하는 학문인지 알기가 쉽지 않은 이유는 크게 세 가지 정도로 생각해 볼 수 있다.

첫째, "경관을 만든다"라는 조경造景의 사전적 의미보다 실제 조경에서 다루는 영역은 상당히 넓다. 시대가 변함에 따라 그린인프라 구축과 기후변화 대응 등 다양한 분야로 조경의 영역이 확장되고 있음에도 불구하고, '조경'이라는 용어는 미국에서 'Landscape Architecture'라는 단어를 한국에 들여올 때, 적절한 용어 선택의 어려움으로 '조경'으로 번역한 것이 현재까지 이어져 오고 있다. 이 때문에 실제 조경을 공부하는 사람이 생각하는 광의적 의미의 조경과 일반 사람들이 생각하는 협소한 의미의 조경에는 큰 차이가 발생한다.

둘째, 조경학은 다양한 학문 및 실천과 연관되어 있으므로 조경에 대한 인식은 사람마다 차이가 상당히 크다. 조경학과가 속해 있는 단과대학은 농업생명과학대학, 도시과학대학, 예술디자인대학, 공과대학 등 학교마다 교육과정에 있어서 상당히 차이를 보인다. 따라서 조경 관련 학위를 받고 각자의 분야에 종사하는 사람들도 조경에 대한 이해가 다를 수밖에 없다.

셋째, 조경은 상대적으로 짧은 기간에 발전한 실용학문이기 때문에 명확히 정의하기가 쉽지 않다. 조경은 순수학문에서 시작한 것이 아니라 건축학 같은 다른 분야를 통해 이론적 기반을 마련했다는 점에서 조경가를 건축가나 도시계획가와 차별성 있게 설명하기가 쉽지 않다. 또한 조경이 발전하면서 생태학, 사회학, 공학 등 다양한 다른 분야의 이론들을 수용하고 접목하였기 때문에 조경의 독자적인 담론을 따로 떼어 말하기도 어렵다.

이처럼 조경은 짧은 기간 동안 다양한 학문과 직간접적으로 관련을 맺으며 영역을 확장시키고 발전한 실용학문이기 때문에 어떤 분야라고 명확히 정의하기 어려운 것이 사실이다. 따라서 이 장에서는 몇가지 조경의 정의를 통해 '조경'의 의미에 대해서 다시 한 번 생각해 보고, 여기에서 나온 조경의 목표, 조경의 학문적 바탕, 그리고 조경의 과정과 분야를 차례대로 설명하고자 한다. 이와 함께 현재 조경이 처해 있는 현실과 조경의 변화와 흐름, 조경이 나아가야 할 방향에 관해 서술하고자 한다.

1

조경이란?

조경을 가장 간단하게 설명하면 건축물이 아닌 외부공간을 다루는 분야라고 말할 수 있다. 이러한 정의는 건축과 대비되면서 일반인들에게 쉽게 조경을 소개할 수 있지만, 여기에는 매우 치명적인 허점이 있다. 외부공간에 대한 계획·설계가 조경만의 영역이라 말하기 어렵기 때문이다. 예를 들어, 건물의 진입 광장이나 옥상의 공간, 테라스와 같이 건축물과 결부된 외부공간은 건축가가 담당할 수도 있고, 정원은 원예가나 예술가가 다룰 수도 있으며, 숲이나 호수와 같은 자연환경은 산림학이나 생태학의 영역이기도 하다. 또한 농촌의 환경이나 도시의 경관도 반드시 조경만의 독점적 영역이라고 하기 어렵다.

즉, 조경이 여타의 분야와 어떻게 구분되는지 그 의미와 정의를 올바르게 이해할 필요가 있다. 이를 위해 최근에 국내외에서 사용된 몇몇 조경의 정의를 토대로 조경이라는 단어가 내포하고 있는 공통된 의미를 파악해 조경의 본질을 알아보고자 한다.

첫 번째, 조경 분야의 경쟁력 강화와 국민의 삶의 질 향상에 기여하기 위해 만들어진 「조경진흥법」에서는 조경을 "토지나 시설물을 대상으로 인문적·과학적 지식을 응용하여 경관을 생태적·기능적·심미적으로 조성하기 위하여 계획, 설계, 시공, 관리하는 것"이라고 정의하고 있다. 「조경진흥법」에서는 조경의 정의를 경관에 초점을 맞추고 있는데, 여기에서의 경관은 보기 좋은 아름다운 경치에 국한되지 않고 더 넓은 의미의 생태적·문화적 경관을 의미한다. 경관이 자연과 인간의 조화로움을 추구하는 광범위한 환경을 의미한다면, 조경은 인간이 자연과의 상호작용을 통해 자신을 둘러싼 환경을 생태적이고, 편리하고, 아름답게 만들어 가는 과정이라고 해석할 수 있다.

두 번째, 2013년에 한국조경학회가 연구하고 한국조경발전재단이 제정, 공포한 「한국조경헌장」에서는 조경을 "아름답고 유용하고 건강한 환경을 형성하기 위해 인문적·과학적 지식을 응용하여 토지와 경관을 계획, 설계, 조성, 관리하는 문화적 행위"라고 정의하고 있다(권말의 「한국조경헌장」 참조). 「조경진흥법」과 큰 차이는 없으나 「한국조경헌장」에서는 삶의 질을 높이고 건강한 사회를 만드는 문화적 실천을 조경의 핵심으로 규정하고 있다. 세부적으로 살펴보면, 조경은 생태적 위기에 대처하며, 공동체 형성을 위한 소통의 장을 마련하며, 예술적이고 창의적인 경관을 구현해야 한다고 언급함으로써 생태성, 사회성, 예술성을 강조한다. 또한 "지속가능한 환경을 다음 세대에게 물려주는 것이 조경의 책임이자 과제"라고 명시하며 지속가능성 개념과의 연관성을 강조하고 있다.

세 번째, 미국 내의 조경가들을 대표하는 단체인 미국조경가협회^{ASLA: American Society of Landscape Architects}에서 명시하고 있는 조경의 정의를 요약하자면, "조경은 공공의 이익을 위해 자연 및 도시환경을 과학적 지식과 예술적 감각을 종합하여 분석, 계획, 설계, 관리, 보살핌(돌봄)의 역할을 포함한다"고 명시하고 있다. 여기에서 말하는 공공의 이익은 넓게 해석이 되는데, 공공공간을 계획 및 설계함에 있어 사람의 생명을 자연재해와 같은 위험으로부터 보호하고, 자연자원을 보존 및 보전하며, 살기 좋은 커뮤니티를 만드는 것을 의미한다. 특히 미국조경가협회의 정의에서는 '보살핌(돌봄)^{Stewardship}'의 윤리 개념을 포함하고 있는데, 이는 환경윤리와 공원 지킴이의 역할을 강조하는 것으로, 자연 및 도시환경을 지속적으로 관리하는 광범위한 행위로 이해할 수 있다.

이와 같은 조경의 정의들을 비교해 보면 약간의 차이는 있지만 공통점을 찾을 수 있다. 이를 조경의 목표, 조경의 학문적 바탕, 조경의 과정과 분야의 세 가지 관점에서 설명할 수 있다.* 조경의 목표는 조경이 추구하고자 하는 가치와 방향성을 내포하고 있으며, 조경의 학문적 바탕은 조경학이 어떤 학문과 관

세 가지 관점에서 바라본 조경의 정의*

구분	조경의 목표	조경의 학문적 바탕	조경의 과정과 분야
조경진흥법	경관의 생태적·기능적·심미적 조성	인문적·과학적 지식 (인문학, 사회과학, 과학, 공학, 예술)	계획, 설계, 시공, 관리
한국조경헌장	아름답고 유용하고 건강한 환경 형성 · 생태적 위기 대처 · 공동체 형성을 위한 소통의 장 마련 · 예술적이고 창의적 경관 구현	인문적·과학적 지식 (인문학, 사회과학, 과학, 공학, 예술)	계획, 설계, 조성, 관리
미국조경가협회	공공의 이익이 되는 공공공간 조성 · 자연재해와 같은 위험으로부터 보호 · 자연자원 보전 · 살기 좋은 커뮤니티 형성	과학적 지식, 예술적 감각 종합	분석, 계획, 설계, 관리, 보살핌 (돌봄)
공통점	생태성, 기능성, 예술성, 지속가능성	종합과학예술, 융복합 학문	과정 중심

계를 맺으며 발전해 왔는지를 보여 준다. 그리고 조경의 과정과 분야는 조경이
현실 세계에 구현되는 절차와 조경의 세부 영역을 설명해 준다.

2

조경의 목표

조경을 이해하기 위해서는 조경이 추구하는 가치를 살펴볼 필요가 있다. 앞서 언급한 조경의 정의를 살펴보면, 공간을 조성할 때 단지 기능적인 공간을 만들려고 하는 것이 아니라 생태적으로 건강하며, 미적으로 아름답고, 쾌적하고 가치 있는 삶을 누릴 수 있는 생활환경을 만들고자 하는 것이 조경의 목표임을 알 수 있다. 기능성·생태성·예술성이라는 조경의 세 지향점은 그 누구라도 반박하기 어려운 보편적 가치에 가깝다. 이처럼 멋진 목표를 보면 조경을 통해서 인류가 직면한 모든 문제를 해결하고 세상을 구할 수 있을 것처럼 들린다. 그런데 과연 이를 동시에 추구하는 것이 가능할까?

스코트 캠벨Scott Campbell은 1997년 「녹색 도시, 성장 도시, 정의로운 도시Green cities, growing cities, just cities?」라는 논문에서 계획·설계 전문가는 생태성·경제성·사회성이라는 세 가지 목표를 추구해야 한다고 주장하였다. 그러나 현실에서 녹색 도시는 성장 도시가 되기 어려우며, 정의로운 도시의 가치는 성장 도시의 가치와 정면으로 충돌한다. 예를 들어 보자. 가난한 제3세계 국가가 빈곤에서 벗어나기 위해 개발사업을 진행하려 한다면, 이는 대규모의 열대우림 파괴가 불가피하다는 뜻으로 녹색의 가치는 성장이 절실한 나라의 걸림돌이 되고 만다. 또한 저소득층을 위한 주택과 복지시설을 지으려고 한다면 집값 하락을 걱정하는 인근 아파트 주민들이 사업을 격렬히 반대할 것이다. 그뿐만 아니라 사업 대상지에 희귀동물 서식지가 발견된다면 환경단체에서 사업 중단을 요구할 수도 있을 것이다. 이런 경우, 너무나 그럴듯하게 들렸던 녹색·성장·정의의 가치는 서로가 서로를 배제해야 하는 적이 된다. 캠벨은 이상적으로는 공존 가능한 좋은 가치들이 실제로는 양립 불가능하며, 결국 하나의 가치를 선택하면 다른 가치는 포기해야 하는 상황이 발생하는 것이 계획의 현실이라고 말하고 있다. 조경의 목표 역시 동일한 딜레마에 봉착할 수밖에 없다. 장애인이 혼자 힘으로 아름다운 경관을 감상할 수 있도록 완만한 경사로를 산에 만들기 위해서는 상당수의 나무를 제거하고 지형을 인위적으로 조작해야 할 것이다. 또한 생태적 건강성을 증진하기 위해서는 많은 사람이 위안을 얻고 있는 아름다운 정원의 꽃들과 쉼터를 제거하고 곤충들이 서식할 수 있는 덤불과 습지로 바꾸는 것이 바람직할 것이다. 이러한 상황에서 조경가는 기능성과 사회성을 위해 생태성을 포기할 것인가? 생태적 가치를 위해 미적 가치를 버릴 것인가?

캠벨은 이러한 고전적 딜레마에 대해 지속가능성^{Sustainability}, 지속가능한 발전$^{Sustainable\ Development}$ 개념을 제시한다. 1987년 세계환경개발위원회$^{WCED:\ World}$ $^{Commission\ for\ Environment\ and\ Development}$가 발표한 브룬틀란트 보고서$^{The\ Brundtland}$ ^{Report}는 "지속가능한 발전은 미래 세대의 수요 충족을 희생시키지 않으면서 현세대의 수요를 충족시키는 발전"이라고 정의하면서, 지속가능한 발전의 핵심은 경제적 발전과 더불어 사회적·환경적 관점까지 아우르는 발전이라고 명시하였다. 지속가능한 '발전^{Development}'은 질적 성장과 궤를 같이하는 단어로 양적 성장을 뜻하는 '성장^{Growth}'과는 대비되는 개념이다. 빈곤 문제 해결을 예로 들어보자. 양적 성장 관점에서의 접근은 빈곤층에게 집을 얼마나 제공해 주었는지, 빈곤층의 취업이 얼마나 늘었는지 수치로 제시하고 성과를 언급한다. 반면 질적 성장 관점에서는 사회 취약 계층이 궁극적으로 빈곤층을 벗어날 수 있게 도와주는 데 그 목적이 있기 때문에 빈곤층에 맞춤형 교육을 제공해서 그들이 자력으로 취업을 하게 도와주고 사회 구성원으로서 역할을 할 수 있게 이끌어준다. 양적 '성장'이 가시적 성과를 단시간에 보여 줄 수는 있지만, 이는 단기적이고 지속적이지 못하다. 반면에 '발전' 관점에서는 성과가 나타나기까지 시간이 오래 걸리지만 보다 장기적이고 지속적으로 유지된다는 점에서 그 가치가 있다.

그렇다면 지속가능성의 개념은 어떻게 캠벨의 딜레마를 해결할 수 있을까? 단기적으로 보았을 때 서로 상충되는 가치들은 장기적인 지속성의 관점에서 보면 양립이 가능하다. 밀림을 개발해야 하는 가난한 국가의 경우, 단기적으로 열대림을 제거하고 산업단지를 만드는 것이 성장의 가치를 실현하는 듯 보이지만 장기적으로 보면 오히려 이는 성장의 가치를 저해할 수 있다. 환경 파괴로 인해 수질과 공기가 오염되었을 때 처리 비용을 생각하면 오히려 장기적 관점에서 밀림의 경제적 가치가 공장의 경제적 가치보다 클 수가 있다. 만일 밀림을 자원으로 보고 관광산업을 발전시킨다면 녹색의 가치와 성장의 가치는 공존할 수 있다. 조경 역시 이러한 지속가능성의 관점에서 기능성·생태성·예술성의 가치를 함께 추구할 수 있게 된다.

도시의 길과 선형의 공원이 결합한 그린웨이Greenway를 예로 들어 조경의 지속가능성을 설명해 보자. 환경적 관점에서 녹지의 연결은 동물들의 생태적 통로의 역할을 함과 동시에 홍수, 미기후, 오염, 기후변화 등 도시환경의 조절 기능으로 작동하는 등 생태적 균형을 맞추는 역할을 한다. 사회적 관점에서 녹지축을 따라 조성된 산책로는 사회적 약자에게 녹지로의 접근성을 높여 줌과 동시에 지역주민 간의 교류를 증가시켜 준다. 더 나아가 조깅 및 자전거 타기 등과 같이 여가활동의 기회를 제공하여 시민들의 건강과 관련된 사회적 비용을 줄일 수 있다. 그리고 경제적 관점에서 아름답게 조성된 녹지축은 지역의 랜드마크로 작용해 높은 부가가치를 창출해 낸다. 예를 들어, 미국 맨해튼의 하이라인은 참신하고 예술적인 디자인을 통해 명소가 되어 죽었던 상권을 살리고 지역경제의 부활에 기여하는 지역재생의 촉매제가 되었다. 또한 샌안토니오의 리버워크River Walk 같은 녹지축은 그 자체로도 미적 가치를 가지면서 매년 수많은 관광객이 방문하고 일자리 창출 등 지역경제 활성화에 중추적 역할을 하고 있다.

물론 지속가능성의 개념이 모든 문제를 해결할 수 있는 만병통치약은 아니다. 딜레마는 여전히 남아 있고 지속가능한 개발이 모든 가치를 완전히 실현시

도시재생 프로젝트로 조성된 서울 경의선 숲길 ⓒ 소현수

지역경제 활성화에 큰 역할을 하고 있는 미국 샌안토니오 리버워크 ⓒ 이재호

켜 주는 길은 아니다. 서로 다른 가치를 조금씩 양보하면 장기적으로는 가치의 총합은 커질 수 있다는 것이 지속가능성이 주는 새로운 희망이다. 기능성·생태성·예술성이라는 조경의 가치의 최대치를 각각 100으로 가정하자. 단기적 측면에서 본다면 우리는 세 가지 가치 중 하나만을 극대화하고 나머지를 포기할 수밖에 없다. 기능성을 100으로 만들기 위해서 생태성과 예술성은 0이 된다. 그러나 각 가치의 목표를 조금씩 양보하면서 보완하면 공존할 수 있는 가능성이 생긴다. 기능성을 50만 추구한다면 생태성의 50, 예술성의 50도 함께 추구할 수 있게 된다. 물론 처음에는 100의 효과를 포기하고 50 정도의 효과만이 나타나기 때문에 손해인 것 같다. 하지만 시간이 지나 각각의 50이 더해지면 모든 가치의 총합은 150이 된다. 이것이 단순화시킨 지속가능성의 공식이다. 따라서 오늘날의 조경은 지속가능성의 관점에서 서로 다른 가치들이 공존하는 더 나은 미래의 가능성을 제시하고자 하는 데 목적이 있다.

3

조경의 학문적 바탕

조경학은 엄연히 학문이다. 그리고 조경의 실천을 뒷받침해 주는 것이 조경학이며, 조경의 실천은 조경학이라는 학문에 토대를 두고 있다. 그런데 앞에서 설명한 정의를 다시 살펴보면 수학, 과학, 철학과 같은 순수학문과 조경학은 다르다는 점을 깨닫게 된다. 왜냐하면 조경에 대한 여러 정의는 공통적으로 조경학을 순수한 지적 탐구의 영역이 아닌 복합적이며 종합적인 응용학문으로 규정하며 실천을 강조하고 있기 때문이다. 우선 조경의 학문적 바탕을 이해하기 위해서는 오늘날 사용하는 조경의 개념과 조경학이 성립된 기원을 살펴볼 필요가 있다. 조경은 실천이 학문에 앞선 분야였다. 수로를 만들고, 지형을 조작하고, 식재를 하는 조경의 실천은 인류의 역사만큼 오래되었지만, 조경이 학문으로 인정받은 것은 그리 오래되지 않았다. 오늘날 유명한 셰프들이 주목받고 요리도 예술이라는 말이 낯설지 않지만, 요리가 여전히 학문이라기보다는 기술이나 기능으로 받아들여지고 있는 것과 마찬가지였다. 조경은 유용한 기술일지언정 대학에서 가르치고 연구해야 할 학문은 아니었다.

'조경Landscape Architecture'이라는 말은 18세기부터 사용되었지만, 오늘날의 조경 영역을 지칭한 말은 아니었다. 조경이라는 분야가 원예나 건축과 분리되어 독립적 실천으로 구분된 계기는 미국에서 센트럴 파크Central Park를 만든 프레더릭 로 옴스테드Frederick Law Olmsted가 1850년 '조경가Landscape Architect'라는 직함을 공식적으로 사용하면서부터라고 알려져 있다. 여기에서 주목할 것은 조경의 출발이 조경을 담당하는 전문가, 즉 조경가의 역할을 정의하면서 시작되었다는 점이다. 조경가 이전에는 조원가Landscape Gardener가 조경공간을 만들어 왔다. 대부분의 조원가들은 정원사로서 도제 교육을 받거나 원예학과에서 교육을 받았다. 따라서 조경학의 뿌리는 원예학에 있다고 해도 틀린 말은 아니다. 그러나 옴스테드는 조경가라는 새로운 전문 직종을 만들면서 과감히 전통적인 원예학과 거리를 두고 건축학을 그 토대로 삼았다. 조경가의 명칭에 'Architect(건축가)'가 들어가 있고, 조경 명칭에도 'Architecture(건축)'가 포함되어 있는 것은 우연의 일치는 아니다.

조경의 실천이 정의된 지 50년 뒤 1900년 미국의 하버드 대학교에 세계 최초로 조경학과가 성립되면서 독립된 학문으로서 조경학의 역사가 시작되었다. 이미 전문 영역으로서 조경이 건축의 제도적·개념적 내용을 많이 받아들였기 때문에 조경학이 건축학과 많은 부분을 공유하는 것은 자연스러운 일이었다. 조경학은 예술적 소양과 기술적 지식을 겸비한 설계가를 배출하기 위한 학문으로 시작되었다. 유럽과 미국에서 건축학은 당시 이미 공학과 설계가 분리되어 서로 다른 학문의 영역이 되었고, 조경학은 건축 공학의 전통이 아닌 건축 설계의 학문적 전통을 따랐다.

오랫동안 조경학은 건축학이 그랬던 것처럼 조경의 예술적 측면에 초점을 맞춘 학문과 교육 체계를 발전시켜 왔다. 20세기에 들어서 기술적 발전이 사회 전반에 큰 변화를 일으키자 조경학도 변화하기 시작하였다. 1960년 생태학의 대두와 함께 이언 맥하그[Ian McHarg]를 필두로 하여 다양한 환경분석 방법이 나오기 시작했고, 조경가들도 미적 요소뿐만 아니라 과학적 분석의 필요성에 관해 이야기하기 시작하였다. 이제 조경학은 조경을 주관적인 미의 관점으로만 보기보다는, 객관적이고 과학적으로 증거에 기초한 조경을 발전시키고자 하였다. 예를 들면, 특정 토지이용과 관련된 생태적 인자(경사, 지형 등)를 도면화하고 토지이용의 적합도에 따라 순서 또는 점수화하는 식의 방법으로 계량화하려고 하였다. 한편 이 무렵 조경이 다루는 공간이 사회적 측면과 밀접하게 결합되어 있다는 생각이 사회학을 중심으로 발전하면서 사회학의 방법론이 조경학과 접목되기 시작하였다. 이렇게 1960년대 이후 조경학은 환경문제를 체계적으로 해결하고 사회적 문제를 공간을 통해 합리적으로 다루려는 논리적이며 과학적인 학문으로의 변화를 꾀한다.

조경학은 예술적 가치를 중심에 둔 학문에서 시작하여 이후 체계적인 과학적 방법론이 결합된 학문으로 볼 수 있다. 이것이 많은 이들이 조경을 '종합과학예술'이라고 기술하는 이유이다. 과학은 "왜 그럴까(Why)?"라는 질문을 가지고 문제를 발견하려는(Problem Finding) 학문이고, 예술은 "왜 안되지(Why not)?"라는 호기심을 가지고 문제를 해결하려는(Problem Solving) 영역이다(Michael Murphy, 2005). 과학은 합리적이고 논리적이며 객관적인 반면에 예술은 심미적이고 주관적인 창의성이 요구된다. 이처럼 과학과 예술은 양극단의 성격을 가지고 있는데 조경의 학문적 위치는 과학과 예술, 두 영역의 가운데에 있다고 말할 수 있다. 왜냐하면 현대의 조경은 과학적인 방법으로 합리적이고 객관적으로 의사결정을 내리고(계획 부분), 그 결정사항을 새롭고 혁신적인 아이디어를 토대로 예술적으로 만드는 과정(설계 부분)이기 때문이다. 이 관점에서 조경계획은 과학적 연구에 가깝고 조경설계는 예술적 창작에 가깝다고 말하는 것이고, 조경이 예술과 과학이 결합된 학문이듯 조경 계획과 설계는 떨어질 수 없는 밀접한 관계를 맺고 있다.

조경학을 표현하는 다른 말은 '융복합 학문'이다. 조경학의 내용을 보면 다양한 학문과 연관되어 있음을 알 수 있다. 조경학이 많은 학문 분야의 지식을 다루는 이유는 조경의 실천이 다양한 분야와 긴밀하게 얽혀 있기 때문이다. 예를 들어, 조경계획 단계에서 조경가는 사회적·문화적·환경적·역사적 맥락을 조사하고 통합적으로 이해할 수 있는 능력이 요구되는데, 땅의 형성부터 그곳에서 이루어졌던 인간의 거주와 이용, 그리고 대상지의 역사를 파악하고, 식생 구성뿐만 아니라 지질, 토양, 수계에 대해 분석도 해야 하므로 다양한 분야의 지식이 요구된다. 조사 후에 조경설계를 함에 있어서도 설계를 아우를 수 있는 개념이 필요한데 이때 사회인문학적인 이론이 종종 이용되기도 한다. 정원을 다루기 위해서는 식물학과 원예학의 지식이 필요하다. 또한 설계에서는 건축

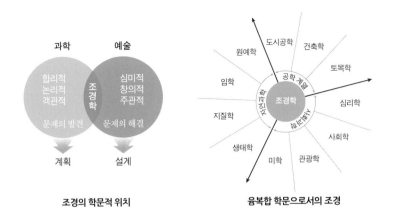

조경의 학문적 위치	융복합 학문으로서의 조경

가나 토목공학자, 도시계획가와 함께 일하며 공학적 지식을 바탕으로 미적으로 아름다우며 예술적으로 뛰어난 공간을 만들어야 한다.

말 그대로 조경을 '잘' 하려면 다양한 학문에 걸쳐 폭넓은 지식을 가지고 있어야 한다. 많은 분야를 다 알면 좋겠지만, 현실적으로 불가능하고 조경을 하는 데 있어서 모든 분야의 전문가가 될 필요는 없다. 조경에서 중요한 것은 모든 분야를 완벽하게 다 아는 것이 중요한 것이 아니라, 얼마나 다양한 학문의 기초를 이해하고 있느냐이다. 다시 말해서, 조경학은 순수학문의 뿌리를 찾아야 하는 것이 아니라 여러 학문들의 집합체라고 인식하는 편이 더 맞다. 조경가의 역할은 다양한 학문적 지식을 얼마나 조화롭게 연결하고 유연하며 폭넓게 응용할 수 있는가에 그 중요성이 있다고 말할 수 있다. 즉, 다른 분야의 전문가들과 의견을 소통하고 조정하며 협력할 수 있는 능력이 중요하다고 할 수 있다.

조경은 예술과 과학의 중간쯤에 있는 종합과학예술의 성격과 다양한 학문의 집합체인 융복합적 학문의 성격을 동시에 가지고 있다. 따라서 사회학적 사고(인간에 대한 이해)와 미적 감각을 지니고 있어야 하며, 과학적 지식을 토대로 이를 대상지에 기능적이고, 예술적으로 적용할 수 있는 사람이 가장 이상적인 조경가라고 말할 수 있을 것이다.

4

조경의 과정과 분야

"경관을 만든다"는 조경의 사전적 의미는 실천이 조경을 규정하는 본질임을 말해 준다. 실천에서 가장 중요한 문제는 '어떻게'이다. 즉, 어떤 과정을 거쳐, 어떠한 방식으로 경관을 만드는가가 조경의 핵심적 내용을 규정한다. 조경의 과정을 「조경진흥법」과 「한국조경헌장」에서는 계획, 설계, 시공, 관리로 구분하고 있고, 미국조경가협회에서는 분석, 계획, 설계, 관리, 보살핌(돌봄)으로 나누고 있다. 이러한 구분에서 알 수 있는 것은 조경의 실천은 '특정한 공간을 만들어 가는 일련의 과정'이라는 점이다. 과정의 각 단계는 조경의 세부 분야를 결정하는 기준을 제시한다. 따라서 조경학에서 배우는 과목들은 독립적인 내용을 담고 있다기보다는 전체 과정에서 필요한 각 단계의 지식과 소양을 담고 있다고 할 수 있다.

예를 들어, 공원을 만들어야 한다고 가정해 보자. 공원을 만든다고 무턱대고 부지에 나무부터 심을 수는 없다. 가장 먼저 공원을 만들어야 하는 당위성을 제시해야 한다. 이 도시에 주택이나 공장보다 공원이 필요하다는 근거가 필요하며 이를 정책적으로 결정해야 한다. 또 모두가 공원을 만드는 데 동의했다고 해서 당장 나무를 심을 수 있는 것은 아니다. 공원을 만들 돈이 마련되어야 한다. 공공의 재원이 부족할 때에는 민간의 투자를 받아야 하는데 이를 위해서 재원을 마련하고 투자금을 회수할 수 있는 계획을 만들어야 한다. 재원이 확보되면 이제 적절한 부지를 찾아야 한다. 찾아낸 부지에 공원을 만들기 위해서는 새로운 도로도 필요하며, 물을 끌어오고, 지형을 조작해야 할지도 모른다. 그런 다음 공원에 대한 구상이 필요하다. 누군가 어디에 놀이터를 만들고, 어디

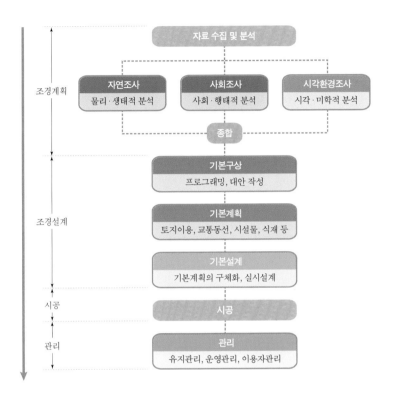

에 숲을 만들지를 말해 주어야 한다. 이러한 구상이 완성된 후에 나무를 심고, 미끄럼틀을 설치하고, 농구장을 만드는 공사를 시작할 수 있다. 공원이 물리적으로 완성되었다고 공원 만들기가 끝나는 것은 아니다. 사용하다가 주민들이 농구장 대신 텃밭을 요구할 수도 있고, 좋은 공원이 되도록 나무가 잘 자랄 수 있게 꾸준히 관리해 주어야 한다.

그런데 공원을 만드는 일련의 과정에서 어느 단계까지 조경전문가가 맡아야 할까? 공원을 만들어야 할지 말지를 결정하는 이들은 정치가나 행정전문가일까, 아니면 조경가일까? 공원 운영에 필요한 재원 확보 계획을 만들기 위해서는 조경학을 공부해야 할까, 아니면 경제학이나 경영학이 필요할까? 호수를 만들고 지형을 조성하는 일은 조경가의 역할일까, 토목공학자의 역할일까? 전통적으로 조경가의 역할은 조경공간에 물리적 계획과 설계를 수행하는 데 국한되어 있었다. 그러나 오늘날 이러한 고전적인 조경의 역할과 실천의 한계선은 점점 흐려지고 있다. 사회가 발전하고 우리가 직면한 문제가 복잡해짐에 따라 조경가는 과거의 경계를 넘어서 다양한 방식의 새로운 시도들을 하고 있으며, 여러 분야의 전문가들과 협업을 통해 조경의 영역을 적극적으로 확장하고 있다. 이 장에서는 전통적인 공간 만들기의 조경 실천을 규정하는 절차를 기본 틀로 하여 확장된 조경의 구체적 역할과 분야를 설명하고자 한다.

조경계획

「한국조경헌장」에서는 조경계획을 다음과 같이 설명한다. "조경계획을 통해 관련 분야의 의사결정과정에 방향을 제시하며, 설계의 합리적 체계와 틀을 제공한다. 조경계획은 다양한 환경적 요소를 고려하여 토지이용과 관리 기준을 도출하거나, 설계의 선행 단계로서 전체적인 공간의 틀과 수행체계를 제시한다". 조경계획은 조경의 모든 단계 중 가장 그 범위가 넓으며 전문가마다 그 해석이 달라질 수 있는 영역일 것이다.

「한국조경헌장」에도 명시되어 있듯이, 고전적 의미의 조경계획은 구체적인 설계에 앞서 전체적인 공간 구상과 접근 방식을 결정하는 설계의 선행 단계로 여겨져 왔다. 조경설계의 대상지가 작거나 해결해야 할 문제가 어렵지 않을 때는 조경계획이 요구되지 않는다. 작은 주택 정원이나 소규모 공원을 만들 때는 설계의 단계로도 충분하며 굳이 조경계획까지 할 필요는 없다. 뒤집어 말하자면, 조경계획은 대규모의 대상지를 다루어야 하거나 해결해야 할 문제가 어렵고 복잡한 경우에 필요한 단계라는 것을 의미한다. 그래서 좁은 의미의 조경계획은 대규모의 대상지에 대한 큰 스케일의 조경설계라고 볼 수도 있다. 예를 들어, 신도시 전체의 녹지와 공원을 설계한다고 생각해 보자. 처음부터 구체적인 포장과 식재의 설계를 결정하기는 어렵다. 어떤 위치에 어느 정도 규모의 공원이 필요한지, 큰 규모의 공원과 작은 규모의 공원의 비율은 어떻게 할지, 중요한 공원과 녹지는 어떠한 방식으로 연결할지를 공간적으로 결정하고 그려야 한다. 이러한 일련의 과정을 '공원녹지계획'이라고 하며 이를 공간적으로 표현한 그림과 설명을 '계획안'이라고 부른다.

자료 수집과 분석은 조경계획의 출발점이다. 일반적으로 조경계획에서 자료수집은 자연조사, 사회조사, 시각환경조사로 나누어 이루어지며, 이는 각각 물리·생태적 분석, 사회·행태적 분석, 시각·미학적 분석으로 이어진다. 조경계획은 이러한 자료와 분석을 토대로 합리적인 의사결정의 방향을 제시하고 공간적인 틀을 결정한다. 그런데 조경계획의 결과가 반드시 설계의 결과물과 유사한 도면의 형태를 따라야 하는 것은 아니다. 조경계획은 도면과 그림이 아닌, 설계를 위한 일련의 지침들로 이루어질 수도 있으며, 정책이나 법규의 형태를 취할 수도 있다. 이러한 의미에서 조경계획은 조경과 관련된 정책, 행정, 기획을 모두 포함한다. 많은 경우 조경가가 조경계획가의 역할을 하기도 하지만, 도시의 공원녹지 정책을 결정하고 실행하는 정치가와 행정가, 혹은 대규모 휴양시설을 기획하는 사업가나 경영가가 조경계획가가 되기도 한다. 한국토지주택공사에서 도시의 녹지체계를 구상하고 토지이용을 결정하는 전문가들 역시 조경계획가이며, 정책을 위한 연구를 수행하는 연구자들도 넓은 의미의 조경계획가로 볼 수 있다.

조경설계

오랫동안 조경의 전문 영역은 조경설계 분야에만 국한되었을 정도로 설계는 조경의 정체성을 규정하는 가장 결정적인 단계이자 영역으로 여겨 왔다. 조경설계는 조경공간에 대한 합리적이며 창의적인 문제 해결 행위, 혹은 예술적 창작 행위이다. 이는 앞서 설명한 조경계획과 상반되면서도 상호 보완적인 조경의 과학적이며 예술적인 두 가지 성격을 반영한다.

우선 조경설계는 합리적인 문제 해결 행위여야 한다. 조경설계를 통한 창작은 화가나 조각가가 예술 작품을 만드는 행위와는 다르다. 기능적으로 문제가 없는, 안전하며 편리한 조경공간을 만드는 것이 조경설계의 기본이다. 조경설계를 함에 있어서 조경가는 어떤 폭과 경사도의 길을 만들어야 어린이나 노약자도 불편 없이 다닐 수 있는지를 알아야 하며, 어느 정도의 두께로 옹벽을 만들고 구조적인 요건을 갖추어야 안전할지에 대한 지식이 있어야 한다. 그리고 대상지의 특수한 조건들을 파악하고 분석하여 다양한 지식을 적절히 적용해야 한다. 더 나아가 종합적 판단과 공간상 구상을 도면으로 그려 모든 정보를 다른 전문가들에게 효과적으로 전달할 수 있는 능력을 갖추어야 한다. 조경의 지식과 분석 능력, 제도와 드로잉의 기술을 갖추어야 조경가로서 자격이 주어진다. 이러한 관점에서 조경설계는 공학자들이 하는 토목설계나 기계설계와 마찬가지로 전문성을 갖춘 기술이다.

그러나 조경설계는 기술에만 머물지 않는다. 토목기술자가 설계한 도로가 꼭 아름다워야 할 필요는 없다. 기계공학자가 설계한 자동차 엔진이 미적으로 감동을 줄 필요는 없다. 그러나 훌륭한 조경가는 합리적으로 문제를 해결하는 것을 넘어서 공간을 통해 감동을 줄 수 있어야 한다. 공간은 단순한 편리를 위한 도구가 아니라 문화적 삶의 토대를 이룬다. 훌륭한 조경공간은 단순히 길과 나무를 기능적으로 배열하는 데 그치지 않고 사람들이 깨닫지 못하고 있던 길과 나무의 진정한 의미를 깨우쳐 준다. 그리고 그 깨달음은 합리적 이성이 아닌 감성과 직관을 통해서 온다. 그 조경공간은 위대한 조각, 건축, 음악 등이 하나의 작품으로서 우리에게 주는 감동과 일치한다. 우리는 이러한 조경공간을 예술적 공간이라고 부른다. 종묘, 후원, 베르사유 궁원, 타지마할 정원, 센트럴 파크 등의 공간은 도구적 기능을 넘어선 예술적 조경설계의 결과이다. 합리적인 문제 해결로서의 조경설계는 조경설계가 성립할 수 있는 최소의 조건을 의미한다. 반면 예술적 창작 행위로서의 조경설계는 조경설계가 도달하는 궁극적인 목표를 의미한다.

조경가는 조경설계회사에서 실무를 익힌 후 어느 정도 경력이 쌓이면 독립

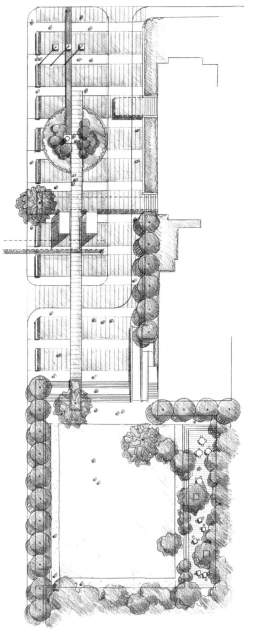

조경설계 드로잉 ⓒ 김영민

하여 자신의 이름을 건 설계를 하거나 대형설계회사 내에서 팀을 이끌면서 설계를 하는 경우도 적지 않다. 조경설계는 조경가에게만 국한된 분야는 아니다. 조경계획가 역시 설계에 대한 지식과 소양이 없다면 좋은 정책과 계획 틀을 만들기가 어렵다. 또한 공사나 대기업에서 조경과 관련된 업무를 담당할 때 좋은 설계를 선택할 수 있는 능력을 갖추어야 하며 설계의 실현 가능성까지 예측할 수 있어야 한다. 따라서 조경설계는 좋은 조경과 그렇지 못한 조경을 결정하는 기준을 제시하며, 실질적인 조경공간의 내용을 결정하는 과정이라고 할 수 있다.

시공

조경의 시공은 설계안을 물리적으로 구현하는 단계를 말한다. 시공전문가는 주로 도면의 형태로 된 조경가의 구상을 토대로 설계안을 실제 조건에 맞추어 현실의 공간으로 만든다. 아무리 설계가 훌륭하다 하더라도 시공전문가의 능력에 따라 형편없는 공간이 만들어질 수도 있으며, 평범한 설계안으로도 훌륭한 공간이 만들어질 수도 있다. 비록 시공전문가는 조경가의 구상을 대신 구현해 주는 역할을 하지만 설계와 실제 공간 사이에는 항상 결정되지 않은 간격이 존재한다. 아무리 조경가가 대상지를 철저히 분석했다 하더라도 미처 파악하지 못한 문제가 나타날 수 있으며, 시공의 과정에서 예상치 못한 변수도 발생할 수 있다. 예를 들면, 조경가가 깊은 연못을 만들려고 한 대상지 지하에 큰 암반이 나올 수도 있으며, 조경가가 선택한 나무의 크기에 미치지 못하는 작은 나무들이 수급될 수도 있다. 그래서 시공전문가는 조경가와 시공 과정에서 나타나는 크고 작은 문제들을 함께 해결해 나가야 하는데, 설계와 시공의 중간 단계를 감리라고 한다. 원칙적으로 감리는 조경가나 다른 시공전문가가 현장의 시공이 제대로 이루어지고 있는가를 감독하는 과정이지만 일방적인 감시의 과정이라기보다는 현장에서 상황에 맞게 수정하며 논의해 나가는 설계와 시공의 소통 과정이라는 편이 더 맞다. 이러한 측면에서 시공전문가 역시 조경

학생들이 직접 참여한 조경시공 과정 ⓒ 김영민

가 못지않은 설계 감각과 창의성이 요구되기도 하며 때에 따라서는 조경가의
역할도 수행할 필요가 있다.

　조경시공은 여러 단계와 세부적 분야로 나누어진다. 시공을 위해서는 가장
먼저 땅을 다루어야 한다. 배수를 고려한 정지 작업과 사람이 이용 가능하도록
경사를 조작해야 한다. 또한 식재가 생육 가능한 토양의 조건을 마련해 주어야
한다. 시공전문가가 다루어야 할 조경의 가장 중요한 영역은 포장과 식재이다.
포장 시공은 사람이 빈번히 이용해야 하는 공간에 목재, 석재, 벽돌 등의 재료
로 표면을 처리하는 과정을 뜻하고, 식재 시공은 땅을 잔디와 지피류로 피복하
고 관목과 교목의 다양한 수목을 이식하여 심는 과정을 뜻한다. 또한 옹벽이나
계단, 경사로 등 조경공간에 필요한 구조물들을 안전하게 만들어야 한다. 이외
에도 벤치나 퍼걸러^{pergola}, 그리고 작은 건축물을 만드는 시설물 시공 역시 조

경시공의 한 부분이다.

시공전문가에게는 토목, 배수, 구조를 다루기 위한 공학 지식뿐만 아니라 식생에 대한 식물학 지식도 필요하다. 시공전문가는 공정의 총괄 감독이기도 하다. 따라서 적절한 예산을 분배하며 조정할 수 있어야 한다. 또한 정해진 공기에 공사를 완성하기 위해서 자재의 수급 과정, 인원의 배치, 시공 하자의 검수까지 일련의 공사 과정에 대한 계획을 세우고 실행해야 한다. 시공전문가는 토목, 식재, 시설물, 관수 등 각각의 전문 분야로 나누어지지만 모든 공사 과정을 한번에 다루는 종합시공전문가들도 필요하다. 일반적으로 대형 건설사에서 조경전문가는 종합시공전문가의 역할을 하며 세부 분야의 전문가들을 총괄한다.

관리

조경관리는 조성된 공간이 설계자의 의도에 맞게 유지가 되고 있는지, 이용자가 원하는 기능을 충족시키고 있는지에 대한 질적인 관점에서의 관리 행위를 의미한다. 조경관리는 크게 유지관리, 운영관리, 이용자관리로 나누어진다.

첫째, 유지관리는 시공 후 식재된 수목과 조성된 시설물이 본래의 기능을 유지하도록 돕는 기술적 관점에서의 관리이다. 대상지의 토양, 토질, 지형, 대기 상태 등의 자연조건과 이용자의 방문 빈도, 이용 실태, 시설물의 재료 및 시공 방법에 따라서 유지관리의 방향 및 시기, 횟수 등이 결정된다. 또한 이러한 다양한 요인들이 초래할 문제점을 미리 예측하여 사전에 유지 및 관리할 수 있으며, 조성 후 문제점이 발생될 때 복구 대책으로 이용되기도 한다.

둘째, 운영관리는 조경수목과 조경시설물, 그리고 이용자의 공간 이용 행태 및 행위를 종합적으로 파악하여 조성된 공간을 효율적이고 합리적으로 관리하는 방법이다. 언뜻 보면 유지관리와 큰 차이가 없어 보이지만, 운영관리는 조경수목과 시설물을 이용하는 이용자에 초점을 맞추고 있다. 유지관리가 수목과 시설물의 물리적 유지 및 보수에 대한 부분이라면, 운영관리는 이용자의 이용까지 고려한 설계자의 의도를 파악하는 것이 중요하고, 설계가의 목표가 달성될 수 있도록 협조하는 과정이라고 이해할 수 있다. 하지만 시대적·사회적으로 변화하는 시민의 요구에 따라 초기에 설계했던 방향과는 다르게 공간이 운영될 수도 있다.

셋째, 이용자관리는 조경수목과 시설물을 물리적으로 관리하는 것이 아닌, 공원을 방문하는 사람들의 적극적인 이용을 유도하기 위해 프로그램을 제작하고 홍보하는 것을 말한다. 사람들이 공원을 어떻게 이용하면 더 안전하고 쾌적하게 사용할 수 있는지에 대해 이용지도나 안전관리를 제공하는 것을 포함하고, 더 나아가 이용자의 다양한 요구에 부응하여 이용자가 필요로 하는 서비스를 제공하는 것을 말한다. 특히 주민참여를 통한 공원관리가 점차적으로 주목받고 있는 것과 관련하여, 주민의 자발적인 봉사 참여를 통한 공원 청소, 제초, 화단 식재, 공원 홍보 등을 통한 공원관리가 활발해지고 있는 추세이다.

조경관리는 계획, 설계, 시공 후의 이용 후 관리를 한다는 점에서 계획 및 설계 분야에 비해 상대적으로 그 중요성이 덜 부각되어 왔다. 하지만 많은 공원이 노후화되어 안전사고 위험이 잇따르고 있으며, 공원 내 어두운 조명 등으로 범죄 발생에 대한 경각심이 증가하고 있는 것과 같이 공원의 운영 및 이용 관리에 대한 중요성이 증대되고 있다. 또한 공원녹지 조성에 주민참여 욕구가 늘어나고 있는 것과 관련하여 사후 평가, 관리 및 운영 단계에서 주민이 능동적으로 관리하고 감시의 주체가 될 수 있도록 조경가의 노력이 요구된다.

5

조경의 변화와 흐름

조경은 그리 오랜 역사를 지니고 있지 않지만 단시간에 큰 변화를 겪었다. 조경이 독자적 분야로 인정받기 시작한 것은 조경가라는 용어가 생겨난 19세기 중반이라고 할 수 있다. 당시의 대표적 도시공원은 미국 맨해튼의 센트럴 파크로, 도시공원의 핵심 가치는 자연과 같은 아름다운 경관을 조성하고 도시환경을 개선하는 데 있었다. 이처럼 도시 위생 환경 개선에도 조경의 목적이 있었지만, 조경의 가장 중요한 가치는 아름다운 경관을 만드는 데 있었다. 20세기 중반에 도래한 생태학은 조경에 큰 변화를 가져왔다. 생태학은 아름다움을 최우선으로 여기던 기존의 조경의 모습을 어느 정도 벗어버리고, 체계적이고 합리적인 과정으로서의 조경으로 변모시켰다. 그 후 예술로서의 조경이 다시 주목받게 되면서 조경은 과학과 예술의 집합체로 인식되고, 조경 계획과 설계의 두 축을 중심으로 현재 조경의 모습을 정립하게 되었다.

　20세기 후반 조경은 사회적 상황과 시대적 요구에 따라 그 영역을 급속도로 확장해 갔다. 산업화와 무분별한 개발로 야기된 환경문제는 인류 생존을 위협했고, 인간 환경의 보호와 개선을 최우선 목표로 전 세계는 지속가능한 발전의 필요성에 대해 공감하였다. 지속가능성이라는 큰 가치 아래 조경학에서도 다양한 이론과 개념들이 속속 등장하기 시작하였다. 탈산업화 이후 남겨진 공장과 산업부지, 오염된 땅 처리 등 도시의 버려진 공간에 대해 고민하게 되었고, 경관을 변화하는 과정으로 인식하고 변화하는 경관의 모습을 설계에 도입하고자 하는 실천적 이론이 등장하였다. 또한 이러한 랜드스케이프 어바니즘Landscape Urbanism의 실천적 이론과 개념적으로 대비되며 공동체 해체의 문제점을 부각

물과 재생을 테마로 조성된 친환경 공원인 서울 서서울호수공원 ⓒ 김한배

우리나라 최초의 생태공원인
서울 선유도근린공원 © 소현수

시키고 전통적인 커뮤니티로서의 회귀를 요구하는 뉴어바니즘New Urbanism 이론도 설계에서 주목을 받았다(자세한 내용은 II장 참조).

국내에서도 경제성장 위주의 발전이 더 이상 작동하지 않게 되면서 도시재생적 관점으로의 인식 전환에 대한 목소리가 2000년대 이후 점점 커지고 있다. 청계천 복원 사업을 필두로 선유도근린공원, 서서울호수공원, 서울로7017, 문화비축기지 등 국내 조경은 최근까지도 근대 산업유산의 공원화에서 가장 두각을 나타내고 있다. 이와 같은 시도들은 과거 장소가 가지고 있는 역사와 의미를 부각시킴과 동시에 지속가능성이 추구하고 있는 환경적·사회적·경제적 가치와도 일맥상통하는 것이다.

지속가능성이라는 개념은 시대적으로 흘러가 버리는 흐름이 아니라, 전 세계적으로 공유하는 포괄적 개념으로 현재도 조경의 방향성을 제시해 주고 있다. 지금도 새롭게 만들어지는 개념들이 있지만 이는 지속가능성이라는 큰 개념 아래에 존재하는 것으로, 앞으로의 조경은 안전하고 효율적이며 쾌적하고 삶의 질을 높일 수 있는 공간을 '어떤 방식'으로 만들 수 있는가에 대한 고민이 주가 될 것이다. 이는 과거와 같이 녹지의 양적 크기를 늘리는 문제가 아니라, 도시재개발Urban Renewal에서 도시재생Urban Regeneration으로의 정책 패러다임 전환과 맞물려 도시민의 생활 속에 조경이 질적 삶에 대한 요구(힐링, 취미 생활 등)를 어떻게 충족시켜 줄 수 있는 것인가에 대한 문제가 될 것이다. 또한 기후변화로 인한 홍수와 열섬현상, 특히 황사와 미세먼지와 같은 사회적이고 환경적인 문제는 조경에서 피해 갈 수 없는 문제이다. 과거의 조경이 개인 및 공공을 위한 정원 또는 공원을 조성하는 것에 머물렀다면, 앞으로의 조경은 저출산, 고령화로 인한 사회적 변화와 기후변화와 같은 예측할 수 없는 상황으로부터 물리적·사회적으로 건강하고 안전한 사회를 만들어야 한다는 가치 아래에 구체적이고 실천적인 해결 방법을 제시할 수 있어야 할 것이다.

대형 공원에서 생활형 녹지공간으로의 변화

국내 조경은 경제성장기에 건설업의 양적 확대와 함께 성장해 왔다. 택지 개발 사업이나 신도시 개발사업 등과 같이 대규모 공원을 설계하거나 아파트 조경이 주목을 받으면서 조경 산업의 급속한 양적 팽창을 경험하였다. 하지만 국가 주도로 이루어지는 고속성장 모델이 주춤해지고, 건설업이 불경기를 겪게 되면서, 조경도 예전과 같은 방식으로는 미래가 불투명해질 수밖에 없다.

정책적 관점에서도 조경은 위기에 봉착해 있다. 공원과 녹지가 현대인의 삶의 질을 향상시켜 주는 주요한 요소라는 것은 누구나 알고 있지만, 항상 행정 정책의 우선순위에서 밀리고 정책 사업에서 누락되는 경우가 많은 것이 현실이다. 현재 조경에서 가장 쟁점이 되고 있는 '공원일몰제' 문제도 같은 맥락에서 볼 수 있다. 도시계획시설 중 하나인 도시공원을 지방자치단체에서 사서 공공의 이익을 위해 제공해야 하나, 과도한 토지보상금을 이유로 장기 미집행 시설로 분류되어 2020년 법적 해제가 풀리게 되는 위기에 처해 있다. 과도한 토지보상금이 주요인이겠지만, 장기 미집행 도시공원 예산도 부족한 상황에서 새로운 공원을 기대하기 어려워 보이는 실정이다.

그렇다면 앞으로 조경가는 어떤 역할을 주도하며 조경업에 활력을 불어넣을 수 있을지 고민해야 할 것이다. 현대의 도시민들은 따로 시간을 내어 공원을 찾기보다는 일터 및 거주지 근처에 있는 소규모의 생활형 녹지에서 만족을 추구하는 경향을 보인다. 예를 들어, 일터 근처에서는 포켓파크^{Pocket Park}나 옥상정원^{Rooftop Garden} 같이 작은 쉼터로서의 조경이 일상생활 속 '생활복지'라는 관점에서 접근되고 있고, 주거지 근처에서는 미세먼지 차단 숲 조성 및 생태놀이터 조성과 같이 친환경이나 웰빙^{well-being}과 같은 욕구와 함께 주민 체감도를 높이는 녹지가 주목받고 있다(정경진, 2014; 이양주 외, 2017).

더 나아가 이러한 생활형 조경에 대한 관심은 현재 정부에서 추진하고 있는 도시재생 사업과도 그 취지가 부합한다. 현재 정부에서 추진하는 도시재생 사업은 과거와 같은 전면 철거하여 재개발 또는 재정비하는 방식이 아니라, 주민

서울시의 '72시간 도시생생 프로젝트'로 조성된 소공원 ⓒ 김영민

미국 오스틴의 커뮤니티가든 ⓒ 이재호

들이 자투리땅이나 골목길과 같은 소규모 장소에 정원 및 녹지공간을 만들어서 지역주민들이 직접 가꾸고 운영하는 생활형 조경으로 그 방향이 변화하고 있다. 이에 따라 조경은 대규모 단위의 녹지를 계획하고 설계하는 것에서 마을 및 커뮤니티 단위로 관심을 전환하고, 커뮤니티가든^{Community Garden}과 작은 쉼터와 같은 소규모 공간을 통해 지역에 활력을 불어넣을 수 있는 방법을 모색해야 할 것이다.

세계적으로 대규모 재개발보다는 기존 지역의 물리적·사회적 환경의 가치를 인정하고 재생하는 대안이 떠오르는 추세에서, 개발 위주의 조경 방식에서 벗어나 생활 가까이에서 체감할 수 있는 질 좋은 생활형 조경을 제공하고 지속가능하게 관리 및 유지하는 데 조경가가 적극적으로 참여하고 주도해야 할 것이다.

주민참여에서 주민주도로의 변화

조경에서 시민참여의 중요성은 꾸준히 제기되어 왔으며, 최근에는 시민이 만드는 공원, 공원 거버넌스^{Park Governance}와 같은 용어들이 나오며 시민참여와 참여 과정을 중요시하고 있다. 하지만 시민의 적극적 참여가 중요한 과제임에도 불구하고, 현재의 시민참여는 절차상 또는 행정상의 어려움으로 형식적으로 끝나는 경우가 많다. 예를 들어, 공원에서 방문객들에게 설문지를 통해 의견을 물어보거나 공청회를 통해 사람들에게 의견을 전달하는 것에 그치는 경우가 많다.

최근의 녹지 및 공원 관련 연구 보고서를 보면, 시민들이 직접 계획 및 설계 과정에 참여할 때 보람을 느끼고, 애착심과 책임감이 증가하며, 이는 지속가능한 관리로 연결된다는 점을 강조하고 있다. 예를 들어, 지역주민들이 조경공간을 조성하는 데 있어서 구성요소, 배치, 동선 등을 조경가와 함께 구상하고 그 계획안이 설계에 반영되었을 때 그들의 애착심과 만족도가 높아지고, 해당 장소에 대한 관리가 지속적으로 이루어진다는 것이다.

과거에는 조경가의 역할이 의뢰를 받아 마스터플랜Master Plan을 제공하는 것이라고 생각했다면, 앞으로의 조경가는 지역주민과 함께 지역 고유의 다양한 자원들을 찾고 대상지가 가지는 의미를 극대화시킬 수 있는 능력이 중요해질 것이다. 더 나아가 시민주도형 마을 만들기 사업이 활발해질수록 다양한 이해관계자들과의 의견 조정 및 갈등을 해소시키는 데 조경가의 역할은 더욱 중요해질 것이다.

현재의 조경에서 시민참여는 과거와 비교한다면 진일보한 것이지만, 아직은 과도기적 모습을 보이고 있다. 지역주민들이 참여하게 되면 절차상 어려운 부분도 존재하지만, 수많은 지방의 도시가 쇠퇴하고 있는 현 상황에서 조경가들은 단순히 주민참여를 넘어 주민주도형 계획 및 설계에 앞장서야 할 것이다 (조경에서 커뮤니티 참여의 중요성은 Ⅷ장 참조).

지속가능성에서 리질리언스로의 변화

최근 지속가능성의 큰 틀을 유지한 채 새로운 용어와 개념이 조경에서 나타나는 것을 볼 수 있다. 예를 들어, 미국 남동부가 허리케인 카트리나Hurricane Katrina로 회복하기 힘들 정도로 피해를 입었고, 일본도 대지진으로 경제적·환경적으로 많은 피해를 입으면서, 전 세계가 예측 불가능과 불확실성에 대한 대응으로 리질리언스Resilience라는 용어에 주목하기 시작하였다. 리질리언스의 내용은 지속적으로 변하는 시스템이 더 안정적이고 지속가능하다고 보고, 기후변화와 같이 예측하기 힘든 상황에 대비하기 위해서는 지속적으로 변하는 시스템이 더 효과적이라고 생각하는 것이다.

현재 국내에서도 기후변화로 인해 우면산 산사태나 강남역 침수와 같은 집중호우로 피해가 급증하고 있으며, 도시 열섬현상으로 인해 폭염일수 증가, 황사와 미세먼지 발생 등으로 국민 건강이 심각하게 위협받고 있다. 이에 대응하고자 현재 공원녹지를 확충하고, 빗물 침투 시설 강화와 옥상녹화 의무화, 텃밭 장려 등 다양한 방법으로 공공녹지를 확장하려고 하고 있다(이혜민 외, 2018).

이러한 문제는 현재 조경 분야에서 많이 다루어지고 있지만, 개별적 공간에서의 효과와 역할에서 그치는 것이 아니라 조성 후의 공간이 생태계와 어떻게 작동하는지, 그 기능과 효과에 대해 좀 더 넓은 범위에서 연구하고, 시뮬레이션과 같은 다양한 시각화를 통해 계획 및 설계를 발전시켜 나갈 필요가 있다.

또한 기후변화 및 자연재해로 인한 피해는 낙후된 도시환경에서 생활하고 있는 사회적 취약계층에서 더 심각하다는 점에서, 조경가는 어떤 방식의 녹지 조성을 통해 환경적이고 사회적으로 이러한 문제를 해결할 수 있는가에 대한 고민이 필요할 것이다. 통합적인 사회·생태 시스템Social-Ecological System을 향상시키기 위해서는 생태적 부분뿐만 아니라 사회적 리질리언스에 대한 연구도 병행하여 포괄적인 관점에서 조경의 영역을 확장시킬 필요가 있다.

역설적으로, 미세먼지와 여름철 도시 열섬현상이 점점 더 심해질수록 조경가의 역할은 더욱 중요해질 것이다. 급변하는 기술의 발달과 예측하기 힘든 기후변화의 환경 속에서, 연구를 통해 미래 예측이 가능하며 연구 결과를 설계에 반영 및 응용할 수 있는 예술적 능력을 갖춘 조경가가 앞으로는 요구될 것이라 생각한다(조경의 그린인프라와 리질리언스에 대한 자세한 내용은 IX장 참조).

함께 보면 좋을 자료

브라이언 워커, 데이비드 솔트 지음, 고려대학교 오정에코리질리언스연구원 옮김, 『리질리언스 사고: 변화하는 세상에서 환경과 인간의 공존방식』, 지오북, 2015.

임승빈 외, 『조경이 그리는 미래』, 한숲, 2018.

임승빈·주신하, 『조경계획·설계』, 보문당, 2019.

진양교, 『건축의 바깥』, 도서출판 조경, 2013.

Brian Walker·David Salt, *Resilience Thinking: Sustaining Ecosystems and People in a Changing World*, Washington D.C.: Island Press, 2006.

Bruce Sharky, *Thinking about Landscape Architecture: Principles of a Design Profession for the 21st Century*, Abingdon and New York: Routledge, 2016.

John W. Dover, *Green infrastructure: incorporating plants and enhancing biodiversity in buildings and urban environments*, Abingdon and New York: Routledge, 2015.

Robert Holden·Jamie Liversedge, *Landscape Architecture: An Introduction*, London: Laurence King Publishing, 2014.

Simon Swaffield, *Theory in Landscape Architecture: A Reader,* Pennsylvania: University of Pennsylvania Press, 2002.

II
새로운 공간을 위한 탐색,
현대 조경설계의 흐름

김영민

미국 뉴포트비치 에코파크 © 김영민

미국 베인브리지 아일랜드 브루델 리저브 © 김영민

경관을 다루고 만들어 나가는 행위인 조경의 역사는 인류의 역사만큼이나 오래되었지만, 현대적 의미에서 조경이 독립된 영역으로서 정체성을 갖춘 것은 200년도 채 되지 않는다. 기후변화와 관련된 전 지구적 문제에서부터 개인 정원의 작은 영역까지 오늘날의 조경이 다루는 주제는 다양하다. 그러나 19세기 말 탄생하여 지금까지 발전해 온 조경 분야의 핵심적인 정체성은 계획과 설계에 뿌리를 두고 있다.

이 장에서는 현대 조경설계의 주요한 흐름을 알아본다. 현대 조경의 전환점들을 조경가와 작품을 중심으로 살펴봄으로써 오늘날의 조경설계가 고민하는 문제와 앞으로 조경이 나아갈 방향을 함께 생각해 보고자 한다.

1

근대 조경의 탄생

조경 이전의 조경

18세기 후반 일어난 산업혁명은 지금까지 인류가 이룩한 문명과는 전혀 다른 형태의 문명을 예고하였다. 과학과 기술에서 시작된 혁명은 경제는 물론 사회, 정치, 예술 전반의 전환을 가져왔다. 그에 수반된 급격한 도시화는 과거와 다른 공간적 대안을 요구하였다. 새로운 도로와 교통체계가 필요했고 위생문제를 해결하기 위해 상하수도가 갖추어졌다. 과밀화된 주거환경에 대한 대안으로 근대적 건축과 도시계획이 등장하였다. 이러한 도시의 변화 속에서 녹지의 중요성이 강조되기 시작하였다.

옛 도시에서도 녹지는 자연스럽게 존재하였으나 근대 도시의 녹지는 이전과는 다른 목적에서 조성되기 시작하였다. 첫째, 도시 녹지는 도시위생을 개선하기 위한 수단이었다. 열악한 도시환경에 대한 대안으로 곳곳에 녹음이 우거진 광장과 공원들이 만들어졌다. 도시 녹지의 필요성을 강조했던 이들은 보건전문가들이었고 녹지는 상하수도 체계만큼 도시의 위생과 건강을 책임지는 도시의 기반시설로 여겨졌다. 둘째, 녹지 조성은 도시의 미적 경관을 향상하기 위한 목적이 있었다. 급격히 늘어난 열악한 주거지는 도시 전체의 삶의 질을 떨어뜨렸다. 공원을 새로이 조성하고 가로를 정비함으로써 도시의 경관을 대대적으로 개조하기 위한 노력이 시작되었다. 유럽의 대도시들은 한편으로 국가의 위상을 높일 수 있는 도시환경을 만들고자 하였으며, 다른 한편으로는 환경의 개선을 통한 부동산 가치의 상승이라는 경제적 효과를 유도하였다. 셋째, 녹지 조성에는 시민들을 위한 공간을 제공하려는 정치적 목적이 있었다. 시민계급의 정치적 영향력이 점차 커지게 되자 귀족과 왕실은 개인 소유의 정원과 사냥터를 시민들에게 공원으로 개방하기 시작하였다. 시민들의 교육과 여가를 위해 새로운 공원과 가로가 만들어졌으며, 시민들이 스스로 자금을 모아 조성하는 공원도 생겨났다.

영국에서는 하이드 파크^{Hyde Park}, 리젠트 공원^{Regent's Park}, 리치먼드 공원^{Richmond Park}과 같은 거대한 왕실 정원이 공원으로 전환되었다. 또한 새로운 주거지가 개발되면서 소공원 형태의 스퀘어^{Square}들이 도시 곳곳에 만들어졌다. 프랑스 파리에서는 시장인 조르주 외젠 오스만^{Georges Eugène Haussmann} 남작이 도시를 대대적으로 정비하면서 샹젤리제 거리^{Champs-Élysées}와 같은 가로수 길과 몽소 공원^{Parc Monceau}, 뷔트쇼몽 공원^{Parc des Buttes-Chaumont}, 몽수리 공원^{Parc Montsouris}과 같은 근대 공원이 조성되었다. 오스트리아 빈에서는 옛 성곽을 해체하고 새로운 도로와 결합된 링슈트라세^{Ringstrasse}라는 녹지체계가 갖추어졌고, 독일 베를린에서는 왕실의 사냥터를 티어가르텐^{Tiergarten}이라는 거대한 도시숲으로 새롭게 조성하였다. 이처럼 19세기 말 유럽의 주요 도시들에 공원과 녹지체계가 갖추어지기 시작하였다. 건축가, 엔지니어, 예술가 등 다양한 분야의 전문가들이 공원과 녹지의 조성에 관여하였지만 이러한 변화를 주도한 이들은 주로 대규모 정원을 다루던 조원가^{Gardener}였다. 19세기 영국의 주요 공원들을 설계하고 조성하였으며 수정궁^{Crystal Palace}이라는 최초의 대형 유리 건물을 설계한 조셉 팩스턴^{Joseph Paxton}, 오스만 남작의 파리 정비 당시 아돌프 알팡^{Adolphe Alphand}과 함께 파리의 현대식 공원들 대부분을 만들어 낸 장 피에르 바리에 데샹^{Jean-Pierre Barillet-Deschamps}, 오늘날 독일 주요 도시의 공원들을 계획하고 프로이센 제국의 공원국을 이끌었던 페터 요제프 레네^{Peter Joseph Lenné}가 이 시기에 활동했던 대표적인 조원가들이다.

최초의 조경가, 옴스테드

현대 조경의 기틀을 만든 사람은 미국의 조경가 프레더릭 로 옴스테드^{Frederick}

영국 런던 리젠트 공원 © Tom Page

프랑스 파리 뷔트쇼몽 공원 © Daniel Vorndran

Law Olmsted이다. 19세기 유럽에서 공원이 새로운 도시 공간으로 등장하였으나, 그 양식은 18세기 영국 귀족들의 대정원과 크게 다르지 않았다. 그래서 정원을 조성하던 조원가들이 조경공간을 계획하고 설계하게 된 것은 자연스러운 일이었다. 하지만 사적 영역인 정원과 공적 영역인 공원이 같을 수가 없었다. 또한 가로, 광장, 하천과 같은 다양한 도시의 외부공간을 다루기에 원예에 기반을 둔 조원이 적합하지는 않았다. 새로운 공간의 등장은 새로운 전문 분야를 요구하였다. 오랜 역사를 지닌 유럽의 도시와 달리 새로이 만들어지는 미국의 도시에서는 공원과 녹지도 처음부터 도시와 함께 계획되어야 하였다. 이와 같은 미국의 특수한 상황에서 조경이라는 독립된 분야의 필요성이 대두되었다.

1858년 옴스테드는 동료 건축가 캘버트 보Calvert Vaux와 함께 뉴욕 센트럴 파크Central Park 조성 책임자로 임명되었다. 센트럴 파크를 만들면서 옴스테드는 조경에도 건축, 원예, 토목과 새로운 전문성이 요구된다고 생각하였고, 조경가라는 직함을 사용한다. 이후 옴스테드는 조경이 새로운 전문 영역으로 인정받는 데 크게 공헌하였다. 그는 설계 실무를 통해서 조경의 전문성을 확립하였을 뿐 아니라 다양한 집필 활동과 강의를 하면서 조경의 정체성을 구축해 나갔다. 그의 활약에 힘입어 미국조경가협회ASLA; American Society of Landscape Architects가 1899년 만들어져 조경이 제도적으로 전문 분야로 확립되었고, 1900년에 최초로 조경학과가 하버드 대학교에 설립되어 독립된 학문 영역으로 인정받았다.

센트럴 파크 설계 이후 옴스테드는 40년 동안 5,000여 개의 프로젝트를 수행하였다. 옴스테드의 조경은 공원에만 국한되지 않았다. 그는 개별적인 공원을 넘어 도시와 지역을 연결하는 공원체계를 제안하였으며, 공원과 고속의 도로체계를 결합하면서 안전한 보행공간을 제공하는 파크웨이Parkway라는 새로운 개념의 기반시설을 만들어 냈다. 그는 다양한 민간 계획과 설계도 수행하였다. 옴스테드가 설계한 리버사이드Riverside나 서드브룩Sudbrook과 같은 미국의 전원주거단지는 미국 전원도시 계획의 중요한 선례가 된다. 그는 스탠퍼드 대학교를 포함한 여러 대학교 캠퍼스의 설계를 비롯해 많은 관공서의 조경계획도

미국 요세미티 국립공원 © King of Hearts

맡아서 수행하였다. 워싱턴 D.C.에 있는 미국국회의사당도 그가 제시한 계획의 일부였다. 옴스테드는 조경의 영역을 도시설계와 지역계획으로 확장하였다. 옴스테드의 철학과 설계는 이후 미국의 도시설계에서 가장 중요한 움직임이었던 '도시미화운동City Beautiful Movement'에 큰 영향을 미쳤다. 옴스테드는 많은 도시의 공간을 다루었지만, 결코 인간의 개발이 자연의 가치를 침해해서는 안 된다고 생각하였다. 그의 철학은 국립공원 체계를 만드는 데 크게 이바지하였다. 옴스테드는 1865년 요세미티Yosemite 계곡과 마리포사Mariposa 숲을 조사하고 이를 세계 최초의 국립공원으로 지정하는 데 힘썼다. 이후 나이아가라 폭포의 계획을 주도하였으며 미국뿐 아니라 전 세계 국립공원 체계의 기틀을 마련하는 데 큰 역할을 하였다.

　옴스테드는 조경이 기술이나 기예에 그치지 않고 현대 사회에 필요한 서비스를 제공할 수 있어야 한다고 생각하였다. 그는 산업화한 현대 도시에서 시민들이 건강한 삶을 영위할 수 있으려면 충분한 녹지가 일상 공간 가까이에 있어야 한다고 생각하였으며, 이는 민주적 가치를 실현할 수 있는 평등한 공간이어야 한다고 주장하였다. 그는 조경의 의미를 기능을 수행하는 예술이나 기술로 국한하지 않고, 경제적이며 정치적·사회적 정의를 실현하는 공간적 실천으로 규정하였다. 그래서 옴스테드가 말하는 조경가는 기술자이면서 예술가이며 동시에 사회개혁가이다.

센트럴 파크와 에메랄드 네크리스

센트럴 파크Central Park

센트럴 파크(1857)는 미국 뉴욕 맨해튼 중심에 있는 대형 공원으로 남북 4km, 동서 0.8km에 달한다. 옴스테드는 센트럴 파크를 설계하면서 영국의 새로운 공원들을 많이 참조하였다. 그래서 형태적으로 센트럴 파크는 영국식 정원 양식을 따른 목가적 풍경의 유럽 공원들과 크게 다르지 않다. 하지만 옴스테드는 각각의 설계 요소들에 치중하던 전통적인 설계와는 달리 모든 공원의 요소

미국 뉴욕 센트럴 파크 ⓒ Ed Yourdon

새로운 공간을 위한 탐색, 현대 조경설계의 흐름

를 하나의 공간으로 통합할 수 있는 종합적인 설계를 추구하였다. 센트럴 파크의 진정한 혁신은 공원의 성격에 대한 근본적인 인식 변화에 있었다. 동시대의 다른 공원들과 가장 두드러진 차이점 중 하나는 공원과 기반시설이 통합되면서도 서로 간섭을 하지 않는다는 점이다. 센트럴 파크에는 뉴욕을 동서로 관통하는 4개의 주요 도로가 지나간다. 옴스테드는 도시의 주도로를 입체적으로 공원과 교차시킴으로써 보행자와 자동차가 완벽히 분리되면서도 기반시설로 작동할 수 있는 공원을 만들었다. 또 다른 차이점은 레크리에이션 활동을 위한 프로그램이 결합된 공간이라는 점이다. 귀족들의 정원이 모태가 된 유럽의 공원에서는 산책과 피크닉 외에 할 수 있는 일들이 별로 없었다. 하지만 센트럴 파크에는 야구장만 26개가 있으며 수많은 놀이터, 배구장, 농구장, 축구장, 수영장, 놀이공원, 눈썰매장, 공연장들이 마련되어 시민들이 사계절 내내 다양한 활동을 즐길 수 있다. 이 모든 프로그램은 처음부터 설계된 것이 아니라 오랜 시간을 거치며 다양한 요구에 따라 변경되고 추가된 것이다. 센트럴 파크가 만들어진 지 150년이나 되었지만 여전히 가장 사랑받는 공원인 이유는 수없이 공원 내부가 바뀌었음에도 불구하고 처음에 제시된 틀 안에서 그 모든 변화를 수용할 수 있었던 유연함 때문이다.

에메랄드 네크리스 Emerald Necklaces

미국 보스턴의 에메랄드 네크리스(1878~1894)는 단일 공원이 아닌 광역적 녹지체계이다. 목걸이라는 이름처럼 녹지는 도시를 관통하여 총 길이 52km, 면적 4.5km²에 달하는 거대한 녹색의 고리를 형성한다. 보스턴은 급격한 성장과 함께 심각한 수질오염을 겪었다. 특히 중심 하천인 찰스강이 바다와 만나는 하구가 가장 문제였는데 시는 이 지역을 메워 수질오염을 해결하고자 하였다. 하지만 수질이 더욱 악화되자 옴스테드는 이 일대를 조수가 자유롭게 드나들 수 있는 생태적 습지로 복원할 계획을 제안하였다. 옴스테드는 습지 공원인 백 베이 펜즈 Back Bay Fens를 설계하면서 도시의 기존 공원과 새로운 공원을 잇는 환

미국 보스턴 에메랄드 네크리스 ⓒ 김영민

형의 녹지체계를 계획하였다. 이 계획에 따라 벡 베이 펜즈를 포함하여 옴스테
드 공원Olmsted Park, 리버웨이The Riverway, 자메이카 호수Jamica Pond, 아놀드 수목원
Arnold Arboretum, 프랭클린 공원Franklin Park 등 6개의 새로운 공원이 만들어졌다. 옴
스테드는 1878년부터 1894년까지 주요 공원들과 연결되는 녹지를 설계하였
다. 환형의 녹지체계는 단일 공원과 전혀 다른 효과를 가진다. 우선 도시 전체
에서 접근성이 높아져 도시의 모든 커뮤니티가 녹지공간의 혜택을 누릴 수 있
다. 또한 지역적인 차별 없이 보행자는 안전하게 연결된 녹지를 즐기며 이동
할 수 있다. 에메랄드 네크리스에서 가장 주목할 점은 옴스테드가 구상한 공
원이 여가를 위한 아름다운 풍경에 그치지 않고 물을 정화하고 홍수를 방지
하는 기반시설의 역할을 했다는 점이다. 에메랄드 네크리스의 설계는 최근
등장한 그린인프라스트럭처의 개념을 100년이나 앞서 제시한, 시대를 앞서간
사례로 평가받는다.

모더니즘 조경

건축의 혁명과 새로운 조경

20세기로 들어서는 문턱에서 새로운 건축 양식이 등장한다. 과학기술과 진보에 대한 무한한 희망은 필연적으로 구시대의 공간을 폐기하고 새로운 공간에 대한 구상으로 귀결되었다. 영국, 프랑스, 벨기에, 독일, 미국, 이탈리아에서 과거와는 전혀 다른 건축적 사유와 설계의 움직임이 나타나 새로운 세기를 열었다. 이후 건축사가들이 모더니즘이라고 부르게 되는 이 새로운 움직임은 유럽 전역으로 확대되었으며, 전후에는 세계적인 흐름이 되었다. 모더니즘 운동은 많은 변화 과정을 거쳤지만, 여전히 우리는 그 영향력 아래에 놓여 있다. 현대인들은 선조들이 살았던 돌과 나무로만 만들어진 집에서 살지 않는다. 현대 도시는 모더니즘 건축의 뼈와 살, 그리고 피부였던 철과 콘크리트, 유리로 이루어져 있다.

조경의 영역에서도 모더니즘 건축과 유사한 실험적 설계가 나타나기 시작하였다. 가브리엘 구에브레키앙Gabriel Guevrekian이 1925년 선보인 「물과 빛의 정원」은 공간을 기하학적 추상화처럼 구성한 작품이다. 조경이론가 도로시 임버트Dorothée Imbert는 구에브레키앙이 정원을 매체로 2차원과 3차원 사이의 부조화된 현대 추상예술 실험을 했다고 평가하였다. 건축가들과 작업을 하면서 모더니즘 건축의 언어를 공유하려는 조경가들도 나타났다. 벨기에의 조경가 장 캐닐 클레즈Jean Canneel-Claes는 모더니즘 건축의 언어를 조경 매체에 적합하게 변형하여 공간을 구성하고 표현하려 하였다. 반면 미국의 조경가 플레처 스틸Fletcher Steele은 유럽의 모더니즘 건축에 동조하기보다는 오히려 비판적인 입장에서 건축과 구분되는 조경의 정체성을 구축하려 하였다. 이처럼 조경에 큰 영향을 미친 건축의 모더니즘은 다양한 방식으로 해석되면서 이후 조경설계의 여러 실험적 실천과 사유의 자양분이 된다.

모더니즘 조경을 찾아서

20세기 초 시작된 건축 분야의 혁명은 곧 주류가 되지만, 조경설계의 주된 경향은 여전히 19세기의 전통을 이어받은 옴스테드적 양식이었다. 물론 조경가들이 과거에만 머물러 있었던 것은 아니다. 조경가 피터 워커Peter Walker는 옴스테드 이후 조경의 새로운 변화가 두 가지 방향으로 전개되었다고 분석한다. 하나는 '전원도시운동Garden City Movement'의 영향으로 조경을 단지나 도시 계획의 중요한 수단으로 보는 계획적 방향이다. 전원도시운동은 영국의 에버니저 하워드Ebenezer Howard라는 사상가가 열악한 19세기의 도시환경에 대한 대안으로 제시한 신도시계획운동이다. 전 세계로 확대된 이 운동은 녹지가 중심이 되는 새로운 형태의 도시를 만들어 냈고, 조경가들이 도시계획에서 중심적인 역할을 담당하게 된다.

또 다른 방향은 현대 회화나 조각의 영향을 받아 조경공간의 새로운 형태를 찾고자 한 예술적 방향이다. 조각가로서 공간을 조각의 대상으로 보았던 이사무 노구치Isamu Noguchi, 현대 예술 운동을 브라질의 열대기후와 식생에 맞게 재해석하여 유기적 형태의 조경공간을 만들어 낸 로베르토 부를레 막스Roberto Burle Marx, 건축과 조경을 통합된 공간으로 보고 물과 벽, 색채를 통해 예술적 공간을 구현한 건축가 루이스 바라간Luis Barragan, 그리고 추상적인 유기적 형태의 정원을 설계하여 이후의 조경가들에게 큰 영향을 미친 토머스 처치Thomas Church는 예술과 결합한 조경의 방향을 선도한 대표적인 조경가들이다. 하지만 이들의 도전과 실험은 건축의 모더니즘처럼 큰 흐름을 형성하지는 못하였다. 사회적 이상과 기술적 발전, 그리고 형태적 언어가 하나의 공유된 지향을 만들어 냈던 건축과는 달리 조경의 계획적 방향과 예술적 방향은 통합되지 못하고 각자의 길을 가는 듯 보였다.

모더니즘 조경의 영웅들

20세기 중반에 시대의 변화에 대한 근본적인 사고의 전환과 함께 이를 담아
낼 새로운 형태적 언어를 고민한 조경가들이 등장하였다. 이들은 작은 정원에
서부터 큰 규모의 지역계획까지 다양한 프로젝트를 다루며 조경의 새로운 전
환기를 마련하였다. 1930년대 후반 개릿 에크보$^{Garrett\ Eckbo}$, 다니엘 U. 카일리
$^{Daniel\ U.\ Kiley}$, 제임스 로즈$^{James\ Rose}$는 모더니즘 조경에 대한 글을 잡지에 연재하
면서 전통적인 조경의 사유와 설계에 반기를 들었다. 그들은 모더니즘 건축가
들에게 많은 영향을 받았지만, 건축과는 다른 조경의 모더니즘을 추구하고자
하였다. 에크보는 대공황 시기에 만들어진 FSA$^{Farm\ Security\ Administration}$에서 주거
지 계획을 담당한 조경가였다. 열악한 조건 속에서 조경을 통해 인간다운 삶
을 위한 공간을 만들고자 노력했던 에크보는 이때의 경험을 통해 조경의 사회
적 의미를 새롭게 정립하게 되었다. 에크보는 개인의 능력에 의존하는 작가이
기보다는 협업을 통해 프로젝트를 이끌어 나가는 조경가였다. 그는 로버트 로
이슨$^{Robert\ Royston}$, 에드워드 A. 윌리엄스$^{Edward\ A.\ Williams}$와 함께 EDAW라는 회사
를 설립하여 여러 정원과 상업부지 설계를 포함한 다양한 프로젝트를 진행하
였다. 에크보는 뛰어난 예술가이기도 했다. 그는 과감한 식재설계를 통해 예술
적으로 표현된 공간을 창조하였으며 철, 알루미늄과 같이 전통적인 조경에서
는 잘 사용하지 않던 신소재를 사용하여 미래 지향적인 설계를 추구하였다. 형
태적으로는 미로나 칸딘스키의 추상화를 연상시키는 새로운 공간 구성을 실
험하기도 하였다. 멀러 가든$^{Muller\ Garden}$, 알코아 가든$^{Alcoa\ Garden}$, 미첼 공원^{Mitchell}
^{Park}과 같은 작품에서 이러한 실험은 계속 이어졌다. 에크보는 이론가로서도
중요한 역할을 하였다. 1950년에 그가 출판한 『Landscape for Living』은 사회
적·미학적·이론적·실무적 현대 조경의 주제들과 생각들을 종합하여 모더니
즘 조경의 중요한 이론적 토대를 마련한 이론서이다.

「캘리포니아 시나리오California Scenario」(이사무 노구치) © 김영민

이론가였으며, 실험적인 설계가였던 에크보와 달리 카일리는 조경설계의 핵심은 현실적인 문제를 해결하는 것이라고 보았으며, 조경의 오랜 전통에서 새로움을 창조하려 하였다. 많은 모더니즘 건축가들과 함께 작업한 카일리는 건축가들로부터 모더니즘 건축을 가장 잘 이해하는 조경가로 평가받았다. 밀러 가든Miller Garden, 노스캐롤라이나 국립은행NCNB: North Carolina National Bank 조경, 미국 공군사관학교U. S. Air Force Academy 조경과 같은 작품은 직선의 그리드grid를 바탕으로 강한 축과 대칭성을 중시했던 카일리 설계의 특징을 잘 보여 준다. 카일리의 직선 구성 설계는 모더니즘 건축의 설계 언어와 잘 부합되었을 뿐만 아니라, 건축의 언어를 외부로 확장함으로써 조경을 통해 모더니즘 건축의 공간을 완성할 수 있는 가능성을 열어 주었다. 모더니즘 건축의 영향을 인정하지만 카일리는 설계의 원천을 17세기 프랑스 바로크 정원 양식을 완성한 조원가 앙드레 르노트르André Le Nôtre와 미국의 전통적 조경 양식을 만들어 낸 옴스테드에서 찾는다. 그는 전통적 조경에서 가장 현대적인 모더니즘의 언어를 발견하였다. 카일리는 인위적인 새로움과 화려함을 추구하기보다는 가장 실용적이고 본질적인 공간을 구현하려는 설계 철학을 갖고 있다. 이러한 점에서 그는 모더니즘의 겉모습만을 구현한 것이 아니라 모더니즘의 핵심적 사유와 태도에 가장 가까이 다가간 조경가였다.

로런스 할프린Lawrence Halprin은 모더니즘 조경의 완성자이자 포스트모더니즘 조경의 시작을 연 선구자라는 평가를 동시에 받는다. 할프린은 언제나 조경설계의 중심은 사람이라고 생각하였다. 그는 식재, 구성, 재료 못지않게 사람의 행위를 결정적인 설계의 요소로 보았다. 그래서 이용자가 스스로 공간을 결정하고 설계에 영향을 미치는 참여적 설계의 과정을 중시하였다. 이러한 철학에 근거해서 할프린은 사람들의 행위와 이벤트를 공간화할 수 있는 설계 방식인 'RSVP Cycles'를 개발하였다. 'RSVP Cycles'는 모더니즘을 지배하던 형태중심의 설계에서 과정 중심의 설계로 넘어가는 전환점을 마련해 준다. 형태보다 과정을 중시했던 할프린이었지만, 어떤 조경가보다 공간의 예술성을 조형적으로 극대화할 수 있는 뛰어난 능력을 갖추고 있었다. 유기적인 형태에서부터 직선의 그리드까지 자유롭게 다양한 설계의 형식을 넘나들었던 할프린은 현대적인 재료인 콘크리트를 조경공간에 가장 효과적으로 사용한 조경가였다. 러브조이 플라자Lovejoy Plaza, 프리웨이 공원Freeway Park, 켈러 파운틴 공원Keller Fountain Park은 그의 설계를 잘 보여 주는 대표작이다. 정원과 사적 영역의 공간에서 주로 능력을 발휘한 동시대의 조경가들과 달리 할프린이 가장 뛰어난 능력을 발휘한 영역은 도시의 공공공간이었다. 그는 조경을 통해 도시를 공공의 예술로 바꾸었고 조경의 영역을 넘어선 조경가로 인정받았다.

카일리와 할프린의 작품들

밀러 가든Miller Garden과 노스캐롤라이나 국립은행 조경NCNB Landscape

미국 콜럼버스에 있는 밀러 가든(1955)과 샬럿에 있는 NCNB 조경(1988)은 각각 카일리의 초기와 후기를 대표하는 작품이다. 카일리는 저명한 건축가 에로 사리넨Eero Saarinen과 함께 밀러 가든을 작업하였다. 밀러 가든은 강과 만나는 서쪽의 자연스러운 경관, 중앙의 열린 잔디밭, 동쪽의 건축물과 정원으로 구성되어 있다. 이 3개의 공간은 명확한 대비를 이루면서도 하나의 축을 형성한다. 건축의 언어는 외부로 확장되어 그대로 조경의 설계 언어가 된다. 정원의 구성은 십자 형태의 그리드로 이루어진 건축의 논리를 따른다. 건축의 방은 교목으로 이루어진 외부의 방으로 확장된다. 수목이 형성하는 축들은 건축이 외부로 확장되듯이 대상지 밖으로 정원의 공간을 연장한다. 정원의 기하학적 구성은 각기 다른 수목과 어우러져 현대적이면서도 고전적 경관을 만들어 낸다.

  NCNB 조경에서 카일리는 전체 대지를 반복적인 그리드로 구성함으로써 새로운 감각의 현대적 공간감을 연출하였다. 카일리의 설계는 거대한 원통형의 건물에 압도되지 않고 오히려 건물을 조경의 한 요소로 끌어들였다. 포장면과 잔디 면의 비율이 변화하며 형성되는 반복적인 그리드는 통일된 공간 내에서 무한한 변주를 일으키는 효과를 준다. 바닥의 그리드 패턴은 비정형적으

미국 콜럼버스 밀러 가든
(댄 카일리)
© Korab Balthazar

처음 만나는 조경학

미국 포틀랜드 러브조이 플라자(로런스 할프린) ⓒ 김영민   미국 시애틀 프리웨이 공원(로런스 할프린) ⓒ 김영민

로 심어진 800그루의 배롱나무와 곳곳에 한 방향으로 뻗은 수로들과 중첩이
되면서 초현실적인 공간을 만들어 낸다.

두 작품에서는 그리드 형태의 구성, 직교하는 직선의 형태, 축의 교차와 연
장이라는 공통된 특징이 나타난다. 하지만 실제 공간은 전혀 다른 느낌과 경험
을 선사한다. 같은 언어를 통해서 전혀 다른 공간을 만들어 내는 카일리의 설
계는 각기 다른 대지의 특성과 상황에 적합한 최소의 본질적 요소를 찾아내려
는 노력이 만든 결과이다.

러브조이 플라자Lovejoy Plaza와 프리웨이 공원Freeway Park

미국 포틀랜드 중심에 있는 러브조이 플라자(1968)는 동시대의 조경공간 중
가장 강렬한 표현적 형태를 보여 준다. 기존 지형 차이를 활용한 계단들은 도
시적인 지층을 드러내는 새로운 인공 지형을 형성한다. 광장에는 축이나 고정

된 공간이 존재하지 않는다. 사람들은 자유롭게 이동하며 계단에 걸터앉아 쉬기도 하며 담소를 나누기도 한다. 극도로 자유도가 높은 유기적 공간이지만 설계의 요소들은 직선으로만 구성되어 있다. 중심 공간에 식재는 의도적으로 배제되어 물과 콘크리트로 이루어진 특색 있는 경관이 연출된다. 강한 조형성이 도시의 자유로움과 만나는 이 광장은 시민들이 만들어 내는 일상이 예술적 형태로 매일 공연되는 무대이자 예술 작품이다.

미국 시애틀의 고속도로 위를 지나가는 프리웨이 공원(1976)은 단절된 도시의 보행을 연결하려는 목적에서 만들어졌다. 공원은 직교하는 그리드로 구성된다. 그러나 그리드의 정형성이 강조되기보다는 오히려 유기적인 흐름이 그리드를 통해 형성되도록 설계되었다. 인공지반 위에 조성된 공원이지만 고속도로 위에는 원시림을 연상시키는 숲이 울창하게 자라고 있다. 숲 사이를 지나면서 거대한 조각과 같은 분수를 만나고 쉼터와 잔디광장을 만나게 된다. 공원의 포장과 시설들은 고속도로의 재료와 같은 콘크리트로 만들어져 공원은 이질감 없이 전혀 다른 성격의 인공물 위에 안착하고 있다. 자연의 숲과 인공의 고속도로라는 이질적인 공간을 하나의 공간으로 통합한 프리웨이 공원은 자연과 도시의 공존이라는 딜레마를 해결하고자 했던 모더니즘 조경의 훌륭한 답안 중 하나이다.

3

생태를 넘어선 생태적 조경

과학적 조경 계획과 설계

조경의 핵심적인 정체성을 하나만 꼽자면, 조경가는 건축가, 도시계획가, 공학자와는 달리 자연을 다룬다는 점이다. 자연은 단순한 조경의 대상이 아니라 조경의 접근 방식, 설계의 언어, 더 나아가 가치와 철학을 차별화하고 규정하는 가장 중요한 원천이었다. 20세기 중반에 자연이라는 개념이 생태로 대체되면서 조경의 계획과 설계는 전환점을 맞이하였다. 생태학의 등장으로 자연은 목가적이고 낭만적인 치유의 장소가 아니라 무분별한 개발로부터 보호되어야 하고 과학적으로 검증되어야 할 대상이 되었다. 현대적 의미의 생태적 계획과 설계의 개념은 스코틀랜드의 계획가이자 조경가인 패트릭 게디스^{Patrick} Geddes까지 거슬러 올라간다. 그는 도시를 건축물의 집합체가 아니라 지역적 자연환경에 의해 결정되는 일종의 유기체로 보았다. 주변 환경까지 포함한 지역적 차원에서 자연과 도시를 함께 다루려는 게디스의 이론은 루이스 멈퍼드^{Lewis Mumford}와 클래런스 스타인^{Clarence Stein}에게 이어져 지역계획^{Regional Planning}으로 발전한다. 생태학자인 벤턴 매카이^{Benton MacKaye}와 미국 전원도시의 조경설계를 담당했던 헨리 라이트^{Henry Wirght}가 지역계획의 틀을 마련하는 데 중심적인 역할을 하면서 1930년대 지역계획 분야에는 생태적 계획 개념이 담기게 되었다. 1950년대에 들어 생태학이 이론적으로 발전하면서 과학계뿐만 아니라 사회 전체에 큰 영향을 미친다. 이때 조경학과 내에서도 생태학과 산림학이 필수적인 분야로 자리 잡는다. 하지만 여전히 생태라는 주제는 과학자가 다루는 영역이었지, 조경가의 영역은 아니었다.

조경의 독자적인 생태적 계획과 설계의 방법론을 구축한 것은 이언 맥하그[Ian McHarg]였다. 맥하그는 스코틀랜드 출신의 계획가이자 조경가로 미국에서 모더니즘 조경계획을 공부하였다. 하지만 그는 오히려 모더니즘 건축이 만들려는 도시의 방향에 의구심을 갖고 생태학자들과 함께 '생태적 결정주의[Ecological Determinism]'라는 새로운 생태적 도시계획 방식을 제시한다. 1969년 출판한 『Design with Nature』에서 그는 예술성과 사회성을 중심에 두었던 당시의 조경설계의 주된 흐름과는 다른 설계의 사유와 방향을 제시한다. 그는 조경설계를 예술적 영감에 좌우되는 작품 생산의 과정이 아니라 과학적인 방법론에 따른 합리적 의사결정의 절차로 만들고자 하였다. 다양한 분야의 전문가와 협력하여 객관적인 자료를 수집하고 이를 조경 계획과 설계의 관점에서 새롭게 재해석하였다. 맥하그는 자신의 이론을 뉴욕의 「스태튼섬[Staten Island] 계획」이나 「리치먼드 파크웨이[Richmond Parkway] 계획」 같은 프로젝트에 적용하여 계획 실무에도 큰 영향을 미쳤다. 맥하그의 이론적·실천적 성과 덕분에 조경가들은 건축과 도시의 규모를 넘어서는 광역적 스케일의 계획을 담당할 수 있게 되었다. 맥하그가 조경의 혁신적 방향 전환을 이룬 것은 사실이지만 동시대의 다른 조경가들과의 단절을 선언한 것은 아니었다. 그는 오히려 옴스테드의 조경에서 생태적 가치를 다시 찾으려 했으며, 할프린과 같은 조경가들의 새로운 계획 프로젝트를 생태적으로 다시 규정하려는 노력을 통해서 생태적 계획이라는 조경의 새로운 틀을 마련하였다.

GIS와 지오디자인

조경의 생태적 담론이 자리 잡는 데 맥하그가 결정적인 역할을 했지만, 과학적 계획의 방향 전환이 맥하그 혼자의 힘으로 이루어진 것은 아니다. 비슷한 시기에 캐나다의 산림학자 앵거스 힐스[Angus Hills]와 미국의 조경계획가 필립 루이스[Philip Lewis]는 맥하그와 유사한 생태적 계획의 방법론을 개발하였다. 그리고 레이먼드 벨냅[Raymond Belknap]과 그랜트 존스[Grant Jones]는 생태적 계획의 방법론을 실무 프로젝트들에 적용함으로써 새로운 계획적 접근 방식을 조경설계의 실무에 정착시킨다. 칼 슈타이니츠Carl Steinitz는 컴퓨터 시스템과 결합한 새로운 계획 설계 방식을 제안함으로써 조경설계의 중요한 전환점을 마련하였다. 생태가 조경의 대상이 되기 위해서는 생태학, 산림학, 지질학에서 다루는 과학적 조사 분석과는 다른 조경만의 독자적 방법론이 필요하였다. 슈타이니츠는 1966년 「DELMARVA」라는 프로젝트에서 컴퓨터로 생성된 계획안을 제시함으로써 최초로 지리정보체계GIS: Geographic Information System 개념을 선보인다. 조경의 계획 개념에서 출발한 GIS는 오늘날 우리가 일상적으로 사용하는 내비게이션 시스템은 물론 도시, 산

「DELMARVA」
(칼 슈타이니츠)
© Carl Steinitz

림, 교통 등 공간을 다루는 모든 분야에서 연구와 계획의 필수적 도구로 자리 잡았다. 현재 GIS에 기반한 조경 계획과 설계는 지오디자인Geodesign의 개념으로 발전하였다. 조경이 다루는 영역이 도시와 지역을 넘어서 지구적 차원으로 넓어지면서 점점 정밀한 데이터에 기반을 둔 계획 설계의 예측 가능성이 중요한 문제로 대두되었다. 쉽게 말해, 조경가의 프로젝트가 홍수 조절, 기후변화 대응, 생태계 회복 등 우리가 직면한 긴급하고 중장기적인 문제들을 다루게 되자 조경가가 제안한 계획안이 실제로 효과가 있을지를 검증하는 문제가 중요해졌다. 지오디자인은 자연을 인간의 무분별한 개발로부터 보호해야 할 수동적 대상으로 바라보던 맥하그의 생태적 계획과는 달리, 조경의 생태적 시스템

을 도시와 지역의 중요한 기반시설로 보고 계획하고 도입하려는 적극적인 태도를 취한다. 슈타이니츠는 생태적 조경 계획이 보존 위주의 대안밖에는 제시하지 못하여 건축, 도시의 인접 분야와 점차 괴리될 수밖에 없었다고 주장하였다. 그는 기존의 생태적 계획 개념을 방어적 이론^{Defensive Theory}이라고 지칭하며, 지오디자인은 방어적 이론을 토대로 개발의 긍정적 효과를 함께 평가할 수 있는 공격적 이론^{Aggresive Theory}의 계획 방식이라고 평가하였다. 이러한 지오디자인은 4차 산업혁명을 맞이하고 있는 오늘날 인공지능을 도입한 빅데이터 기반의 계획에서부터 민주적인 주민참여의 의사결정 시스템까지 다양한 분야에서 조경설계의 새로운 가능성을 찾고자 한다.

생태적 담론의 프로젝트

스태튼섬 계획안^{Masterplan of Staten Island}

맥하그는 미국 뉴욕 맨해튼 남쪽 스태튼섬의 계획안(1969)을 작성하면서 생태적 계획과 GIS의 이론적 토대가 되는 중첩 분석^{Overlay Analysis} 방법을 제시하였다. 그는 경사, 토질, 지질, 임상도와 같은 자연적 요인과 주거, 경관, 역사가치 등의 사회적 요인을 포함한 16개 요인으로 대상지를 분석하여 도면화^{Mapping}하였다. 질적으로 다른 가치 척도를 갖는 요인들은 같은 양적 척도로 변환된다. 예를 들어, 수질과 숲의 가치는 질적으로 다르지만 동일하게 5점에서 1점의 점수를 부여한다. 중요한 가치를 지니는 호수와 숲은 5점, 많이 훼손되었거나 가치가 떨어지는 호수와 숲은 1점으로 평가된다. 이렇게 변환된 각 요인의 가치는 투명한 도면에 표시되어 중첩된다. 결과적으로 대상지역의 어떤 부분은 가장 높은 가치를 갖는 요인이 중첩될 것이기 때문에 어둡게 나타나며 반대의 경우는 옅게 나타난다. 이러한 방식으로 맥하그는 대상지의 생태적·사회적 가치를 종합적으로 분석하여 개발지역과 보존지역을 공간적으로 구분한 계획안을 제시하였다. 맥하그의 이러한 생태적 계획 방식은 소수 전문가의 판단에 따라 결정되는 과거의 계획 방식에서 벗어나 의사결정과정을 투명하게 가시화할 수 있는 합리적인 틀을 마련해 주었다.

버펄로바이우 파크와 그린웨이Buffalo Bayou Park and Greenway

휴스턴은 미국 남부의 최대 도시로 아열대 기후대에 속해 있어 매년 태풍과 홍수의 위협에 노출되어 있다. 버펄로바이우는 휴스턴 광역권을 지나는 강이다. 지류를 포함하면 버펄로바이우의 수역은 1,300km²에 달한다. 휴스턴의 도시화 역사는 바이우를 둘러싼 반복되는 홍수와의 투쟁이라고 해도 과언이 아니다. 도시화가 진행되면서 강과 도시 사이에는 치수를 위해 제방이 건설되었고 그 위로는 거대한 고속도로 체계가 지나가게 되었다. 강의 저류 용량을 확대해야 할 필요성이 제기되자 강을 토목적인 배수로로 보기보다는 자연을 복원하면서도 홍수를 방지할 수 있는 공원으로 만들자는 주장이 제기되었다. SWA사의 설계로 도심지를 지나는 강의 부분이 생태공원으로 복원되어 다시 시민들과 자연이 공존할 수 있는 공간으로 변화하였다. 공원의 성공에 힘입어 휴스턴시는 단절된 버펄로바이우의 수계를 하나의 생태공원으로 연결하려는 계획을 세웠다. 480km에 달하는 공원은 계획안에 따라 그동안 치수를 위해 훼손된 생태계를 복원하고, 190만 명에 달하는 시민들에게 새로운 여가공간을 제공할 산책로와 녹지를 조성하였다. 이와 함께 강변에 새로운 저류지를 조성하여 기후변화에 대비한 탄력적 그린인프라를 구축하였다. 버려진 하천의 재생공원 계획에서 시작되어 광역적 계획 프로젝트로 발전한 버팔로바이우 그린웨이(2009~2016)는 문화와 자연이 공존할 수 있는 새로운 계획적 방향을 제시하고 있다.

미국 휴스턴 버펄로바이우 파크 © SWA Group

4

예술과 시스템의 도시

예술적 조경의 부활

1960년대와 1970년대의 생태적 담론과 계획적 접근이 조경설계의 중요한 흐름으로 자리 잡자 상대적으로 조경이 누려 오던 문화적 지위와 예술적 역량은 줄어들었다. 1980년대에 예술로서의 조경의 가치를 회복하려는 조경가들이 나타났다. 그 선두에는 피터 워커Peter Walker가 있다. 워커는 조경이 예술로서 건축과 동등한 위치에 서야 한다고 생각하였다. SWA사에서 수행한 버넷 공원Burnett Park의 기하학적 구성과 강한 조형성은 이러한 그의 설계 철학을 잘 보여 준다. 특히 그는 모방으로서의 예술이 아니라 물物 자체를 표현하려 했던 미니멀리즘 예술에서 조경 작품이 예술로서 인정받을 수 있는 가능성을 찾았다. 태너 분수Tanner Fountain의 미니멀리즘적 설계는 이전의 작품들이 보여 주지 못한 높은 예술성을 갖추었다. 최근 작품인 바랑가루 공원Barangaroo Park과 911기념공원National September 11 Memorial Park에 이르기까지 워커는 여러 프로젝트에서 정제된 추상적 형태의 구성과 재료의 고유한 물성을 드러내는 작품들을 꾸준히 추구해 오고 있다. 워커와 같이 작업한 마사 슈워츠Martha Schwartz는 현대 예술의 연장선상에서 조경의 높은 예술적 가치를 구현했다고 평가받는 조경가이다. 슈워츠는 팝아트적인 작품들을 선보여 조경계는 물론 예술계의 많은 주목을 받고 있다. 식재료인 베이글을 조경 재료로 사용한 베이글 가든Bagel Garden, 설치 미술의 성격이 강한 네코 타이어 가든Neco Tire Garden 등 슈워츠의 실험적인 초기 작품은 포스트모더니즘 예술과 조경의 직접적인 연결고리를 잘 보여 준다. 리오 쇼핑센터Rio shopping center와 제이컵 재비츠 광장Jacob Javits Plaza은 조경

미국 뉴욕 티어드롭 파크(마이클 반 발켄버그) © 김영민

이 다른 장르의 예술적 장치 없이도 그 자체로 공공예술이 될 수 있음을 증명하였다.

조지 하그리브스George Hargreaves는 현대 대지예술과 조경의 경계에서 작품 세계를 구축한 조경가이다. 그가 초기에 설계한 할리퀸 플라자Harlequin Plaza에서는 왜곡된 흑백의 그리드, 원색적인 색의 사용, 건축물의 거울을 활용한 착시 효과 등 포스트모더니즘적인 팝아트의 색채가 강하게 나타난다. 1990년대부터 하그리브스는 대지예술의 가능성에 주목하였다. 전통적으로 조경은 지형을 다루어 왔기 때문에 대지의 표면을 조작하여 경관적인 작품을 만들어 내는 대지예술과 유사한 점이 많지만, 지형 자체에 특별한 예술적 의미를 부여하지는 않았다. 빅스비 공원Byxbee Park, 루이스빌 워터프런트 공원Louisville Waterfront Park, 크리시필드Crissy field와 같은 작품을 통해서 하그리브스는 대지와 경관을 조작하는 예술적 조경의 가능성을 탐색하였다. 마이클 반 발켄버그Michael Van Valkenburg는 변화하는 자연을 다루는 조경의 고유한 특징에 주목하였다. 그는

1980년대에 얼음벽Ice Wall이라는 설치 예술적 성격의 작품을 선보였다. 이 작품에서는 물이 흘러 어는 과정에서 나타나는 시간적인 현상을 예술적으로 포착하고자 하였다. 이후 얼음벽의 작업은 티어드롭 파크Teardrop Park에서 발전된 형태의 작품으로 구현된다. 거대한 암석을 켜로 쌓아 역동적인 형태로 연출한 공원의 석벽은 단순히 돌 자체의 물성을 예술적으로 드러내는 데 그치지 않는다. 돌 사이에서 물이 흐르도록 설계되어 겨울에만 나타나는 얼음벽이 시간과 외부의 온도에 따라 새로운 경관을 연출한다. 발켄버그는 공간의 예술을 넘어 시간성을 예술적으로 조경에 담아내었다.

1980년대와 1990년대 조경설계의 예술적 흐름을 주도했던 조경가들은 20세기 초의 모더니즘 조경가들과 비슷한 전략을 택하였다. 모더니즘 조경가들이 모더니즘 미술에 영향을 받은 공간 구성을 선보였듯이 20세기 말의 조경가들은 당시 미술의 새로운 경향인 미니멀리즘, 팝아트, 대지예술의 철학과 미학을 조경의 영역으로 도입하였다. 그러나 조경가들이 단순히 예술과 건축의 언어를 조경에 도입하고 형태적 모방을 통해서 새로움을 성취한 것은 아니다. 예술의 움직임과 연대한 새로운 조경설계의 실험은 오히려 조경이라는 분야가 지닌 독자적인 예술적 가능성을 찾아냄으로써 조경의 예술적 가치를 새롭게 갱신하였다.

랜드스케이프 어바니즘

1990년대 조경가들이 보여 준 실험적 작품들은 조경의 문화적 역량을 보여 주며 대중과 전문가들에게 조경의 예술적 가치를 다시금 인정받게 하였다. 그러나 조경이론가 제임스 코너James Corner는 이러한 조경의 움직임을 긍정적으로만 보지 않았다. 그는 조경의 예술적 엘리트주의는 오히려 조경을 예술의 테두리에 가두어 놓은 채 정작 시대의 변화가 요구하고 있는 긴급하고 중요한 사안들에는 눈을 감게 했다고 비판하였다. 그는 근래에 이루어진 예술적 성취를 반영하면서도 계획적 조경의 역량을 함께 발휘할 수 있는 새로운 조경의 틀

네덜란드 로테르담 스하우뷔르흐플레인(West 8) © G. Lanting

을 제시하였다. 2000년대에 주목받기 시작한 랜드스케이프 어바니즘Landscape Urbanism은 특정한 목표를 지향한 운동이나 사조라기보다는 새롭게 등장한 조경설계의 경향을 21세기의 도시적 맥락에서 새롭게 정의하려는 시도였다. 랜드스케이프 어바니즘은 조경과 건축, 도시의 경계를 허무는 새로운 프로젝트들에 주목하였다. 네덜란드의 아드리안 구즈Adriaan Geuze가 이끄는 West 8의 프로젝트들은 고정된 형태에서 벗어나 도시의 역동성을 수용하고자 하였다. 네덜란드 로테르담 중심부에 있는 광장인 스하우뷔르흐플레인Schouwburgplein은 가변식 벤치, 이용자들이 조작 가능한 거대한 조명, 다양한 재료로 구성된 표면을 도입하여 도시의 다양한 이벤트를 유도하는 비어 있는 용기로써의 공간을 만들어 낸다. West 8은 「보르네오-스포렌버그Borneo-Sporenburg」, 「스트리프 SStrijp S」, 「데 그로네 로퍼 계획안Masterplan De Groene Loper」과 같은 도시설계 프로젝트를 주도적으로 진행하며 도시설계가로서의 조경가의 능력을 보여 주었다. 그렇다고 해서 West 8이 도시적 체계나 계획 과정만을 중시한 것은 아니다. 마이애미 사운드스케이프 공원Miami Soundscape Park, 토론토 센트럴 워터프런트 Toronto Central Waterfront의 강한 조형적 설계는 도시의 다양한 기능들이 조경을 통해 예술적으로 표현되고 작동할 수 있음을 보여 준다.

랜드스케이프 어바니즘은 경제구조의 변화에 따라 도시의 공간들이 버려지고 재생되는 과정에서 조경이 새로운 역할을 할 수 있다고 주장한다. 과거의 산업시설, 매립지, 군기지 시설들이 재생되면서 도시의 성격을 근본적으로 바꿀 수 있는 기회가 제공되기도 한다. 독일의 페터 라츠Peter Latz는 21세기 재생 공원의 틀을 제시한 조경가이다. 문을 닫은 제철소를 공원으로 재생한 뒤스부르크노드 공원Duisburg Nord Park은 기존 시설을 그대로 활용하여 대상지의 역사성을 간직하면서도 새로운 도시적 요구를 함께 수용하였다. 라츠의 이러한 설계는 프랑스의 람부 항Port Lambaud, 이탈리아의 도라 공원Parco Dora, 이스라엘의 히리야 매립지 공원Hiriya Landfill 등 전 세계의 이전적지들을 새로운 도시 공간으로 바꾸고 있다. 랜드스케이프 어바니즘의 중심 이론을 제시한 코너의 작업은 생태적 천이, 경제적 변화, 사회적 관계 등 비물리적 요소를 설계의 핵심 동인으로 간주한다. 그는 뉴욕 최대의 매립지인 프레시킬스Freshkills의 재생 공모전에서 공간적 형태보다는 변화의 과정에 맞춘 설계안을 제시하였다. 이후 미국 뉴욕 맨해튼의 버려진 산업철도를 공원화한 하이라인The Highline은 가장 성공적인 도시재생 사례 중 하나로 평가받고 있다. 코너는 공원 재생 프로젝트는 물론 다양한 수변 재생 계획과 도시설계안을 통해서 조경을 변화하는 도시의 문제를 다룰 수 있는 가장 효과적이며 유연한 매체로 제시하고 있다.

전통적인 조경의 영역을 넘어서 다양한 도시 문제를 다루는 이 같은 조경 프로젝트는 우리나라 도시의 환경을 변화시키고 있다. 선유도근린공원과 서울숲은 과거의 정수장을 재생한 공원이며, 석유저장시설을 공원과 문화시설로 바꾼 서울 마포의 문화비축기지는 조경과 건축의 융합적 접근을 보여 준다. 고가도로에서 도시를 관통하는 수변공원으로 바뀐 청계천과 폐기된 고가도로를

미국 케임브리지 하버드대학교 내 태너 분수(피터 워커) © Art Postkanzer

미국 뉴욕 911기념공원(피터 워커) © Svein-Magne Tunli

공원화하면서 단절된 도시의 공간을 연결해 준 서울로7017은 도시의 구조를
근본적으로 바꾸는 조경의 새로운 잠재력을 한국적 도시의 맥락 속에서 보여
주고 있다.

미래를 위한 현재의 프로젝트

태너 분수 Tanner Fountain**와 911기념공원**National September 11 Memorial Park

태너 분수(1984)와 911기념공원(2011)은 워커가 조경설계를 통해 추구해 온 예
술적 가치의 연속성과 변화를 동시에 보여 주는 대표 작품이다. 태너 분수는
미국 하버드대학교 교정의 가장 번잡한 교차로에 자리 잡고 있다. 159개의 화
강암이 여러 겹의 환형을 이루는 분수는 이주민이 미국 정착 초기에 암석 투성

이의 농지를 경작하던 동부의 역사성을 반영한다. 봄, 여름, 가을 동안 안개 분수는 오후의 더위를 식혀 준다. 혹독하게 추운 겨울에도 분수는 학교 발전소의 잠열을 이용하여 증기를 분사하여 낯설고 신비로운 경관을 연출한다. 수많은 바위가 한데 모였을 때 암석의 물질성은 극명하게 드러난다. 더 나아가 안개와 수증기 분수는 물의 물성을, 눈이 덮였을 때 드러나는 독특한 형태는 눈 그 자체의 물성을 예술적으로 표현해 준다. 이러한 점에서 태너 분수는 뛰어난 미니멀리즘 예술 작품이다. 하지만 미술관에 갇힌 예술품과는 달리 태너 분수는 사람들이 쉬어 가며 아이들이 뛰노는 일상 속의 조경 작품이라는 점에서 다른 순수 예술과 차별화된다.

911기념공원은 테러가 일어난 미국 뉴욕의 세계무역센터 자리에 있다. 과거의 건축이 마천루의 형태로 자본주의의 힘과 미국의 위상을 표현했다면 911기념공원은 그와는 정반대로 거대한 정방형의 보이드void로 구성된다. 워커는 대지 예술가 마이클 헤이저Michael Heizer의 작품 「북, 동, 남, 서North, East, South, West」에서 영감을 받아 땅을 파내는 음의 방식의 설계를 진행하였다. 사람을 압도하는 규모의 큰 보이드는 사건으로 야기된 상실의 영속성을 가시화한다. 그 효과는 10m에 달하는 보이드의 벽면을 따라 쏟아지는 벽천과 공간을 둘러싼 격자 형태로 심어진 기념 숲과 중첩되면서 극대화된다. 911기념공원은 조경이 어떻게 사건의 의미와 장소성을 예술로 승화시킬 수 있는지를 보여 주는 작품이다.

뒤스부르크노드 공원Duisburg Nord Park과 하이라인The High Line

루르Ruhr 지방의 철강 산업이 쇠락하자 독일 정부는 1989년부터 1999년까지 이 일대를 생태적으로 복원하면서 경제적으로 회복할 엠셔 파크Emscher Park 프로젝트를 실행하였다. 이 프로젝트에 따라 뒤스부르크 북쪽의 거대한 제철소가 공원으로 바뀌었다. 조경가 라츠는 거대한 산업시설을 철거하지 않고 오히려 이를 이용하여 새로운 경관을 만들어 내고자 하였다. 그는 완결된 공원을 설계

독일 뒤스부르크 뒤스부르크노드 공원(페터 라츠) © Raimond Spekking

미국 뉴욕 하이라인(제임스 코너) © 김영민

하려 하지 않았다. 독립된 체계를 따라 만들어지는 5개의 다른 공원 안이 제시되었다. 이후 실행 과정을 거치며 전체 공원의 구조는 서로 다른 공원의 중첩 superimpose.을 통해서 이루어졌다. 뒤스부르크노드 공원(1992)이 과거의 재생공원과 차별화되는 또 다른 특징은 이 공원이 도시와 공원의 물리적 경계를 넘어서 광범위한 지역적 재생을 위한 장치라는 점이다. 뒤스부르크노드 공원은 120개가 넘는 프로젝트를 잇는 지역적 네트워크를 형성하며 광범위한 지역을 생태적으로, 경제적으로 재생시키는 핵심 거점의 역할을 성공적으로 하고 있다.

미국 뉴욕의 고가철도를 재생한 하이라인(2009~2014)은 뒤스부르크노드 공원과는 다른 전략에 따라 설계되었다. 이 프로젝트를 담당한 코너는 공원이 될 철도가 고밀화된 도시를 관통하면서도 고가화되어 지상의 번잡함과 직접 마주하지 않는다는 대상지의 특징에 주목하였다. 그는 도시와 괴리되었던 철도를 도시 일부로 환원하면서도 공원에서 이전의 맨해튼에서 마주할 수 없었던 새로운 경험을 할 수 있도록 설계하였다. 야생의 정원, 일광욕 데크, 공중 공연장 등의 프로그램은 도시의 일상을 비일상적인 이벤트로 변화시킨다. 선형의 공원은 새로운 연속적인 보행로를 만들어 내어 단절되었던 도시의 조직을 하나의 체계로 연결한다. 하이라인의 성공으로 도시의 가장 쇠락했던 지역은 가장 주목받는 지역으로 바뀌었다. 하이라인은 새로운 공원의 형태를 제시함으로써 도시의 흐름과 구조를 바꿀 수 있는 조경의 또 다른 가능성을 보여 준다.

함께 보면 좋을 자료

고정희, 『100장면으로 읽는 조경의 역사』, 한숲, 2018.

김영민, 『스튜디오 201, 다르게 디자인하기』, 한숲, 2016.

Barry W. Starke · John Ormsbee Simonds 지음, 안동만 옮김, 『조경학』, 보문당, 2016.

조경비평 봄, 『공원을 읽다: 도시공원을 바라보는 열두 가지 시선들』, 나무도시, 2010.

팀 워터맨 지음, 조경작업소 울 옮김, 『조경가를 꿈꾸는 이들을 위한 조경 설계 키워드 52』, 나무도
시, 2011.

Carl Steinitz, *A Framework for Geodesign: Changing Geography by Design*, Redland
(CA): Esri Press, 2012.

Christophe Girot, *The Course of Landscape Architecture: A History of our Designs on
the Natural World, from Prehistory to the Present*, London: Thames & Hudson, 2016.

Marc Treib (ed.), *Modern Landscape Architecture: A Critical Review*, Cambridge(USA):
The MIT Press, 1994.

Robert Holden · Jamie Liversedge, *Landscape Architecture: An Introduction*, London:
Laurence King Publishing, 2014.

Peter Walker and Melanie Simo, *Invisible Gardens: The Search for Modernism in the
American Landscape*, Cambridge(USA): The MIT Press, 1996.

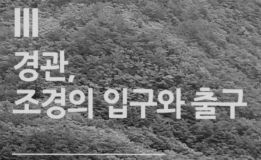

III
경관,
조경의 입구와 출구

김한배

근대 산업경관, 강원 태백 삼탄아트마인 © 소현수

'경관'이라는 말을 접하는 순간 대부분의 사람들은 기억 속의 아름다운 광경을 떠올리면서 어떤 설렘을 느낀다. 경관은 '조경造景'의 사전적 의미인 '경관을 만든다'라는 말의 주제어이기도 하다. 사실 경관은 18세기 영국의 낭만주의 조경에서 나온 용어로, 조경의 기원이자 그에서 확장된 분야라고도 할 수 있다. 우리나라의 경우, 경관은 「경관법」의 제정(2007)과 함께 아름다운 국토환경을 지향하는 국민적 요구에 의해 환경계획의 독립된 한 분야로 자리 잡아 가고 있다. 여기서의 경관은 '눈에 보이는 일단의 토지의 모습과 그의 미적·문화적 속성'을 말한다.

도시경관의 관점에서 볼 때, 새로운 핫플레이스로 부상한 '서촌'이나 '경리단길'은 산과 강, 궁궐과 골목 등 다양한 경관이 함께하는 매력적인 '경관권역'이자 '경관가로'의 사례이다. 이런 면에서 서울의 도시환경정비사업으로 조성된 '청계천'은 도시의 대표적인 '경관축'이며, '광화문광장'은 도시의 '활동거점'이자 상징적 '조망거점'이기도 하다.

환경심리학적으로 볼 때, 우리는 본능적으로 외부의 환경을 눈으로 '바라보고', 머리로 '인지하며' 그에 따라 몸으로 '활동하는' 삶을 산다. 특히 아름답고 특이한 것을 보면서 즐거움과 위안을 얻는 동시에 지적 자극을 받는다. 가까운 가로경관(근경)을 들여다보며 다양한 디테일을 즐기고, 골목 넘어 보이는 마을 전체의 모습(중경)을 흥미롭게 바라보기도 하며, 가끔은 먼 산의 능선(원경)을 보며 마음의 평화를 느낀다. "동쪽 울타리 밑에서 국화를 따고, 아득히 남쪽 산을 바라본다(採菊東籬下 悠然見南山)"라는 중국의 시인 도연명陶淵明의 유명한 시 구절은 시인의 감성에서 인식하는 근경과 원경의 대비를 노래하고 있다. 인간은 먼 옛날부터 근경, 중경, 원경이 구비된 곳을 선호경관으로 여겨 왔던 것 같다.

경관이 포괄적인 시각적·공간적 범위를 가진 만큼 그 범위에 포함된 단위 건물과 조경공간들이 아무리 완성도가 높게 조성되더라도 주변의 경관자원을 시야에서 차단하거나 시각적·문화적 맥락을 끊는다면 도시경관을 파괴할 가능성이 크다. 따라서 경관자원이 우수한 지역일수록 경관적 측면에서 종합적 관리가 필요한데 이를 위한 중장기 계획을 경관계획이라고 부른다.

이 장에서는 먼저, 경관의 정의와 도시경관 형성의 역사를 배경으로 하여 경관 연구의 이론의 전개와 주된 개념들을 소개한다. 이후 앞서의 이론들을 토대로 한 '도시경관계획'의 대표적 사례들과 접근 방법을 논의하고 이들을 종합하여 경관계획의 보편적 과정을 정리하려고 한다.

1

경관이란 무엇인가?

조경과 경관

비교적 한정된 대지를 대상으로 계획·설계하는 조경에 비하여 경관은 가시권을 포함하는 넓은 영역의 시각적 질서를 계획한다는 측면에서 '넓은 의미의 조경' 또는 조경의 확장된 영역인 셈이다. 학술적 느낌을 주는 '경관景觀 landscape'이라는 말 대신 일상적으로 '풍경風景 scene'이나 '경치景致 scenery'라는 말도 많이 쓴다. 특히 '풍경'은 중국, 일본과 우리나라가 주로 사용하는데, '풍風(바람)'이라는 말을 통해 어떤 변화와 움직임이 느껴진다. 즉, 고정된 물리적 대상 외에 기상, 풍속 등 변하고 움직이는 경관의 현상들을 포함하며 자연만이 아닌 사람들의 풍습, 행동이 포함된 것이다. 산수화에 묘사된 대상들이 이와 같다. 이처럼 경관이라는 말을 들으면 사람들은 보통 풍경화나 산수화, 사진에 나오는 아름다운 '자연경관'을 떠올린다. 좀 더 생각을 넓히면 정원과 공원, 또는 '자연과 조화를 이룬' 우리 주변의 시가지나 마을의 모습을 떠올리게 된다.

미국의 인문지리학자이자 경관연구가인 도널드 W. 메이닉 Donald W. Meinig은, 경관은 수용집단의 관점에 따라 매우 다양하게 다면적으로 바라볼 수 있다고 하면서 '경관에 대한 10가지 다른 관점'을 제시한 바 있다. '자연', '생태', '서식처', '예술', '미학', '공학', '역사', '이념', '부동산', '장소'로서의 경관이 그것이다. 이렇듯 경관은 자연과 문화를 포괄하는 다중적多重的 성격을 가지고 있는데 가장 중요하면서 공통적인 것은 우리들의 '미의식'과 강하게 결부되어 있는 주제라는 것이다(D. W. Meinig, 1976).

파노라마와 같은 자연경관, 청풍호가 내려다보이는 충북 제천 비봉산 전망대 ⓒ 소현수

경관의 정의

근대에 성립된 경관의 학술적 정의와 관련하여 경관 분야에서 흔히 인용되는 '보이는 환경'(鳴海邦碩, 1988)이 가장 이해하기 쉽다. 즉, "우리를 둘러싸고 있는 환경(물리적·사회적·문화적 환경 포함)을 시각적으로 인식할 때 그것이 경관이다"라는 의미로, 이를 확대 해석하면 '오감으로 느끼는 환경'이라고도 할 수 있다. 동아시아 지역에서 '풍경'과 함께 정착된 '경관'이라는 용어는 보이는 대상으로서의 '경景'과 보는 주체의 인식으로서의 '관觀'이 결합된 개념으로도 해석된다. 이는 경관이 가지는 객관성과 주관성의 '이중적 성격'을 용어 안에 포함하고 있어서 학술적으로 시사하는 바가 크다. 도시경관파의 창시자인 고든 컬런Gorden Cullen은, 도시경관을 '관계의 예술an art of relationship'이라 하였다. 이는 도시경관을 구성하는 다양한 요소들 사이, 보는 사람의 주관主觀과 보이는 대

상 객관客觀 사이의 관계 속에서 경관의 미적·문화적 본질이 있다는 뜻으로 해석된다. 경관의 개념을 이와 같이 확대해 보면, 그 안에는 경험의 특성상 주관과 객관, 안과 밖, 여기와 저기, 과거와 현재 등 여러 면의 이중적이고도 동적動的인 특성을 포함한다(Gorden Cullen, 1961). 우리나라에서는 특히 조경, 도시, 공공디자인 등 관련 분야 간의 융복합적 이론 연구와 협업에 의해서 경관계획들이 진행되고 있다.

2

역사 속 도시경관 모형

근대 이전 동아시아의 도시경관

시대와 지역에 따라 차이가 있지만, 동아시아 지역의 고도古都들은 자연지세를 존중하는 고유의 풍경적 양식[風水]과 『주례周禮』 「고공기考工記」에 의거한 관념적 세계관을 존중하는 정형적 양식을 결합시켜 도시 형태에 적용해 왔다. 대비되는 이 두 가지 성격이 공유하는 부분은 음양오행陰陽五行의 상징성이었다. 이는 동아시아 특유의 관계적 세계관과 관련이 있다. 중국 북부의 수도들은 정형성(청淸 베이징北京, 음양의 정방형)이, 일본의 근세 정치 중심지 도쿄東京는 비정형성(에도江戶의 나선형)이 두드러지고 우리나라 조선시대 수도 한양漢陽은 양자의 절충형(부정형 외곽 도성에 정형적 주 가로)을 보이고 있다. 특히 고려시대부터 조선시대에 조성된 수도의 경관은 왕궁의 위치가 도시경관의 중심을 형성하는데, 이때 궁궐들은 대개 도시의 진산鎭山을 배경으로 입지함으로써 풍수적 경관으로 권력의 정통성을 표현하고 군사적 방어의 수단으로 삼았다.

이 외에 교외 지역의 경승지에서는 '팔경八景'과 '구곡九曲'을 찾아내고 가꾸는 동아시아 고유의 전통적 경관 문화가 있었다(최기수, 1994). 중국 송시대 강남의 산수화 중 「소상팔경도瀟湘八景圖」가 한국과 일본에 전래된 이후, 그림에 붙인 제영題詠(팔경 각각에 붙인 시의 제목)을 본떠서 각 지역의 팔경을 선정하고 누정을 건립하여 이를 대대로 시서화로 묘사하는 풍습이 유행하였다. 이는 일종의 동아시아 특유의 경관 문화 운동이자 팔경 프레임을 통한 지역 브랜딩 활동이라고 볼 수 있다. 이 풍습은 관동팔경처럼 국가를 대표하는 팔경, 한강과 같이 지역을 대표하는 팔경, 국도팔경國都八景 및 장동팔경壯洞八景과 같이 한

양이라는 도시와 마을(현재의 서촌)의 미시적 팔경 등으로 확산되었으며, 오늘날에 이르기까지도 지방자치단체의 브랜딩 수단으로 유행하고 있다.

구곡은 주자朱子의 '무이구곡武夷九曲'에서 출발한 것으로, 주자가 깊은 계곡의 물가에 정사精舍를 짓고 은거하며 자연환경을 즐기면서 학문을 전승하는 일종의 자연형 캠퍼스 같은 곳이다. 시인 도연명이 상상했던 무릉도원武陵桃源류의 은둔형 이상향이 그 원형이라고 할 수 있다. 고려 말 성리학이 들어온 후 '무이구곡도武夷九曲圖'가 유행하면서 조선의 성리학자들 사이에서 아름다운 계곡을 찾아 학문의 계파별로 서원을 건립하고 학문을 연구하는 장소로서 계류 경관의 영역화 운동이 유행하였다. 송시열의 화양구곡華陽九曲, 이항로의 벽계구곡碧溪九曲이 잘 보존되어 있다. 팔경과 구곡은 독창적이고 흥미로운

문화경관 성격의 자연경관, 구름의 그림자가 맑게 비친다는 충북 괴산 화양구곡 중 제2곡 운영담 © 소현수

동아시아의 고유한 지역 경관 인식 담론이며, 경관 브랜딩 운동의 기원이자 명승 네트워크의 원시적 형태로도 볼 수 있다.

서양 도시경관의 역사

서양에서는 고전주의·바로크식 정원이 도시경관 양식의 모형이 되기도 하고, 도시에 적용된 기법이 정원에 이식되기도 하였다. 기하학적 정원의 직선축은 축경관이자 권력의 축이기도 하였다. 16세기 후반 교황 식스투스 5세^{Sixtus V}가 복잡한 중세식 로마 시가지에 건설한 세 갈래[goose foot] 가로의 통경축通景軸이 대표적이다. 이것은 프랑스의 절대왕권 시대인 루이 14세 시기에 앙드레 르노트르^{André Le Nôtre}가 만든 베르사유 궁원에 이식되었고, 베르사유 궁원의

픽처레스크 도시경관을 보여 주는 영국 휴양도시 바스의 로열 크레센트와 공원 ⓒ 이혁종

바로크식 경관구조가 프랑스혁명 중 왕정복고기에 조르주 외젠 오스만Georges Eugène Haussmann 남작에 의한 '파리 대개조(1853~1869)'의 모델이 되었으며, 신생국 미국의 수도 워싱턴Washington D.C. 계획(1791)의 모형이 되기도 하였다.

반면, 오스트리아 도시이론가 카밀로 지테Camillo Sitte는 오스만의 정형적 파리 개조에 대한 비판적 대안으로 『예술도시의 원칙The Art of Building Cities』(1889)에서 영국이 발명한 풍경식 정원의 미학인 '픽처레스크Picturesque' 경관관을 제시하였다. 그 영향으로 풍경식 정원과 중세의 유기적 도시구조에서 연유한 비정형적 픽처레스크 도시경관들이 영국 런던을 비롯한 벨기에 브뤼셀 등 유럽 여러 나라의 수도에 대안적 도시설계의 모형으로 수용되었다(西村幸夫, 2012). 영국에서는 원호와 곡선을 도로 선형과 그에 연접한 연속 건축물에 사용한 휴양도시 바스Bath(John Wood 부자, 1775, 1812)가 대표적 사례이다. 이 밖에 곡선 가로와 대형 녹지가 결합된 런던의 곡선형 상가 리젠트 가로Regent Street(John

영국 런던 리젠트 가로의 픽처레스크 도시경관 © 김한배

Nash, 1811)는 중세 도시의 변화와 신비감, 녹지와 결합된 가로 경관을 재현하려 하였다.

이러한 영국 풍경식 도시의 전통은 이후 근대 조경의 선구자이기도 한 미국의 프레더릭 로 옴스테드Frederick Law Olmsted의 '공원체계Park System'(1886)와 '도시미화운동City Beautiful Movement'(1893)으로 전개되었다. 동시대 영국의 에버니저 하워드Ebenezer Howard의 이상주의적 도시모형인 '전원도시론Garden City Theory'(1898)은 최초의 근대적 도시계획 이론이자, 그 경관적 구조는 앞서의 정형적 도시경관과 비정형적 도시경관을 절충한 것이었다. 이를 미국에 수입하고 발전시킨 클래런스 페리Clarence Perry(1929)와 클래런스 스타인Clarence Stein(1929)의 '근린 주구Neighborhood Unit' 모형, 그리고 이를 현장에 적용한 '라드번 전원도시Radburn Garden City'(1929) 등도 유기적 픽처레스크 양식의 도시경관 만들기의 사례들로 서 이후 한동안 영미식 도시경관의 전통이 지속되었다.

3

경관 이론의 전개

19세기 말 지테의 연구에서부터 도시경관에 대한 학술적 연구가 시작되었다. 하지만 이 단계에서는 주로 평면적 공간 형태와 시각구조 등 물리적 환경에 대한 연구가 진행되었고, 대략 1960년대부터 보다 종합적이고 체계적인 연구가 시작되었다. 이때부터 도시경관 연구는 전 시대에 이루어진 정지된 시각적 차원의 도시공간 형태를 넘어서 환경심리학이나 사회과학이 반영된 다양한 연구가 동시다발적으로 전개되었다. 즉, 도시공간에서 사람의 이동에 따른 경관의 변화, 도시의 기억과 이미지, 환경 속 인간 삶의 체험과 결합된 장소성 등이 새로운 경관 연구의 주제로 제시되었다. 한마디로 '눈에 보이는 경관'에서 '인간 지각과 문화'로 접근 방법이 깊고 넓어졌다고 할 수 있다. 이후 부각된 주요 경관 관련 주제들은 다음과 같다.

가시성

앞서 경관은 '눈에 보이는 환경'이라고 정의한 바와 같이 경관을 지배하는 속성 중 가장 중요한 것은 '시각visual perception'이다. 인간의 감각기관으로 전달 받는 정보 중 눈에 의한 정보가 85%를 차지하며 모든 감각기관에 우선한다고 알려져 있다. 서양에서 경관의 분석적 연구는 인간 시야의 법칙화인 원근법의 발견으로부터 출발하였다. 원근법의 기준선은 시선축이었으며, 이는 건축과 정원, 도시에서 축 중심의 질서를 표현하는 고전주의 양식을 만들게 되었고 19세기까지 유지되었다. 이러한 가시성에 대한 연구를 통해 18세기의 '픽처레스크picturesque' 이론에서는 전경·중경·원경의 구성, 동선에 따른 곡선적인 경관의 변화들이 추가되었다. 20세기에 들어서 보다 과학적 분석을 통한 시각적 원칙들을 발견하게 되었는데, 위요성enclosure 이론, 시각원추visual cone 이론, 근경·중경·원경의 실증적 이론으로 발전하여 도시경관의 계획과 관리에 적용되었다(Paul D. Spreiregen, 1965).

시간성

낭만주의 양식 정원과 도시의 등장으로 시간에 따라 이동하는 사람들의 시점에 의해 변화하는 경관이 또 다른 회화적이며 극적인 구성을 할 수 있게 한다는 것을 발견한 이후, 시각 경험에서의 시간성과 동태적 경관 구성을 적용하게 되었다. 특히 20세기는 영화의 시대로 시간에 따른 영상의 편집을 참조하여 동태적 시각상을 적극적으로 의식하게 되면서 이동하는 시각 경험에 의한 '점진적 경관Serial Vision'을 통해 경관의 상대성을 해석하는 관점이 제시되었다(Gorden Cullen, 1961). 고든 컬런은 영국 특유의 경관미학이었던 픽처레스크 양식The Picturesque Style을 도시경관에 적용하여 '도시경관파Townscape School'의 창시자로 인정받게 된다. 그의 '점진적 경관'의 발상은 이후 미국의 조경가 로런스 할프린Lawrence Halprin(1970)에 의해 더욱 체계화되면서 도시경관적 조경 작품에 적용되었다.

역사성

대부분의 도시는 역사가 누적된 다층적 경관을 보여 준다. 여기에는 현저히 눈에 보이는 것도 있고, 소멸되거나 흔적으로만 남아 있어서 찾아내야 하는 것들도 있다. 이것은 이른바 기억(역사)이 누적된 경관의 속성이다. 정신과학자들의 논리를 빌면, 기억은 필요의 문제를 넘어 인간 생존의 필수 조건이라고 한다. 사람에게 기억이 판단의 근거와 행동의 지표가 되고 기억의 단서들(역사경관)은 항상성과 심리적 안정감을 제공한다. 특히 20세기 말부터는 역사의 관점이 미시사와 근대사를 중시하게 되면서 근대 이후의 일상의 생활경관과 산업경관을 문화재로 기념하게 된다(John Brinck Jackson, 1980). 역사적 환경을 활용한 수많은 도시재생의 사례가 이들 일상적 경관의 보존적 활용이 필요하다는 점을 증명한다.

생명성

도시와 농촌, 자연을 포함하는 다양한 지역경관들은 그 지역에서 살아가는 모든 생명체들의 지속을 지원하는 생명의 현장이다. 도시와 농촌은 생명보다 생산이라는 표현이 더 어울리지만, 자연환경에서 자연생태계가 순환함으로써 생명계가 지속, 진화되듯이 도시 또한 인간의 다양한 물질적·문화적 생산 활동의 네트워크를 통해서 지속된다. 이를 '산업생태계'나 '문화생태계'로 표현한다. 자연생태계가 다양성을 토대로 건강성을 유지하듯 도시와 농촌도 생산의 다양성 패턴을 찾아내어 경관자원으로 인식할 필요가 있다(中村良夫, 1982). 이는 용도 폐기된 생산 현장에 새로운 용도를 부여하여 생명을 소생시키는 요즈음 도시재생에서의 주된 시각이다.

도시이미지

도시이미지는 앞서 언급한 역사성과도 관련되는데, 역사성이 장기長期 기억을 보존, 활용하려는 것이라면 이는 비교적 중단기中短期 기억에 의한 도시경관의 특성을 파악하는 것이다. 환경심리학에 의하면, 이미지는 '머릿속에 기억된 그림'인데, 원래 문화지리학에서 사용하던 방법을 도시학자 케빈 린치Kevin Lynch(1960)가 도시경관 연구에 활용하였다. 그는 이른바 '약도略圖 그리기mental map' 방법을 통하여 도시이미지를 결정짓는 5대 요소를 추출하였다. 이는 지금까지도 수많은 연구자들을 통해 인용되고 그 단점이 보완되어 왔다. 특히 그의 제자인 칼 슈타이니츠Carl Steinitz는 이러한 이미지 요소들이 주민들의 활동activity에 의해서 공공성을 가질 때 그 강도가 높아지고 사회문화적 의미meaning를 생성시킬 수 있다고 주장함으로써 도시이미지 연구를 총체적 성격의 장소성 연구와 연결하였다.

장소성

컬런은 도시경관 만들기를 '관계의 예술'이라고 하면서 이곳과 저곳here and there을 구별하게 하는 것이 '장소성'이라고 하였다. 1970년대 이후 인문지리학에서도 이전의 실증주의 지리학에 대한 대안으로 인간주의 지리학을 제시하였는데, 대표 주제가 장소성이다. 장소성 연구의 대표 학자가 이푸 투안Yi Fu Tuan과 에드워드 렐프Edward Relph이다. 특히 렐프는 그의 저명한 저서『장소성과 무장소성Place and Placelessness』(1976)에서 '장소성Sense of Place'을 형성하는 3대 요소로 '물리적 외관physical appearence', '행위activity', '의미meaning'를 들어서 앞서의 연구들을 총체화하는 개념 체계를 제시하였다. 그는 근대 자본주의 도시에서 대규모 대중 산업과 기업에 의한 키치kitsch, 테크닉, 매스컴과 중앙권력에 의한 과시형 개발 등이 장소성을 파괴하는 요인이며, 이에 따르는 장소 상실에 의해서 사람들의 소외감이 만연된다고 보았다. 더불어 이러한 부정적 현상을 최소화하는 대안으로 진정성 있는authentic '장소 만들기place making'를 미래 환경설계의 대안으로 제시하였다.

상징성

국내외의 종교적·기념적 장소에 가면 어떤 강력한 힘을 느낀다. 이것은 건조물의 역사성이나 가시적 형태와는 별개의 문화적 상징성의 힘이다. 이규목 교수(1988)는 장소성에 대한 후속 연구로 세속적인 현대 도시의 상징성을 탐구하였다. 그에 의하면, 인간은 상징적 동물이기 때문에 경관의 합리적 측면 이외에 이러한 상징성을 본능적으로 요구하며 이는 현대 사회에서도 추구되어야 한다는 것이다. 상징성은 집단 무의식의 '원형Archetype'에 대한 카를 구스타프 융Carl Gustav Jung(1961)의 연구에서 비롯되었다. 현대 도시는 과거의 종교적 상징성이 약해져 정치적·문화적·경제적 상징들이 점차 이를 대체하고 있다. 우리나라에서는 광화문광장, N서울타워, 63빌딩이 대표적이다. 영국의 빅벤, 세인트 폴 성당, 테이트 모던 및 프랑스의 개선문, 샹젤리제 가로, 에펠탑 등의 장소

서울의 대표 경관인 광화문광장 © 소현수

영국 런던의 대표 경관인 템스강과 빅벤 © 이혁종

싱가포르의 대표 경관들이 모여 있는 마리나베이 경관 © 김한배

와 이들의 상호 경관구조가 이러한 상징성을 표현한다. 이곳들은 중요 경관자
원으로 린치 이전부터 사용된 '랜드마크landmark'라는 용어로 부르는데, 최근에
는 '대표 경관iconic landscape, representative landscape'이라고도 표현한다. 영국, 프랑
스 등에서는 일찍부터 이러한 대표 경관을 국가 자산화하여 도시 주요 공공장
소로부터 이들에 이르는 통경축을 지정하여 그 조망 범위를 보존하는 정책을
펴고 있다.

$$4$$

이론에서 경관계획으로

경관계획의 가치체계와 경관대상

경관 이론에서 등장하는 주요 가치들을 도시의 현장에 적용할 때, 가치 간의 위계적 구분을 갖추게 된다. 첫 번째, 경관계획의 '목표'는 앞서 살펴본 계보에서와 같이 시대별로 확장, 심화되어 왔는데, 그중 고전적 의미의 시각적 미인 '아름다움beauty'과 함께 19세기 이후 도시계획의 목표 이념으로 확장되면서 '쾌적성amenity'이라는 포괄적 환경 개념이 채택되었다. 또한 20세기의 장소 이론과 더불어 장소의 개별적·독자적 성격을 의미하는 '정체성identity'이 추가되었다. 최근에는 이들 세 가지가 경관계획의 다원적 목표가 되었다.

두 번째, 목표를 구체화하는 '방침'은 대상지의 현재 여건을 기준으로 하여 기본방향을 채택한다. 도시 내에서 자연이나 역사적 가치가 탁월한 지구의 경우, 전체 도시의 경관 정체성을 구현하는 중요한 기간자원이 되므로 주로 '보존'의 대상이 되고, 구도심이나 역사적 시가지인 경우 역사적 외관 등을 보존, 활용하면서 내부의 구조나 용도를 현시대에 맞게 개조하여 활성화시키는 '재생'의 방침을 택한다. 신도시나 신시가지의 경우, 기존 경관자원이 미약하므로 적극적인 계획과 설계지침을 통해 새로운 경관을 '창조(형성)'한다. 이 경우에도 주변 가시권의 맥락을 존중하고 활용하는 경관계획이 필요하다.

세 번째, 구체적인 계획의 기준으로 앞서 이론들을 기반으로 하여 '가시성', '접근성', '활동성', '가해성' 등을 증진시키는 것이 요구된다. 이것들은 경관을 경험하는 주체인 이용자(주민, 방문자)들의 입장에서 경관대상과 관계성을 긴밀하게 하는 것이다. 즉, 이용자의 주 시점에서 경관대상이 '잘 보이게' 하는 것

(가시성), 이용자가 대중교통과 연결 보행으로 경관대상에 '쾌적하고 안전하게 다가갈 수 있게' 하는 것(접근성), 다가갔을 때 그 대상의 사회적·문화적 의미를 '체험하고 이해할 수 있게' 하는 것(가해성可解性)이 필요하다는 것이다. 이러한 세 가지 기준들이 동시에 충족되었을 때 렐프의 이론에 따르면 이용자는 경관을 대상으로 바라보는 단계를 넘어서 '장소'로서의 소속감과 정체성을 느낄 수 있게 된다는 것이다.

네 번째, 도시공간 속에서 경관이라 함은 '한눈에 보이는 일단의 풍경'이라고 할 수 있지만, 소유권에 따라서 실행 대상이 되는 경관자원을 공적 영역(주로 공유지)과 사적 영역(주로 사유지)으로 나눌 수 있다. 실제 상황에서는 칼로 벤 듯이 명확히 나누어지지 않고 경계부에서 소유와 이용 형태가 겹치는 부분인 공개공지 같은 경우도 있다. 공적 영역의 경우, 시 등 행정기관은 시민(시의회)과의 합의를 전제로 경관계획과 부합되고 예산이 확보된다면, 시민을 대신하여 자유롭고 신속하게 경관을 새로 조성하거나 개선을 추진할 수 있다. 이러한 행위를 현행법으로 '경관사업'이라고 부른다. 도시 광장이나 보행 중심 가로 조성 사업, 소하천 복원 사업 등이 대표적 사례다. 사적 영역의 경우, 경관계획에 부합되지 않더라도 법이 허용하는 사유권의 행사, 즉 개발 행위를 전면적으로 통제하기 어렵다. 따라서 건물 단위 또는 가로 단위로 일종의 조합을 결성하여 경관계획에 부합하는 협정을 체결할 경우, 관할 지방정부는 여러 가지 인센티브를 부여하여 이들의 경관 개선을 도와준다. 이것은 규제보다 자발적 협조를 유도하는 방식으로 '경관협정'이라고 부른다. 종로에서 시작된 가로광고물 정비 사업이 대표적 사례다. 특히 사유지라 하더라도 개인 영역이 보호받는 주거지보다 공공의 사용이 조건부로 허용되는 상업지(상점가)의 공공적 성격이 강하다. 그중에서도 다수 대중이 동시에 이용하는 집회장, 극장, 박물관 등 문화시설은 그 소유가 사유공간이든 공공공간이든 공공성이 크다. 이런 곳들은 다른 사유지보다 높은 경관적 수준이 요구되므로 경관협정이나 경관심의 등 여타의 행정적 방법으로 경관계획과 부합도를 높이도록 관리할 필요성이 크다.

도시경관계획의 가치체계와 경관관리

목표	방침	계획 기준	계획대상 경관의 관리		
				거시적	미시적
아름다움·beauty 쾌적성amenity 정체성identity	보존 재생(육성) 창조(형성)	가시성 증진 접근성 증진 활동성 증진 가해성 증진	공적 영역 (경관사업)	주요 산 주요 강 대형 공원녹지	가로 광장 수변공간 문화시설
			사적 영역 (경관협정)	지표 건물 가로변 건물 역사지구 특징적 주택지	단지 내 녹지 전정공간 옥상 녹화 벽면 녹화

경관계획 사례들을 통한 주체와 인식 틀

경관계획이 다른 도시환경 관련 계획과 공유하는 부분이 많기는 하지만, 기본적으로 '자원 중심 계획'이자 '주민 중심 계획'이라는 점이 가장 중요한 특징이다. 경관계획의 기본 성격은 기존 가시권 내 우수한 경관자원을 보존하고 활용하여 도시와 지역의 시각적·문화적 질을 증진시키는 것이다. 기본방향이 개발 자체를 원천적으로 차단하려는 것이 아니고 기존 경관자원을 존중하고 조화를 이루도록 개발을 계획적으로 컨트롤하는 것이지만, 새로운 랜드마크를 도입하여 기존 경관에 대비 효과를 줌으로써 긴장감과 활력을 높일 수도 있다. 우리나라의 「경관법」에서 수립한 「국토경관정책계획」에는 전 국토 차원의 경관자원 조사와 평가를 우선적으로 실시하여 중장기적인 데이터베이스로 활용하도록 제안하고 있다.

경관은 열린 환경 속에서 모두가 볼 수 있는 것이니 경관의 주체는 실제로 대중들이다. 그러나 상당 부분의 사유지에 속한 건조물이 도시경관을 구성하는 요소이므로 현실적으로는 현지의 건축주나 주민들이 경관계획의 실현에 동의해야 하는 중심 주체이다. 현지에서 볼 수 있는 가치 있는 경관자원을 즐기는 수혜자들 또한 기본적으로는 주민들이다. 따라서 주민들의 경관가치의 공공성에 대한 긍정적 인식을 전제로 하는 공유와 협력collaboration은 도시의 장기적인 경관 만들기에 필수적이다. 그러므로 궁극적인 경관계획의 주체는 주민, 전문가 그룹, 담당 부서 공무원 간 연대 체제이다. 특히 요즈음 도시관리의 대세로서 정책화하고 있는 도시재생 사업에서도 경관의 자원적 가치는 지역의 활성화를 위해 지대한 역할을 한다. 국토부령에 의한 「경관계획수립지침」에서 '경관자원 조사'와 '주민 의식 조사'가 양대 분석 항목으로 설정되어 있는 것도 이 때문이다.

경관계획의 특징 중 하나가 '자원 지향적 계획'이라는 점에 따르면, 경관자원을 어떠한 범주로 나누는가 하는 기본 틀이 결국 해당 경관계획의 기본적인 접근 방법을 결정한다. 대상 도시의 규모와 특성, 경관자원의 여건 등에 따라 다양한 접근 방법을 보여 주므로 보편적이고 절대적인 경관계획 방식을 찾기는 쉽지 않다. 결국 도시별 특성에 따라 고유한 접근 방법을 찾을 수 있다고 생각할 수 있으나, 여기서는 규모별로 다양한 도시들의 경관계획 접근 방법을 비교하면서 공통점과 차이점을 논의하여 최소한의 보편적 관점들을 찾아보기로 한다.

소도시의 경관계획 사례: 미국 내버소타Navasota

미국에서 일부 소도시들을 중심으로 경관계획 사례를 볼 수 있는데, 「텍사스주 내버소타 경관계획A Townscape Preservation and Enhancement Plan for Navasota City, Texas」(1985)이 주목할 만하다. 이 계획 보고서는 해리 론스 간햄Harry Launce Garnham의 『장소성의 관리Maintaining the Spirit of Place 』(1985)라는 책에 소개되었다. 미국을 비롯한 영연방 국가들은 경관 연구 분야에서 영국을 많이 참조하는데 내버소타의 경관계획도 영국에서 기원한 장소성 개념을 존중하고 장소 만들기적 방법으로 전개하였다.

「텍사스주 내버소타 경관계획」은 소도시인만큼 압축적인 경관계획 과정

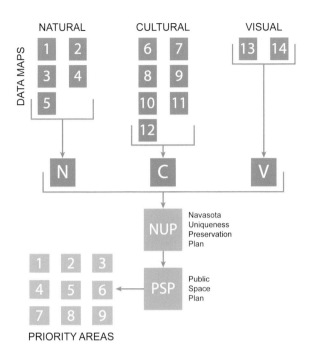

을 설정하였는데, 제1단계 계획의 목적과 가치 설정에서 주민의 관점과 요구를 제1순위로 꼽았다. 제2단계에서는 주민그룹의 회의와 의식조사를 통한 도시 전반의 '경관특이성 분석(Search for Uniqueness로 표현)'으로 주요 장소와 조망들을 찾아낸다. 그 결과를 다음 단계인 전문가 위주의 구체적인 경관자원 분석을 위한 지침으로 사용한다. 제3단계인 경관자원 분석 단계에서는 '자연적 자원Natural Systems', '문화적 자원Cultural Systems', '시각적 자원Visual Systems'이라는 세 가지 항목을 대범주로 설정하였다. 조경계획의 분석 단계 범주와 유사하지만 여기서 자연적 자원은 생태적 분석보다는 경관자원으로서의 자연자원을 보려는 것으로 지형, 수문, 식생 등에 있어서 경관적 특이성 파악을 목적으로 한다. 그리고 문화적 자원에서는 토지이용, 토지소유권, 역사와 사회, 문화 외에 린

치의 '도시이미지 5요소'를 분석하였다. 이를 시각적 자원보다 문화적 자원에 넣은 것은 도시이미지가 시민들의 활동 및 역사와 더욱 밀접히 관련되어 있다고 보기 때문이다. 마지막으로 시각적 자원 분석에는 '전경관panorama', '축경관 vista', '잠재력 있는 조망potential view' 등 조망점과 조망대상을 포함하는 분석 요소들이 망라되고, 모든 분석 결과들이 도면별로 작성되어서 '경관 특이성 보전 계획'으로 종합되고, 그 결과는 주로 공원과 가로, 광장 등 '공공공간계획Public Space Plan'에 의해서 우선순위별로 실행하도록 제안되었다.

중형 도시의 경관계획 사례: 일본 고베神戸

고베는 오사카만에 위치한 중간 규모의 항만도시이다. 전면에 오사카만의 워터 프런트를 두고 후면에 롯코산을 배경으로 하는 지형구조를 가지고 있다. 바다 에서 진입할 때 도시 전경을 중경으로 보면서 원경이자 도시의 배경인 롯코산 의 스카이라인을 한눈에 볼 수 있으며, 반대로 롯코산 중턱 이상에서 중경의 시 가지와 원경의 먼 바다가 한눈에 내려다보이는 좋은 조망구조를 가지고 있다. 따라서 근경, 중경, 원경이 중첩된 조망구조를 고베시 특유의 자원으로 보고 이 를 지키는 것을 경관계획의 기본 목표로 하였다. 또한 경관계획의 개념 틀로 도 시경관의 기본구조를 '조망형 경관'과 '환경형 경관'으로 설정하고 있다. 여기서 조망형 경관은 파노라마 형태의 도시 전체의 원경을 말하고, 환경형 경관은 도 심부의 가로 경관 등 일상생활 주변의 근경을 지칭한다. 조망형 경관의 시야는 '지키고(보존하고)', 환경형 경관을 '가꾸어 나가는(형성)' 것을 대원칙으로 삼았 다. 이러한 시야의 거리에 따른 분류를 토대로 용도(공원·녹지, 주거지, 상업지, 공업 지 등)에 따른 부문별 경관계획을 제시하였다. 고베의 개념 틀은 도쿄의 경관계 획 개념 틀보다 더 경험적이고 입체적이라고 볼 수 있다.

대도시의 경관계획 사례: 일본 도쿄東京

도쿄의 '도시경관마스터플랜'은 서울보다 큰 도쿄의 행정구역 전체를 다루려다 보니 계획의 내용을 커다란 골격을 세우는 방향성 제시에 한정하였다. 일종의 대도시권 전체 경관의 구조계획Structure Plan인 셈이다. 경관계획의 목표나 지침은 앞서 소개한 가치 체계와 대동소이한 반면, 경관자원의 분석 체계가 독특하다. 즉, 도쿄 전체의 광역적 차원에서 도시경관을 특징 짓는 경관자원들의 형태를 '점적 자원(경관거점)', '선적 자원(경관축)', '면적 자원(경관권역)'이라는 기하학적 형태로 그 유형을 분류하여 도시 전체의 지도 위에 설정해 놓았다. 조금 추상적인 것 같지만 거시적 지형을 기반으로 한 경관자원들을 도시공간의 기반 형태에 부합되게 중첩시켜서 이해하기 쉬운 면은 있다. 어떤 측면에서 세 가지 형태의 경관유형은 케빈 린치의 도시이미지 5요소를 단순화시킨 것으로도 보인다. 예를 들어, 경관거점은 랜드마크나 노드node, 경관축은 패스path나 에지edge, 그리고 경관권역은 디스트릭트district에 대응될 수 있다. 다음 단계에서 세 가지 경관자원 유형을 한 단계 확대하여close up 좀 더 구체적인 계획의 구상을 진행하여 보편적인 경관 조성 가이드라인들을 스케치와 함께 제시하였다. 도쿄 차원의 경관마스터플랜은 이 단계까지로 한정하고, 실행 가능한 경관계획Local Plan은 하위 지방자치단체에서 구체화해서 작성하도록 하였다. 우리나라의 법정 「경관계획수립지침」의 경관계획 내용에서도 도쿄의 경관거점, 경관축, 경관권역의 세 가지 경관자원의 유형 설정 방식을 따르고 있다.

조망축 설정과 관리 사례: 영국 런던London

경관계획의 궁극적 목표는 거시적으로 상징적 대표 경관의 가시성을 확보해 주는 것과 미시적으로 생활 주변의 세부적 장소들을 오감적 체험이 가능한 환경으로 만들어 주고 이들을 보행 친화적으로 상호 연결시켜 주는 것이라고 할 수 있다. 후자의 경우, 비교적 소규모의 단위 공간들이기 때문에 경관계획에 부합하는 각 장소별 도시설계 및 조경설계를 통해서 어느 정도 수준을 달성할 수 있다. 하지만 전자의 경우, 도시의 이미지를 규정하는 중요한 일임에도 불구하고 개발의 규제에 따르는 재산권자들의 집단적 저항을 야기할 수 있다는 데 문제가 있다. 이런 어려움에도 불구하고 이를 구체화한 도시 정책으로 추진한 사례가 바로 도시경관 관리의 오랜 전통을 갖고 있는 영국의 수도 런던이다. 국가를 상징하는 대표 경관 두 곳으로 '국회의사당House of Parliament, Palace of Westminster'과 '세인트 폴 성당St. Paul's Cathedral'을 선정하고, 이들을 시내 곳곳의 공공성이 높은 장소들(대부분 공원인 8개소 내외의 조망점)에서 볼 수 있도록 장거리의 조망축view cone을 설정하여 조망을 보존하는 규정을 만들었다. 그리고 이 조망축의 범위를 명확히 지정하고 그 안에서 조망을 저해하는 건물의 개발을 원칙적으로 규제하고 있다(Mayor of London, 2007).

경관자원의 분석과 계획의 양대 축

외국 사례들을 보면 기존 도시경관자원의 분류 관점이 결국 경관계획의 관점이 된다. 소도시인 미국 내버소타는 경관의 지리학적 성격(자연적·문화적 특성)에 시각적 성격(조망 유형)을 더한 것이고, 중형 도시인 일본 고베는 시視거리(근경, 중경, 원경)에 따른 경관 규모의 분류를 기본으로 한다. 대도시인 일본 도쿄는 공간 형태(점, 선, 면)에 따른 분류 틀을 기본으로 한다. 이들을 종합하면 경관자원의 '대상으로서의 속성(공간 형태와 용도, 의미)'과 이용자의 '시각 체험으로서의 속성(시거리와 조망 유형)'이라는 양자로 압축된다. 전자가 비교적 지도를 통해 전달 가능하고 평면적이면서도 눈에 보이는 것과 이면의 '내용(이미지와 상징)'을 함께 반영한다면, 후자는 입체적이면서 우리 눈에 보이는 '형식(시각적 법칙)'에 의해 그 가치를 해석할 수 있다. 이러한 형식과 내용이 결합되면서 정성적·정량적 양면이 결합된 경관계획이 이루어질 수 있고, 경관계획이 잘 달성된다면 주민과 방문자는 경관의 다측면이 결합된 경관 체험을 할 수 있을 것이다.

경관계획의 일반적 과정

앞서의 경관 이론들과 함께, 우리나라 「경관법」의 하위 규정으로 공식화된

「경관계획수립지침」, 외국의 도시경관계획 사례들을 종합하여 간략하게 적용할 수 있는 경관계획의 일반적 과정을 제시할 수 있다. 물론 이것은 어떤 도시에나 기계적으로 적용할 수 있는 것은 아니고 계획대상 도시의 규모와 입지, 주산업과 사회적·문화적 구조 등 도시 자체의 특수성에 비추어 보아서 선택하고 절충하여 적용하는 것이 바람직하다.

경관자원의 분석과 해석 단계

전체적인 경관계획 과정은 조경계획의 일반적 과정과 유사한 단계를 거친다. 그러나 앞서 말한 바와 같이 경관자원 분석 단계에서 '주민의 경관인식 조사'가 선행되고 이 결과를 일종의 지침으로 하여 '전문가의 경관인식 조사'에 의해서 유형별 경관자원 분석이 이루어지는 것이 바람직하다. 기본적으로는 물리적 경관자원들을 생성의 요인으로 보아 '자연적'·'문화적(역사, 사회·경제적)' 경관자원으로 범주를 나누어 분석하고, 이들을 포괄하는 전체 대상 지역을 지각적 측면에서 시각을 위주로 하는 오감 분석을 수행할 필요가 있다. 특히 '가시적 경관자원'의 분석은 전문가의 경험적 판단과 함께 보조적으로 지리정보체계[GIS] 등의 첨단 시스템과 장비를 이용한 분석이 유용하다. 중요한 복수의 공공 조망점들을 파악하고 이곳에서 보이는 시각 영역별 경관 특성을 파악한다. 일반적으로 전경(500m 이내), 중경(500m~2km), 원경(2km 이상)이라는 거리 기준이 있으나 절대적인 것은 아니고 상황에 따라 상대적으로 적용할 수 있다. 또한 관찰자의 움직임을 포함한 동적인 시각으로 이른바 컬런식의 점진적 경관 serial vision들도 파악할 필요가 있다.

앞에서 여러 관점의 경관자원 분류와 분석 방식들을 살펴보았으나, 그 결과를 계획 단계에 적용하기 위해서는 이들을 평가하여 등급화할 필요가 있다. 계획을 위해서 중요도에 따라서 강조할 것과 우선순위를 설정하는 작업이 필요하기 때문이다. 린치의 도시이미지 연구에서도 이미지를 구성하는 경관유형들 각각의 중요도를 3등급으로 재분류하였다. 이렇게 등급화된 경관자원들을 통해서 해당 도시의 특성을 이해할 수 있다. 때로는 부정적 경관자원을 언급할 필요도 있다.

경관계획 구상 단계

경관계획 구상 단계에서는 가치 평가되고 해석된 경관자원들을 '경관거점', '경관축', '경관권역'의 형태로 도시의 평면지도에 정리하는 것이 유용하다. 자원 상호 간의 위치 관계를 통해 도시공간상에 네트워크화시킬 필요가 있기 때문이다. 이 또한 스케일을 확대하거나 축소할 때, 상위의 축이나 권역 속에서 그보다 작은 단위의 거점과 축, 권역이 계획될 수 있다. 도쿄의 사례처럼 이러한 분류 방식을 상대적·선택적으로 적용할 필요가 있다. 일반적으로 경관거점은 린치식의 '랜드마크(시각지표)'나 '노드(집합공간)'의 역할을 하는 경관자원으로 이들은 조망대상이기도 하지만 때에 따라 조망점의 역할을 겸하는 이중적 성격을 보이기도 한다. 랜드마크는 인공 구조물이 대부분이지만 때로는 도시의 배경이나 중심 산이 될 수도 있다.

이에 비해서 경관축은 거시적으로 산의 능선이나 대하천과 같이 일정 폭 이상의 규모를 가지는 연속적 지형일 수 있으나, 일반적으로는 중심 상업가로나 철도, 소하천, 해안선과 같이 한눈에 보이는 선적 요소이기도 하다. 때로는 도시를 순환하는 지하철 노선처럼 눈에 안 보이는 선이 될 수도 있다. 이들은 지점 간을 연결하는 '이동통로path', 혹은 도시의 영역을 구분하는 '경계부edge' 기능을 하면서 주변부의 건축, 오픈스페이스의 환경에 의해서 고유한 특징을 갖고 도시를 대표하는 이미지 요소로서 기능을 한다. 특히 경관축이 직선 형태일 때는 랜드마크와 결합하여 방향성을 갖는 축경관의 역할을 하고 곡선 형태일 때는 변화감이 있는 점진적 조망을 제공하기도 한다. 즉, 하천이나 만灣 등의 수변선waterfront이 경관축이 되면 주변 건물 및 오픈스페이스의 용도와 함께 '생활의 축line of life'(Gorden Cullen, 1961)으로서 변화가의 역할을 할 수 있다.

경관권역은 '경관적으로 동질성을 가지는 일정 규모의 면적 영역'을 말하는

서울의 대표 조망 중 하나인 세운상가 전망대에서 본 종묘와 북한산 연봉 © 김한배

프랑스 파리 센강의 수변 조망 공원 © 김한배

데, 조선시대 한양의 도성 내부 전체를 하나의 경관영역으로 할 수도 있고(현재 「서울역사도심기본계획」에서 이 영역을 대상으로 하여 역사성을 보전하는 「도시관리지침」을 제시하였다), 북촌과 남촌으로 구분할 수도 있다. 또한 권역 안으로 들어가면 특징적 마을과 상권별 소小경관권역을 나누어 설정할 수도 있고, 도시의 중요한 소권역일 경우, 법제상의 '경관중점관리구역'으로 지정하여 구체적인 경관 상세 계획을 수립할 수도 있다. 중요한 권역 설정의 목표는 한 경관영역의 동질적 성격이 내부적으로 연속되고 외부와 차별화됨으로써 정체성을 갖는 지역들을 구분하여 그 정체성을 유지·활용하는 경관 관리 방안을 제시하는 것이다.

더불어 '조망계획'을 추가해야 한다. 앞서의 세 가지 계획 내용이 주로 평면적 차원이라면, 조망계획은 중요 조망대상과 조망점의 위치를 정하고 이들을 잇는 '조망축view cone'을 설정하는 입체적 계획이다. 이것이 도시 전체의 정체성과 상징성을 보존하고 부각하는 효과가 크지만 중요도만큼이나 정책 집행자의 정치적 부담이 크다. 실제 필자가 참여한 서울시의 「자연녹지경관계획」(2009)에서 청계천의 삼일교를 조망점으로 발굴하고 그곳에서 남산까지의 통경축 보존 정책을 제안하였으나 법적 개발 제한 장치까지 마련하지 못했던 경험이 있다. 런던 사례처럼 중요 조망의 장기 지속적 보존 정책까지는 이르지 못하더라도 국토의 각 도시를 대표하는 중요 조망대상과 그것을 바라볼 수 있는 현존하는 우수 조망점을 발굴하여 공공 조망점으로 지정하는 것은 시민교육 측면에서도 필요하다. 나아가 통경축을 행정적으로 보존할 수 있는 장치를 계속 마련해 가는 것은 향후 국토 경관 정책의 중요 과제이다.

여기에 덧붙여 '활동프로그램 계획'도 필요하다. 이는 중요 경관대상과 주변의 접근로 또는 통경축을 포함하는 영향권 내에서 해당 경관대상과 관련된 해설 프로그램은 물론, 그 대상의 역사적·문화적 의미와 관련된 지역 활동을 주민과 이용자들이 기획하고 참여하여 장소의 의미를 직접 체험하게 하는 계획이다. 예를 들어, 유서 깊은 역사적 장소나 특정 인물의 기념시설 주변에 그와

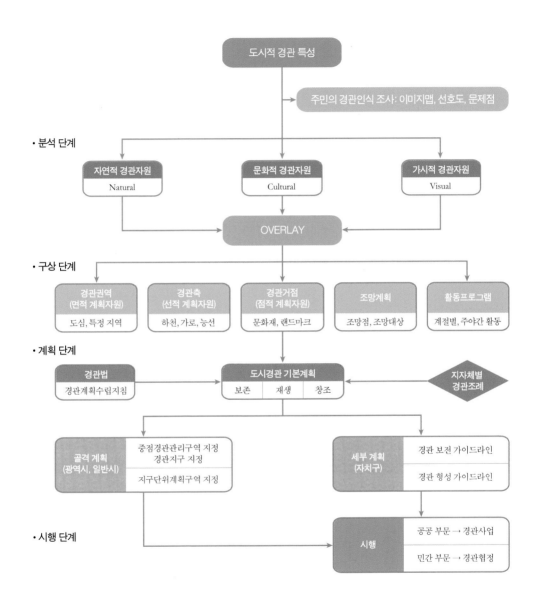

・분석 단계

도시적 경관 특성

주민의 경관인식 조사: 이미지맵, 선호도, 문제점

자연적 경관자원	문화적 경관자원	가시적 경관자원
Natural	Cultural	Visual

OVERLAY

・구상 단계

경관권역 (면적 계획자원)	경관축 (선적 계획자원)	경관거점 (점적 계획자원)	조망계획	활동프로그램
도심, 특정 지역	하천, 가로, 능선	문화재, 랜드마크	조망점, 조망대상	계절별, 주야간 활동

・계획 단계

경관법	도시경관 기본계획	지자체별 경관조례
경관계획수립지침	보존　재생　창조	

골격 계획 (광역시, 일반시)	중점경관관리구역 지정 경관지구 지정
	지구단위계획구역 지정

세부 계획 (자치구)	경관 보전 가이드라인
	경관 형성 가이드라인

・시행 단계

시행	공공 부문 → 경관사업
	민간 부문 → 경관협정

경관계획의 일반적 과정

관련된 체험시설을 조성하여 방문자와 주민 간의 이해와 교류를 포함한 활동을 촉발함으로써 해당 지역의 장소성을 증진시키는 것이다. 이것은 지역 활성화와 도시재생에도 기여할 것이다. 이러한 방안은 최근의 경관계획이 총체적 '장소 만들기'라는 동태적 방향으로 발전해 가는 것과 맥을 같이한다.

5

경관의 사회적 역할

경관자원은 국가와 지역사회 정체성의 상징적 매체이므로, 경관자원이 국민과 지역민들의 심리적 안정과 통합을 매개할 수 있다. 따라서 국가 정책적으로 이들이 대표적 공공자원임을 인식하고 제도화해야 한다. 주민, 시민, 국민(또는 외국인 방문자) 차원의 경관의식 조사를 포함하는 면밀한 자원 조사와 전문가의 평가를 통한 등급화, 그에 따른 우선순위별 관리가 필요하다. 중국에서 경관구景觀區들을 별의 개수로 등급화하듯이 우리나라도 국가급, 지역급, 도시급 등으로 대표 경관자원들을 차등화해 관리할 필요가 있다.

또한 경관의 미래와 관련하여 가시성, 장소성, 상징성의 통합된 체계의 추진이 필요하다. 전래된 풍수지리, 팔경과 구곡의 문화는 훌륭한 문화유산이자 우리 경관의 전통적 상징 체계였고 가시성, 장소성, 상징성이 통합된 체계였으므로 현대에도 새로운 버전으로 활성화시킬 가치가 충분하다. 즉, 보이는 경관과 보이지 않는 경관, 시각적 경관과 의미 전달의 경관을 통합하여 경관의 사회적·문화적 상징성을 높여야 한다. 런던은 국가급 랜드마크인 '세인트 폴 성당'과 '국회의사당'이라는 두 개의 경관자원에 대해 건축물 자체와 주변 경관을 보존하는 것은 물론 조망축을 설정하여 공공 조망권 자체를 보존하고 있고, 최근에는 '테이트 모던Tate Modern'까지 연결되는 보행다리(밀레니엄다리Millenium Bridge)를 조성하여 보행 접근성도 강화하였다. 이를 통해 런던을 방문하는 모든 사람들이 영국을 대표하는 종교, 정치체제, 문화를 바라보고, 걸어서 다가가고, 체험할 수 있게 만들었다. 이러한 적극적인 대내외적 경관 정책은 우리가 생각하는 이상의 사회통합 효과와 문화적·경제적 효과를 거두고 있다고

영국 런던의 테이트 모던과
세인트 폴 성당을 잇는
밀레니엄다리 © 김한배

본다. 수천 년 역사를 자랑하는 우리나라의 수도와 지방 도시들은 어떤 경관자
원을 보존하고 활용하여 사회를 통합하고 대외적 이미지를 높일 것인가? 이는
미래의 경관전문가로 성장할 조경학도와 국민, 정부가 함께 풀어내야 할 중요
한 장기적 과제이기도 하다.

함께 보면 좋을 자료

김한배, 『미술로 본 조경 조경으로 본 도시: 이상향의 이념과 전개』, 도서출판 날마다, 2017.

(사)한국경관협의회, 『경관법과 경관계획』, 보문당, 2008.

이규목, 『한국의 도시경관』, 열화당, 2002.

임승빈, 『도시경관계획론: 경관계획 형성 기준 연구』, 집문당, 2008.

주신하, 『알기쉬운 경관법 해설』, 보문당, 2015.

「경관계획수립지침」, 국토교통부 홈페이지(www.molit.go.kr).

「경관법」, 법제처 홈페이지(www.moleg.go.kr).

「대한민국 국토경관헌장」, 국토교통부 홈페이지(www.molit.go.kr).

IV
경관에 기록된 역사, 교훈과 지혜로운 공존

소현수

충북 괴산 화양구곡 암서재 ⓒ 소현수

조경학에서 조경사造景史는 인류 역사의 흐름을 따르는 방대한 시간적·공간적 범위를 다룬다. 따라서 조경학과 교육과정에서 조경사 수업은 보편적으로 서양과 동양으로 구분하고, 문명이 시작된 고대부터 중세, 근대, 현대라는 시간의 순서에 따라 진행한다. 현재 사용하는 교재를 기반으로 하여 살펴보면, '서양' 조경사는 엄청난 규모의 공간적 범위로 인하여 국가별 조경사를 학습하는 것이 아니라 해당 시대를 대표하는 몇 개 국가의 조경을 다룬다. 당시 일대의 주도권을 가졌던 국가의 왕이나 귀족 등 세력가가 경제적 부를 바탕으로 하여 문화적 산물로서 조경 작품을 만들어 누렸기 때문이다. 서양 조경사에서 고대는 기원전 3000년경 문명이 발생했던 이집트와 메소포타미아 일대를 시작으로 하여, 기원전 1100년경 미노스 문명으로 시작된 그리스와 로마로 이어진다. 중세는 5세기부터로 이 시기 조경사는 기독교와 이슬람교 세계를 중심으로 전개된다. 기독교는 유럽의 수도원과 성관 정원Castle Garden을 만들었으며, 이슬람교는 7세기 아라비아반도에서 시작되어 교세가 동서로 팽창하면서 이란, 스페인, 인도에서 독창적 정원 양식을 만들었다. 중세의 뒤를 이어서 인본주의를 지향하는 14~16세기 르네상스 시대에는 이탈리아, 17세기 바로크 시대에는 절대주의를 표방한 프랑스, 18세기 낭만주의 시대에는 영국을 중심으로 서양 조경사가 이어진다. 그리고 서양 조경사는 시민계급이 등장한 19세기부터 영국과 미국의 공공공원, 근대 모더니즘이 등장한 20세기까지 영국과 미국을 중심으로 정리되고 있다.

유럽의 동쪽이라는 다소 추상적 개념으로 지칭된 '동양' 조경사 교재는 한국, 중국, 일본의 조경으로만 구성되었다. 이들 동아시아 삼국은 중국 황하문명이라는 고대문화를 기반으로 하여 한자와 유교·불교·도교라는 종교적 사상 체계를 공유한 하나의 문화권에 속한다. 계절이나 기후 조건과 밀접한 농사를 지으며 살았기 때문에 자연과 인간을 대립 관계로 보지 않았던 천인합일天人合一의 유기론적 세계관이 삼국의 보편적 문화 코드였다. 동양 조경사에서는 동일한 사상적·문화적 배경을 가진 중국, 한국, 일본이 시대에 따라서 차별성 있는 정원 문화를 구축하게 된 배경과 결과물에 대하여 학습한다.

역사적 사실에 대한 정보를 제공하는 조경사 교재와 달리, 이 장은 조경의 역사를 알아야 하는 이유부터 시작하고자 한다. '오래도록 지켜온 검증된 가치', '재발견되는 역사로서 재생산되는 조경 작품', '조경의 정체성, 철학과 태도'로 이를 설명한다. 이어서 세계 각국에 남아 있는 멋진 정원들을 풍토風土와 문화의 산물로 이해하고, '자연을 극복한 지혜', '종교적 이상향과 상징', '유희와 욕망의 알레고리Allegory', '회화적 자연 표현'이라는 4개의 주제로 나누어 소개한다.

그렇다면 우리 땅에서 만날 수 있는 전통경관은 어떤 모습일까? 주변에 남겨진 조선시대의 공간 유형을 4개로 구분하여 전통조경의 정수인 한양의 '궁궐', 자연 속에 마련한 생태적 삶터인 '전통마을', 물 가까이에 만든 이상향인 '별서別墅·누정樓亭', 자연의 질서를 배우는 사설 교육기관인 '서원'의 경관과 조경을 설명한다. 이후 일제강점기에 수동적으로 형성된 근대 경관을 대표하는 경성京城과 도시공원을 소개하며 마무리한다.

조경사의 가치와 역할을 전달하는 이 장에서는 우리의 전통조경이 왜 중요한지 이해하는 것을 최종 목표로 설정한다. 이에 지속가능한 조경을 위한 전략으로서 조경역사학과 관련하여 과거의 사실을 제대로 알기 위한 학술 연구, 현재와 공존하기 위한 역사적 공간의 복원 및 보존 사업, 전통을 흥미롭게 만드는 프로그램과 활용 방안, 역사를 선도하며 새롭게 다가서는 창조적 작업을 제안한다. 그리고 '오래된 미래'로 설명하는 전통이 가진 경쟁력에 공감하게 되기를 기대한다.

1

조경의 역사를 알아야 하는 이유

오래도록 지켜온 검증된 가치

우리는 인류가 오랫동안 축적한 삶의 모습을 역사로 기억한다. 그 가운데 경관에 남겨진 기억은 인간이 대자연 안에 생존하며 시도한 많은 시행착오 중에서 효과적이라고 인정받은 검증된 가치라는 의미를 지닌다. 대표적으로 유네스코UNESCO: United Nations Educational, Scientific and Cultural Organization가 '탁월한 보편적 가치OUV: Outstanding Universal Value를 지닌 것'이라고 인정한 세계유산이 있다. 자연과 인류의 기술력이 결합한 세계유산들이 조경사에서 등장한다. 그중에서 정원을 살펴보면, 이란 페르시아 정원, 스페인 알람브라Alhambra 궁원과 헤네랄리페Generalife 이궁離宮, 인도 샬리마 바그Shalimar Bagh, 이탈리아 빌라 데스테Villa d'Este, 프랑스 베르사유Versailles 궁원, 오스트리아 쇤브룬Schönbrunn 궁원, 독일 무스카우어Muskauer 공원, 영국 큐 가든Royal Botanic Gardens, Kew, 중국 베이징北京의 이화원颐和园과 쑤저우苏州의 전통정원, 그리고 정원문화가 발달했던 일본 교토京都의 고대 역사기념물이 대표적이다. 여러 나라에 분포하는 아름다운 정원들은 각국의 지형, 기후, 재료와 같은 자연환경과 정원이 만들어질 당시 사람들이 공유한 종교, 사상, 철학과 같은 인문환경을 바탕으로 한 고유한 형태를 보여 준다. 조경의 역사는 이렇게 동시대를 살던 사람들의 공통된 이상향이 표현된 정원들로 구성된다.

반면 우리나라 세계유산은 2021년 현재 경주역사유적지구, 백제역사유적지구, 창덕궁, 종묘, 조선왕릉, 한국의 역사마을 하회와 양동, 화성, 남한산성, 석굴암과 불국사, 해인사 장경판전, 고창·화순·강화의 고인돌 유적, 제주 화산

세계유산인 오스트리아 빈 쇤브룬 궁원 © 김미정

세계유산인 조선왕릉 중 동구릉의 건원릉 © 소현수

섬과 용암동굴, 한국의 산지승원 산사(불국사, 법주사, 마곡사, 대흥사, 부석사, 봉정
사, 통도사, 선암사), 한국의 서원(소수서원, 남계서원, 옥산서원, 도산서원, 필암서원, 도
동서원, 병산서원, 무성서원, 돈암서원)이다. 궁궐, 왕릉, 제례공간, 마을, 성곽, 사찰,
서원 등은 과거에 정치 · 행정 · 종교 · 사회적 기능을 수행한 공간들인데, 외부
공간으로서 조경이 정원을 넘어서는 경관으로 그 가치가 크다. 사계절 변화하
는 한반도의 아름다운 자연과 어우러진 전통공간은 도시에서 거주하는 현대
인이 여가를 보내고 휴식할 수 있는 장소이며, 삶의 영감을 제공하는 원천으로
기능한다. 따라서 조경가는 인류 유산을 만든 선조들의 주어진 환경 여건에서
문제를 해결한 기술을 터득하고, 조형의식을 이해함으로써 바람직한 경관을
제공하여 우리의 지속가능한 삶에 기여할 책임이 있다.

재발견되는 역사, 재생산되는 조경 작품

20세기에 들어 자연을 착취하고 기계화 · 도시화를 추구한 산업사회가 양산한
문제에 직면하자 웰빙Wellbeing으로서의 생태적 · 환경친화적 삶이 중요하게 인
식되었다. 이것은 오래되고 낡은 것, 뒤떨어지는 것이라고 인식했던 전통적 삶
의 가치를 바꾸었고, 역사가 미래를 위한 전략으로써 재발견되었다. 인간과 환
경의 관계를 다루어 외부공간을 만드는 조경 분야도 이러한 변화된 인식을 공
유하였다. 실제로 북촌, 삼청동, 익선동 한옥마을처럼 역사와 전통 콘텐츠가
담긴 현대 공간들이 사랑받고 있는데, 전통이라는 축적된 시간이 제공하는 인
간적 매력과 친숙함, 레트로retro 열풍에서 비롯된 결과이다. 이와 관련하여 세
계 정원문화를 선도한 영국 첼시플라워쇼의 2011년 수상작 한국의 「해우소 가
는 길」이 큰 이슈가 되었다. 이 작품은 전통 화장실에 '생명의 환원과 비움'이
라는 철학적 함의를 담아서 디자인으로 재해석한 한국식 정원이다. 이처럼 공
간 디자인을 수단으로 하는 정서적 표현을 넘어서 경험과 통계로 설명할 수 있
는 전통지식을 현대에 접목하기도 한다. 전통 주거의 조성 원칙을 제공하는 풍
수風水 개념을 경험과학으로 이해하고, 새로 건설되는 아파트단지의 주거 동

배치에서 자연 지형에 순응한 전통마을의 입지와 건물 배치 방식을 반영하는 작업이 이루어졌다. 역사는 재생산되면서 연속되는 것이니 과거는 현재를 바라보는 거울이자, 미래를 위한 지혜를 담고 있다.

조경의 정체성, 철학과 태도

조경사 공부는 새로운 정원이 등장하게 된 배경인 자연적·인문적 조건과 결과물인 정원의 형태에 대한 인과 관계를 이해하는 것을 바탕으로 한다. 따라서 정원 작품에 대한 정보를 파악하는 것이 중요하다. 이와 관련하여 한 가지 예를 들면, 경사지를 활용한 방식이 르네상스시대 이탈리아에서는 캐스케이드 Cascade라는 수경 공간으로, 우리나라 조선시대에는 화계花階라는 구조물로 차별화된다. 이러한 역사 속 사례들을 차곡차곡 축적함으로써 주어진 여건에서 합리적으로 문제를 해결해야 하는 앞으로의 조경 작업에 창의적 콘텐츠를 제공할 수 있다. 특히 오랜 세월 동안 풍토에 적응된 결과물로써 전통경관은 우리 디자인의 정체성을 설명해 준다. 전통경관은 시간 차 없이 문화를 공유하는 이 시대에 '우리 것'이라는 토속성과 차별성을 도구로 삼아 영향력 있는 조경 작업을 수행하기 위한 바탕이 될 것이다.

조경이라는 신학문이 들어온 초창기에는 조경가에게 계획가, 디자이너, 시공전문가의 역할이 요구되었다. 그러나 앞으로는 사람과 자연이 구성하는 총체적 환경을 다루는 데 요구되는 정책과 컨설팅으로 조경의 지평을 넓혀야 한다. 이윤 추구라는 현대적 가치에 따른 구성원의 갈등을 줄이고 조화로운 삶을 영위하도록 돕는 중재자가 필요하다. '조경'이라는 용어가 없던 시대에 우리 선조들의 경관에 대한 태도는 새롭게 만드는 데 치중한 '조성造成'이 아니라, 만들고 운영하는 '조영造營'이었다는 점에서 그 선구적 안목이 자랑스럽다.

서양 조경사에서는 르네상스 이후에야 조경가 개인에 대한 정보가 등장하기 시작한다. 이들은 문인, 예술가이거나 철학가이자 이론가였으며, 사회 변화를 선도하는 개혁가이자 실천가이기도 하였다. 프랑스 루이 14세의 정원사 앙

드레 르노트르^{André Le Nôtre}, 영국의 풍경식 정원가 윌리엄 켄트^{William Kent}와 랜슬롯 브라운^{Lancelot Brown}, 독일의 풍경식 정원가 퓌클러 무스카우^{Puckler Muskau}, 미국 최초의 조경가 앤드류 잭슨 다우닝^{Andrew Jackson Downing}, 현대 조경의 아버지라고 불리는 프레더릭 로 옴스테드^{Frederick Law Olmsted} 등 역사 속 조경가에 대한 탐구를 통해서 현대 사회에서 요구되는 조경에 대한 태도와 철학을 정립하는 데 도움 받을 수 있다.

2

풍토와 문화의 산물, 역사 속 정원들

자연을 극복한 지혜

인류가 먹을거리를 찾아서 옮겨 다니다가 농사를 짓게 되면서 정착 생활을 시작하자 울타리를 두르고 집과 정원을 만들게 되었다. 공동체의 문화를 그림으로 표현하고 문자로 기록하기 시작한 고대부터 정원에 대한 구체적 정보가 전해진다. 기원전 3000년경 이집트 귀족의 주택 정원 모습이 무덤의 벽화에 그려져 있다. 이집트인들은 무덥고 건조한 사막 환경에 대응하기 위하여 높은 담을 두르고 오아시스처럼 쾌적한 정원을 만들었다. 나일강 옆 직사각형 부지 안에 사각형 연못을 만들고 물을 채워 물고기를 기르고, 주변에 유실수와 녹음수를 열을 지어 나란히 심었다. 이와 같은 정형적 패턴은 광활한 사막으로 이루어진 대자연의 형상에서 유래한 대칭과 균제미를 즐긴 이집트인들의 예술적 성향과 함께 수목에 물을 주기에 유리하도록 만든 관개수로의 실용적 배치와도 관련된다. 연못 안에는 신성하게 여겼던 연꽃을 심고, 연못 가장자리에는 종이를 만드는 데 사용했던 수생식물인 '소생甦生'을 상징하는 파피루스를 심었다. 바깥 빈터에는 많은 열매로 다산多産을 상징하고 먹거리를 제공하는 대추야자와 돌무화과나무를 식재하였다. 이 수목들은 종교적 상징성을 가지고 있었기에 이집트인의 주술적 믿음이 보태진 것이다. 현대 조경공간에서 수목의 장식적 가치가 식재의 주요 목적인 데 비해, 고대 이집트 정원에서 다기능을 가진 수목을 선택한 것은 자연 속에서 지혜를 찾은 조경의 결과물이라고 이해할 수 있다.

고대 메소포타미아 지역, 수메르Sumer의 도시였던 우르Ur에 지구라트Ziggurat

공중정원을 모티브로 한 일본의 아크로스 후쿠오카 © 김미정

라고 불리는 계단형 구조물이 있다. 벽돌을 높이 쌓아서 인공 산을 만든 것인데, 꼭대기에 신전을 세우고 각 단마다 식물을 심고 가꾸었다. 수메르인에게 자연의 생명력을 상징하는 꽃과 과일을 재배하는 행위는 제의祭儀에 속하였다. 강수량이 적은 이 지역의 환경에서 강력한 권력을 가진 사람이 관개시설을 만들고 유지하면서 그 지역을 지배할 수 있었다. 따라서 도시국가의 상징물인 지구라트를 제대로 유지·관리하는 것이 제왕의 능력이라고 여겨졌다. 지구라트와 비슷한 구조물로 오리엔트의 중심 도시였던 바빌론Babylon에 있었다고 전해지는 공중정원Hanging Garden이 있다. 공중정원은 평탄한 부지에 105m 높이의 구조물을 녹지로 피복한 기술을 지녔다는 점에서 고대 7대 불가사의 중 하나로 꼽힌다. 이것은 현대 옥상정원의 기원이라고 할 수 있는데, 방수, 관수, 배수에 대한 모든 문제를 해결하였다는 데 의의가 있다. 공중정원은 인간이 자연을 극복한 지혜를 보여 주는 데 그치지 않고, 일본에 소재한 아크로스 후쿠오카

Acros Fukuoka와 같은 다수의 현대 건축과 조경 작품에 디자인적 영감을 제공하였다.

종교적 이상향과 상징

정원은 인간의 삶을 영위하는 데 요구되는 현실적 문제를 해결하기 위한 결과물일 뿐만 아니라 종교적 이상향과 상징을 표상하기도 하였다. 대표 사례로 이슬람 경전인『코란』에 기록된 낙원을 표현한 고대 페르시아의 '파라다이스 가든Paradise garden'이 있는데, 중세의 이슬람 정원으로 이어졌다. 파라다이스 가든에는 물이 흘러넘치고 과일이 열렸으며 정자가 시원한 그늘을 제공하였다 한다.『코란』에 물, 젖, 포도주, 꿀의 강이라는 낙원의 4대 강이 기록되어 있는데 이를 모티브로 한 페르시아에서의 4개의 정원이라는 의미를 지니는 차하르 바그Chahar Bagh가 이슬람 정원의 기원이 되었다. 형태적으로 황량한 사막과 격리되도록 벽으로 둘러싼 곳에 십자十字형 수로로 정원을 나누었기 때문에 사분원四分園이라고 부른다. 이후 이슬람교가 동서 방향으로 세력을 확장하면서 정원의 형태가 변형된다. 14세기 스페인 남부 그라나다의 알람브라 궁원에서는 직사각형 연못을 중심으로 한 폐쇄적 중정Patio 형태가 되었다. 17세기 이란의 이스파한에서는 사분원이 확산된 형태의 도시 구조를 형성하였으며, 인도 카슈미르Kashmir 지방에서는 여러 개의 노단으로 나뉜 무굴 정원 바그를 만들었다. 낙원을 상징하는 종교적 이상향이 해당 지역의 문화에 따라서 물을 바라보거나 물소리를 즐기는 등 다양한 형태로 만들어졌다.

　이슬람교가 물을 중심으로 하여 종교적 이상향을 표현하였다면, 일본의 고산수枯山水 정원을 대표하는 용안사龍安寺 석정石庭은 물을 전혀 사용하지 않고 자갈, 모래, 돌로 구성된 정원을 만들어 변하지 않는 영원성을 추구하였다. 이 정원은 담장을 두른 마당 안쪽에 바다와 섬으로 구성된 해양 경관을 축소하여 추상적으로 표현하였는데, 심성을 수양하는 것에 치중한 선종禪宗이 추구했던 사찰 정원을 보여 준다. 고산수 정원은 방장方丈에 앉아서 마음을 한곳에

이슬람 정원인 스페인 그라나다 알람브라 궁원 © 김미정

일본 선종 정원을 대표하는 교토 용안사 석정 ⓒ 소현수

모아 고요한 경지에 이르면 불성을 깨달을 수 있다는 믿음을 실행한 좌선坐禪
을 위한 종교적 이상향이었다.

유희와 욕망의 알레고리

그리스어 알레고리아allegoria를 어원으로 하는 '알레고리allegory'는 어떤 추상적
관념을 드러내기 위하여 구체적 사물을 비유하여 표현하는 풍유諷諭라고 설명
할 수 있다. 역사 속 많은 정원이 소유자의 생각을 드러내는 물리적 도구가 되
었는데, 왕이 사랑하는 왕비에게 헌정한 인도의 타지마할, 죽은 아내를 추모하
며 괴기스러운 분위기로 조성한 이탈리아 보마르조 정원Sacro Bosco, The Park Of
Monsters, 로마제국의 역사에 대응하여 영국인의 위대함을 표현한 스투어헤드
정원Stourhead Garden 등 조성 목적과 표현 방법이 다양하다.

　고대 그리스와 로마 문명의 재현을 의미하는 르네상스 시대가 되자 중세 기
독교적 사회에서 금기시했던 인간의 즐거움과 유희에 대한 욕망이 표출되었
다. 르네상스 정원은 자연에 대한 동경과 함께 이탈리아의 휴양 도시 피렌체

이탈리아 빌라 데스테의 100개의 분수 © 김미정

프랑스 베르사유 궁원의 레토나 분수 © 김수아

Firenze에서 시작되었다. 조망에 유리한 구릉지에 주거용 건물을 짓고, 경사지를 여러 개의 테라스terrace로 처리하여 바깥쪽에 펼쳐진 전원 경관을 즐겼다. 이를 '이탈리아 노단식 정원'이라고 일컫는다. 16세기에는 기법이 화려해졌는데, 로마 외곽에 만든 빌라 데스테에는 넓은 부지를 수직으로 가르는 중심축 선상에 분수와 폭포 등 다이내믹하게 연출한 수경 요소들을 배치하였다. 수평축을 이루는 '100개의 분수'는 빌라 데스테의 유희적 공간을 대표한다. 축선 좌우에는 미로와 기하학적 화단을 만들고 화려한 식물을 심어 감각적 즐거움을 제공한다. 이와 더불어 지적 즐거움을 위한 오브제objet로써 당시 인문주의자들이 선호했던 고전 문학과 신화를 암시하는 조각상들을 적재적소에 배치하였다. 또 다른 사례로 빌라 란테Villa Lante를 들 수 있는데, 추기경의 주거 공간인 이곳은 4개의 테라스로 구성된 정원의 중심 축선상에 그로타Grotta, 돌고래 분수, 가재 모양의 캐스케이드cascade, 거인의 분수, 추기경의 테이블, 촛불 분수, 몬탈토 분수를 배치하여 물의 유희를 즐겼다. 정형식 정원과 오른편에 부속된 불규칙한 형태의 숲에는 인간이 황금시대로부터 타락의 시기를 거쳐 문화를 형성하기까지의 고대 신화의 서사적 구성을 담기도 하였다.

　17세기 바로크 시대에 프랑스 절대주의 왕정을 이끈 루이 14세Louis XIV는 어린 나이에 왕위에 오르면서 경험한 왕권의 중요성을 실감하고 왕의 절대권력을 베르사유 궁원의 디자인으로 표출하였다. 즉, 정원에 아폴론, 레토나, 넵튠 등 신화적 모티브의 오브제를 배치하여 태양왕의 위세에 합당한 소우주라는 알레고리를 담았다. 천재 조경가로 알려진 르노트르는 이탈리아에서 완성된 축 중심의 정형식 정원을 프랑스의 광대한 부지에 응용하여 드넓게 펼쳐진 베르사유 궁원에 평면기하학식 정원을 완성하였다. 그는 이에 앞서 루이 14세의 재무상이었던 니콜라 푸케Nicolas Fouquet가 소유한 보르비콩트Vaux-le-Vicomte에 당시 과학과 수학 발달의 산물인 원근법과 투시도법, 그리고 광학적 이해를 기반으로 하여 조망하는 위치에 따라서 정원이 다르게 보이도록 계산된 시각적 유희를 제공하기도 하였다.

회화적 자연 표현

고대 이집트 정원에서 시작된 서양의 정형식 정원은 중세의 성관 정원과 이슬람 정원, 르네상스 시대의 노단식 정원, 바로크 시대의 평면기하학식 정원에 이르기까지 긴 시간 유지되어 왔다. 18세기가 되어서야 자연이 제공하는 비정형적 아름다움에 눈을 뜬 낭만주의 양식이 유행하였다. 이때 영국이 서양 조경사의 주인공으로 등장한다. 자연경관이 회화 장르인 풍경화의 소재가 되고, 비형식적이고 비정형적 특성을 가지는 픽처레스크^{Picturesque}라는 미학 이론이 부상하면서 정원사에서 혁신이라고 할 만한 새로운 형태의 정원이 만들어졌다. 이론가, 실천가, 상업디자이너로 이어진 풍경식 정원의 조경가들은 부지의 물리적 경계를 없애고 정원을 시각적으로 확장시킨 후, 잔디로 덮인 구릉, 숲과 덤불, 잔잔한 수면을 가진 연못을 만들고 산책로를 따라서 신전, 다리, 동굴, 조각상 등 고전풍 정원 구조물을 배치하는 방식으로 이전부터 사용했던 정형식 정원을 개조하였다. 윌리엄 켄트의 '자연은 직선을 싫어한다'는 선언과 고사한 수목을 의도적으로 식재했다는 일화를 통해서 풍경식 정원에서 자연을 표현한 방식을 이해할 수 있다. 풍경화와 같은 장면들을 보여 주는 스투어헤드는 영국 풍경식 정원을 대표한다.

동양에서는 도교, 불교, 유교라는 자연과 밀접한 종교와 사상, 그리고 농경사회에서 요구된 자연과의 유기체적 삶을 추구함으로써 일찌감치 '자연 순응'이 공간을 만들고 경관을 이해하는 가치관이 되었다. 이를 잘 설명하는 것이 중국 명나라의 정원가 계성計成이 작성한 정원 이론서 『원야園治』에 기록된 '비록 사람이 만들되 마치 하늘이 만든 것처럼 자연스럽게 한다(雖由人作 宛自天開)'는 표현이다. 양쯔강에 인접한 상업 도시 쑤저우의 사자림獅子林, 졸정원拙政園, 유원留園 등 사가私家 원림에는 고대부터 전수된 산수화 이론에 따라서 자연 요소와 인공 요소를 배치함으로써 대비, 원근, 변화를 모색하여 조화롭게 자연을 묘사한 정원 기법이 적용되었다.

영국 풍경식 정원, 스투어헤드 ⓒ 한봉호

중국 쑤저우 사자림 © 소현수

　　18세기를 특징짓는 산업화와 근대화, 시민계급과 민주주의의 등장은 인류
의 삶을 크게 바꾸어 놓았고, 조경에서도 변화가 일어났다. 오랫동안 조경의
역사를 주도한 왕과 귀족 등 특정 계층의 사유물로서의 정원에서 벗어나 시민
을 위한 공공 공원이 등장하였다. 하지만 근대 이후의 조경은 지역의 풍토와
문화의 산물로 차별성 있게 전개되었던 과거와는 다른 양상을 보인다. 지구촌
이라는 표현처럼 빠른 속도로 디자인과 기술이 공유되고 혼재되면서 과거에
비하여 특화된 조경 양식이 등장하지 못한다는 반성이 있다. 앞으로 우리의 조
경이 나아가야 할 방향에 대한 고민이 필요하다.

3

우리 땅에서 만나는 전통경관

전통조경의 정수, 한양의 궁궐

성리학을 근간으로 하는 조선은 내사산內四山을 경계로 한 도성都城을 축조하고, 도성 내부에 중국 주周나라 법을 따라서 궁궐, 종묘, 사직, 육의전의 위치를 결정하면서 수도 한양의 모양새를 갖추었다. 현재 서울에는 5개의 궁궐이 있는데, 그중 백악산 아래에 터를 잡은 경복궁景福宮이 조선의 정궁正宮이었다. 경복궁 궁원으로는『주역周易』의 원리를 따라 만든 누각樓閣과 사각형 연못으로 구성된 경회루지慶會樓池, 군자君子를 상징한 연꽃을 주제로 한 향원지香遠池, 왕비의 처소 교태전交泰殿 후원에 화계를 만든 아미산峨嵋山(중국 불교의 성지로 알려진 산), 그리고 왕대비가 머물던 자경전慈慶殿에 전통 문양으로 꾸민 꽃담과 십장생 굴뚝으로 장수를 기원한 마당이 있다. 경복궁의 조경은 다양한 석재 구조물과 어우러진 문양 장식 등 디테일한 감각이 돋보이는 세련된 인공적 공간이라는 특징이 있다.

반면 응봉 자락 경사지에 자리 잡은 이궁離宮 창덕궁昌德宮에는 자연의 숲과 계곡으로 이루어진 아름다운 후원이 있다. 옥류천玉流川에서 시작된 물을 가두어 만든 반도지半島池, 애련지愛蓮池, 부용지芙蓉池라는 여러 개의 연못으로 이어지는데, 자연과 경계를 두지 않은 정원이 한국적 경관을 대표한다. 아름다운 경관을 바라보기 좋은 위치에 배치된 여러 개의 정자마다 현판懸板(건축물에 글을 새겨서 거는 액자)과 주련柱聯(기둥에 세로로 시문 구절 등을 써 붙이는 글씨)이 붙어 있다. 이렇게 한시漢詩로 전달하는 과거의 모습, 땅을 상징하는 네모난 연못과 하늘을 상징하는 둥근 섬으로 표현한 우주관, 넓적한 바위에 홈을 파서 곡수거

서울 경복궁 교태전의 아미산과 화계 ⓒ 소현수

서울 창덕궁 후원 옥류천의 곡수거 ⓒ 소현수

曲水渠와 작은 폭포를 만든 자연친화적 시공법 등에서 다양한 전통미를 발견할 수 있다. 이러한 방식은 동시대 동일한 문화권에서 만든 중국의 원명원圓明園, 이화원과 일본의 계리궁桂離宮, 육의원六義園처럼 최고의 디자인 감각과 기술을 자랑했던 권력자의 정원들과 차별화된다. 창덕궁 후원은 자연의 원리를 읽어 내고 현명하게 공존하는 방식을 선택했던 전통정원의 특징을 잘 보여 준다.

자연 속에 마련한 생태적 삶터, 전통마을

우리 선조들은 일정한 영역에서 동족同族이라는 사회적·종교적·경제적 공동체를 이루며 살았는데, 현대인이 도로망, 역세권, 학군, 공원의 위치 등을 고려하여 집을 결정하는 것처럼 당시에도 살기 좋은 곳에 대한 가거지可居地의 조건이 있었다. 이 조건을 이중환李重煥은 『택리지擇里志』「복거총론卜居總論」에서 땅의 생김새와 같은 자연적 조건을 풍수 관점으로 살피는 '지리地理', 비옥한 토지나 교역에 유리한 위치처럼 경제적 조건을 강조한 '생리生利', 산과 자연의 아름다움이라는 경관적 관점인 '산수山水', 지역의 풍속을 설명하는 사회적 관점으로서 '인심人心'이라고 정리하였다. 풍수지리설은 물리적 공간을 만드는 직접적 기준이 되었는데, 여기에는 산과 물의 흐름을 이해하고 땅의 기운을 감지하여 인간이 살기에 적합한 환경을 선택하고 보완하는 지혜가 담겨 있다. 자연의 수용력 내에서 생활이 가능한 공간을 확보하고, 자연에 거스르지 않고 땅을 조형하는 기술을 터득한 것이다. 따라서 전통경관에서 선조들이 선택한 생태학적 삶의 방식을 읽을 수 있다.

경북 봉화 닭실마을은 낮은 산으로 둘러싸여 안쪽에 맑은 개울이 흐르는 아늑한 곳에 자리 잡고 있다. 이와 같이 전통마을은 풍수적 맥락에서 배산임수背山臨水를 만족하는 입지를 선택함으로써 '배후지-주거지-경작지'로 토지의 효용을 높였다. 즉, 제공되는 자연에너지와 자원을 이용하여 농경에 유리한 마을의 하부구조와 개인 주거공간인 한옥의 구조를 만들었다. 이러한 생활공간은 미기후 요소를 해결하며 토양, 물, 빛, 공기의 순환체계와 긴밀하게 통합한 결

풍수지리설을 따른 경북 봉화 닭실마을의 입지 ⓒ 소현수

충남 논산 명재고택 작은 사랑채 앞 화오 ⓒ 소현수

과로, '전통생태학'의 개념으로 해석할 수 있다.

이렇게 거주를 위한 효용이 중요한 가치였던 삶터에서 선조들이 장식 정원을 만들어 즐겼을 것이라고는 기대하기 어렵다. 마을 공용의 오픈스페이스인 풍수적 수구水口 막이였던 마을숲, 마을 뒤편 북서풍을 막아 주는 대나무숲, 마을의 평안을 위하여 동제洞祭를 지내던 당산목과 개인의 주택 뒤편 경사지를 해결한 화계, 담장 앞 좁은 폭으로 조성한 화오花塢에 심은 꽃나무가 정겹다. 농사와 일상생활에 필요한 다양한 작업을 위해서 비워 놓은 안마당에는 계절에 따라서 햇살, 바람, 비, 눈 등이 일시적 경관을 제공한다. 담장 밖으로 사계절 다채롭게 변화하는 자연이 펼쳐지므로 집안에 적극적으로 정원을 만들지 않아도 되었을 것이다.

물 가까이에 만든 이상향, 별서·누정

조선시대 선비들은 성리학을 집대성한 중국 남송의 주희朱熹가 도학道學의 장소로 무이산 아래 아홉 굽이 계곡에 설정한 무이구곡武夷九曲을 모델로 하여 자신의 근거지에 구곡을 정하고 공부하기 위한 정사精舍를 짓는 것을 즐겼다. 자연의 산과 물이 심성을 수양하는 성리학의 교과서 역할을 한 셈이다. 구곡이 아니더라도 주거지에서 멀지 않은 경치 좋은 곳에 학문 수양과 교류를 위한 공간을 마련하였다. 전남의 담양 소쇄원瀟灑園, 보길도 부용동芙蓉洞 원림, 강진 백운동白雲洞 원림과 같은 별서가 대표적이다. 별서는 별장과 같은 것으로 여기에 꾸려진 정원은 선비들이 선호했던 은일隱逸의 삶을 투영한 전통정원의 매력을 보여 준다. 별서는 물 가까이에 터를 잡았으며, 경계를 만드는 담장이 꼭 필요한 것은 아니었다. 먼저 아름다운 바깥 경관을 바라보기 좋은 곳에 벽 없이 기둥만으로 열린 구조를 가지는 누樓와 정亭을 배치하였다. 그리고 계곡 물을 끌어와서 사각형 연못을 만들었는데, 수로를 이용하여 곡수연曲水宴이라는 풍류를 즐기기도 하였다. 연못 안쪽에는 둥근 섬을 만들고 연꽃을 심었다. 이러한 선비의 풍류는 도연명陶淵明, 백거이白居易, 주돈이周敦頤 등 중국 고대 문인들의 행보에서 유래하였다. 선비들이 좋아했던 수목과 꽃은 상징성을 지닌 소나무, 대나무, 오동나무, 배롱나무, 매화, 국화, 모란, 파초 등이다. 또한 정원에 점경물을 만드는 대신 특별한 형상을 가진 절벽과 바위에 이름을 짓고 글씨를 새기는 방식을 선택하였다. 동료 문인이 정원을 방문하여 정자에 앉아서 흐르는 물, 아름다운 수목과 꽃, 계절과 시간, 비와 눈 등 기상 현상이 포함된 경관을 감상하면서 시를 지었으며, 이를 목판에 새겨서 정자의 처마에 걸었다. 소쇄원 광풍각에 앉으면 회화적 장면과 시적 정감이 함께 어우러지는 경험을 할 수 있는데, 이것이 전통정원의 특성이다.

일정한 영역 내에 다양한 정원 구성 요소들이 갖추어진 별서와 달리, 누정 원림은 단출하고 소박한 정자만 짓고 주변 자연을 향하는 조망을 얻으며 형성된다. 이를 '차경借景'이라고 한다. 조선시대의 넉넉하지 않았던 경제적 여건과

계곡에 입지한 전남 담양 소쇄원의 광풍각 ⓒ 김미정

경남 거창에 소재한 자연물 정자 광석정 ⓒ 소현수

성리학적 윤리관에 따라서 검약과 절제된 삶이 요구되었던 선비들이 정원을 누렸던 효과적 방법이었다. 경남 거창의 광석정廣石亭은 시냇가 절벽과 반석으로 이루어진 공간에 붙여진 이름이다. 인공 구조물 없이 정자의 기능을 했기 때문에 박기용은 이를 '자연물 정자'라고 표현하였다(『거창의 누정』, 1999).

자연의 질서를 배우는 사설 교육기관, 서원

조선 중기부터 향촌鄕村의 정치·사회적 구심점 역할을 하였던 서원은 선현先賢을 제향하고 유생儒生의 교육을 담당한 사설 기관이다. 따라서 서원은 지방 관학 기관이던 향교가 읍성과 연계되는 것과 달리, 제사를 모시는 유학자가 생전에 서당을 운영했던 곳이나 선현의 연고지에 만들었다. 17세기에 이르러 도산서원陶山書院, 옥산서원玉山書院, 병산서원屛山書院, 도동서원道東書院에서 서원의 공간 구성 방식이 정리되었다. 이들은 산을 배경으로 하고 앞쪽에 물이 흐르는 경사지에 터를 잡았다. 도동서원은 이러한 조건에 맞추어 북동쪽을 향하고 있다. 또한 서원 내부는 낮은 곳부터 진입공간, 강학공간, 제향공간을 순차적으로 배치하였으며, 좌우대칭을 기본 조형으로 설정함으로써 유교적 위계질서를 공간에 도입하였다.

위계질서를 강조한 서원 내부 공간 구조와 달리 서원의 입지는 별서·누정과 동일한 맥락에서 유가적 은일사상을 토대로 하여 자연의 이치를 깨닫고 수양하는 데 적합했던 산수가 아름다운 곳을 선택하였다. 소수서원紹修書院에서 송림이 울창한 죽계竹溪 변에 취한대翠寒臺를 조성한 것, 도산서원에서 낙동강변에 천연대天淵臺와 천광운영대天光雲影臺라는 조망공간을 마련한 것, 옥산서원에서 자계紫溪 인근에 사산오대四山五臺를 설정한 것은 이러한 성리학적 자연관을 보여 준다. 휴게공간 역할을 한 병산서원의 만대루晩對樓는 낙동강 앞 병산을 가로막는 액자를 구성하면서 인상적 경관을 제공한다. 보편적으로 서원 주변에는 소나무숲과 대나무숲이 펼쳐지고, 입구에 학자수라 불리는 회화나무나 은행나무 노거수가 있다. 서원 경내에는 향나무, 매화, 배롱나무, 연蓮

산과 하천 인근에 자리 잡은 대구 달성 도동서원 © 소현수

등 유교적 상징성을 가진 수목이 식재되었다.

수동적으로 형성된 근대 경관, 경성과 도시공원

우리나라는 1876년 개항 이후 근대화가 진행되어 전기가 보급되고 교통수단
으로 전차가 등장하였다. 그러다 일제강점기에 가로망, 토지구획 등 도시계획
이 수립되면서 식민지 도시 경성의 도시경관이 만들어졌다. 일제강점기라는
정치·사회적 여건에서 외력에 의하여 중세 도시 한양의 경관이 훼손되었지
만, 도시 오픈스페이스로서 휴양과 위락을 위한 여가공간이 요구되는 시기이
기도 하였다. 일제는 창경궁 안에 박물관과 동·식물원을 만들어 창경원이라
이름 붙이고 일반인에게 공개했고, 훈련원, 장충단, 사직단, 효창원은 공원으
로 바뀌었다. 도심에는 독립공원과 파고다공원을 비롯해 남산에 화성대공원,
한양공원 등 도시공원이 만들어졌다. 이렇게 경성에 근대 도시공간이 형성됨

병산을 바라보고 있는 경북 안동 병산서원의 만대루 ⓒ 소현수

에 따라 우리의 전통경관은 왜곡되고 단절되었으며, 결과적으로 근대 경관의 가치가 폄하되었다. 앞으로 우리 땅을 기반으로 하여 흘러간 시간을 다룬다는 측면에서 전통과 현대를 이어주는 근대 경관을 올바르게 규정하고 차별성 있는 조경 문화를 이해하기 위한 접근이 필요하다.

4

지속가능한 조경을 위한 전략, '오래된 미래'

과거의 사실을 제대로 알기 위한 학술 연구

조경역사학에서 전통조경과 관련되는 과제를 몇 가지로 한정하기 어렵지만, 시간 차가 있는 오래된 과거의 경관과 대상을 제대로 이해하기 위한 학술 연구가 기본이 된다. 궁궐이나 조선왕릉처럼 특별하게 관리되었던 공간이 아닌 이상, 지역에 산재한 다양한 유형의 전통공간들은 원래의 모습을 유지하기 어렵다. 또한 이들은 각기 다른 지역적·문화적 배경에서 성립되었기 때문에 단일한 관점의 규범으로 이해할 수 없다. 따라서 해당 전통공간의 원형을 파악하는 작업이 필요하다. 이를 위해서 당시의 기록과 지도 등 고문헌을 비롯해 전통공간의 경관을 읊은 시문, 회화 자료나 사진 등 원형 경관과 관련된 자료들을 수집한다. 물리적 경관이 남아 있는 곳이라면 방문하여 입지적 특성, 공간 구성 방식, 공간 구성 요소들을 면밀히 조사한다. 취합된 다양한 정보들을 분석하여 해당 공간이 조성된 배경과 조영자造營者에 대한 정보, 조성 의도와 공간 이용 행태, 경관적 특성 등을 파악하는 과정으로 연구를 진행한다. 기존에 축적된 비슷한 유형의 연구 성과를 기반으로 하여 퍼즐을 맞추듯 대상 공간의 과거 모습을 논리적으로 추정해야 하기 때문에 학술 연구 경험이 요구된다. 그러므로 성리학의 학문 수양 방법이라고 알려진 '거경궁리居敬窮理'의 자세로 임해야 한다.

현재와 공존하기 위한 역사적 공간의 복원 및 보존 사업

학술 연구로 확보한 원형 경관에 대한 정보를 토대로 하여 사라진 역사경관을 복원하는 사업이 문화재청과 지방자치단체의 주도로 이루어지는데, 소쇄

역사 자료를 토대로 복원된 전남 강진 백운동 원림 ⓒ 소현수

원, 다산초당, 부용동 원림, 백운동 원림 등이 복원 사업을 통해서 현재 모습을 갖추었다. 먼저 건물을 복원하고, 담장, 화계, 연못 등 구조물을 복원함으로써 정원의 골조를 만든 후, 외부공간을 채우는 식생 경관을 복원하여 정원에 생동감을 부여한다. 이때 퇴적물 속에 들어 있는 꽃가루[花粉] 분석, 종자 채취 등 과거의 식생 경관을 파악하기 위하여 과학적 분석을 시행한다. 실제로 경주 안압지 발굴 시 꽃가루 분석을 통해서 다양한 목본과 초본 수종을 확인하였다. 이에 대하여 심우경은 전통조경 분야에서 발굴과 관련된 정원 고고학Garden Archaeology에 대한 접근과 전문가 양성의 필요성을 제기한 바 있다. 특히 경관을 완성하는 식생 경관의 복원이 조경공간에서 중요한데, 그 당시에는 식재 도면을 작성했을 리가 없으므로 건조물 복원과는 다른 어려움에 직면한다. 따라서 현재 조경공간에 식재되는 수목이나 배식 기법과는 다른, 전통 수종과 전통 배식 기법에 대한 이해를 바탕으로 한 전문 지식과 경험이 필요하다.

명승 관람용으로 설치된 강원도 영월 선돌의 전망대 ⓒ 소현수

전통경관 보존을 위한 법적 장치는 국가 지정문화재 중 기념물에 해당하는 명승名勝이 대표적이다. 현재 지정된 명승에는 산악과 봉우리, 하천과 호수, 계곡, 섬, 숲, 정원, 옛길 등 다양한 유형이 포함되어 있다. 「문화재보호법」에서 수려한 자연경관과 어우러진 전통공간을 보존하고 활용하기 위해서 변화한 여건을 파악하고 명승을 제대로 관리하도록 규정하고 있다. 이를 실행하는 「명승종합정비계획」에는 해당 명승의 경관 요소와 관련된 지형 및 지질 환경, 수水 환경, 토양 환경, 동·식물상·미기후 등 자연환경, 그리고 역사환경, 인문환경, 경관에 대한 정비계획과 함께 이용자관리와 운영관리 방안이 포함된다. 강원도 영월의 선돌을 관람할 수 있는 전망대 설치와 같은 적정한 편의시설 도입을 예로 들 수 있다. 따라서 이러한 영역을 다룰 수 있는 전문 분야와의 협업과 이를 조율하고 종합하는 조경가의 계획적 안목이 필요하다.

전통을 흥미롭게 만드는 프로그램과 활용 방안

문화재 공간을 유지관리하기 위해서는 물리적 경관을 구성하는 건축물, 구조물, 시설물과 식생의 보존 외에도 활용 방안이 포함된다. 과거의 문화재 정책이 원형 복원과 보존에 초점이 맞추어져 있었다면, 시대적 요구에 따라서 활용으로 옮겨 가고 있다. 문화재를 관람만 하는 소극적 이용에 그치지 않고 관람객의 정서적 감흥과 공감을 이끌어 낼 수 있는 여러 방안이 제시되고 있다. 이와 관련하여 한복을 입으면 궁궐에 무료 입장한다는 기획은 젊은 층과 외국인 관광객에게 큰 호응을 얻었고 '경복궁 별빛 야행'과 '창덕궁 달빛 기행'처럼 조명 계획을 도입하여 궁궐의 특별한 체험을 제공한 프로그램도 성공하였다. 또한 담양군은 「소쇄원 48영詠」과 환벽당環碧堂 「성산계류탁열도星山溪柳濯熱圖」 재현 행사를 기획하였다. 특히 정원 방문자가 전통공간을 쉽게 이해할 수 있도록 소쇄원 계곡가에 선비 복장을 한 사람들을 배치하여 1590년 목판에 묘사된 탁족濯足으로 여름나기 하는 선비들의 풍류 행태를 보여 주기도 하였다.

세계유산에 대한 문화경관적 접근의 필요성이 제기되면서 많은 유산들이 경관이거나 경관의 맥락에서 이해되어야 한다는 측면이 부각되었다. 현재 조선왕릉은 '신의 정원'이라고 부르는, 봉분을 중심으로 한 능침공간을 접근할 수 없는 성역聖域으로 관리한다. 능침공간을 공개하고 관련된 스토리텔링을 도입한 프로그램을 마련하여 조선왕릉에 대한 관심과 관람 만족도를 높이는 이벤트를 구상할 수 있다. 더불어 오랜 시간 관리된 조선왕릉의 건강한 숲을 '역사경관림'이라는 개념에서 식생 경관으로 확장하여 이해하는 접근도 필요하다. 건원릉의 소나무숲, 건릉의 참나무숲, 헌인릉의 오리나무숲, 광릉의 전나무숲과 같이 매력적인 숲을 가진 조선왕릉이 있다. 역사문화자원을 경관적으로 활용하는 것은 지속가능성 확보에도 유리할 것이다.

살펴본 바와 같이 문화재 공간의 활용 프로그램 구상이 중요한 영역이 되었다. 지역에 산재한 매력적인 향토유산 발굴, 역사 문화 콘텐츠 개발, 흥미 있는 스토리텔링, 진정성 있는 체험을 돕는 정보 안내 시스템 등은 조경의 업역이다.

역사를 선도하며 새롭게 다가서는 창조적 작업

전통조경의 대상에는 진중한 태도를 요구하는 문화재 공간 외에 전통적 분위기로 현대 공간을 조성하는 디자인 프로젝트가 포함된다. 토속적 분위기가 제공하는 편안함은 전통을 테마로 하는 공간의 장점이라 할 수 있다. 하지만 이런 조경 작품들이 전통 요소가 가진 상징성을 놓치고 과도한 장식물로 전락하기도 하고 전통과는 거리가 먼 설계의 오류가 발견되기도 한다. 전통공간에서 느껴지는 친숙한 비율에서 벗어나 변형된 구조물의 디자인, 경제성과 시공성이라는 현실적 여건에 타협함으로써 양산된 디테일의 오류, 기성품으로 제작된 석등과 석물石物의 국적을 알 수 없는 디자인, 다른 문화권 특히 중국과 일본 양식을 우리 전통이라고 오인하는 등 오류의 양상이 다양하다. 이것은 자연이 제공하는 경관에 기대어 창조적 재현이 어려운 우리 전통공간의 속성, 재현의 주체인 설계가의 전문성 부족, 전통미의 표현을 위해 구축된 시공의 기반 부족 등에서 기인한다.

전통을 재현한 작품 중에는 사각형 연못과 전통 정자를 세트로 구성한 경관이 압도적으로 많다. 이는 창덕궁 후원의 부용지와 애련지에서 볼 수 있는 경관이며 다수의 전통공간에서 반복된 것도 사실이지만, 배경이 되는 주변 환경이나 조성 여건을 떼어 놓고 구조물만 복사했다는 비판을 받는다. 과거 그곳에서 이루어진 행태가 배제되고 겉모습만 가져오니 비싼 값을 치른 실외 박물관이 된다. 주어진 부지의 지형적 특성, 주변 경관과 토지이용, 정원의 규모, 투입 가능한 사업비 등 현실적 여건을 고려하면 전통을 재현한 작품이 칭찬받을 수 있는 확률이 낮다.

전통 재현은 어려운 작업이다. 전통공간을 그대로 모방하는 방식의 직설적 재현을 넘어서 대상지의 기능과 여건을 고려하여 재료와 형태 등 디자인의 변용을 접목한 재현까지 다양한 방식으로 접근하기를 제안한다. 전통적 인식과 가치관, 공간 구조, 구성 요소와 같은 모티브를 바탕에 두고 새로운 해석이 보태진 창조적 재현이 필요하다. 원본을 넘어서는 모방 작품을 만들기 어려운 여

2013 순천만 국제정원박람회에 출품된 「어느 선비의 느린 정원」(그람디자인) © 소현수

전남 순천만국가정원 내 한국정원 © 소현수

건에서 창조적 결과물에 대한 선호가 높아질 것이다. 2013년 순천만 국제정원 박람회에서 다양한 전통 재현의 실험이 눈에 띄었다. 경사지를 선택한 「한국 정원」은 궁궐, 별서, 민가 정원을 직설적으로 재현한 완성도 높은 작품이었다. 실내에 전시된 「어느 선비의 느린 정원」이라는 작품은 대나무숲으로 위요된 공간을 설정하고, 한지로 마감한 창호, 들어열개, 대청마루를 형상화한 평상, 연꽃 수조, 그리고 매화나무와 조명을 이용한 달, 선비가 사용했던 문방사우 를 오브제로 사용하여 공간을 새롭게 구성한 참신한 디자인을 보여 주었다. 실 외에 전시된 작품 중에서 전통주거 문화를 대표하는 부엌을 재구성한 「한국의 부뚜막정원」과 시멘트블록 구조물로 정자를 만들어 대나무숲을 내다볼 수 있 도록 만든 「대나무사랑」으로부터 현대인의 선호를 고려한 전통의 추상적·해 체적 재현 가능성을 기대할 수 있었다.

마지막으로 조경사의 역할과 과제를 정리해 보자. 첫째, 역사는 가시적이고 일차원적 효용 이전에 눈에 보이지 않는 가치관이나 철학과 관련된다. 실용 학문인 조경학에서 가치관의 문제를 다루는 것은 조경사의 중요한 역할이다. 환경을 만들고 조정하는 조경가는 다양한 갈등 상황에서 현명하게 대응할 수 있는 올바른 가치관과 태도를 정립해야 한다. 그 답은 역사 속에서 구할 수 있다. 둘째, 시간이 쌓여서 만들어지는 역사는 하나의 공간에 여러 시간의 층을 공존하게 만든다. 따라서 조경가는 시간을 의미 있게 디자인하기 위해서 대상지의 맥락을 읽고 무엇이 중요한 콘텐츠인지 뽑아내야 한다. 셋째, 우리 전통정원을 설명할 수 있어야 한다. 고대 중국에서 시작되어 우리나라와 일본으로 파급된 사상과 문자를 공유한 동일한 문화권에서 형성된 각국 정원의 차별성을 만든 원인이 무엇이며, 물리적 결과물이 서로 어떻게 다른지 파악해야 한다. 우리 것을 제대로 알고 전래된 가치를 바탕으로 창작했을 때 공감을 얻을 수 있다. 이를 위해서 전통경관의 매력을 제대로 전달할 수 있는 기획가이자 디자이너로서 전문적 역량이 필요하다. 용어도 낯설고 개념도 어려운 전통 공부를 짧은 시간에 섭렵할 수 없으므로 꾸준히 관심을 가지고 접해야 한다. 오래된 미래, 전통이 경쟁력이 될 수 있도록!

함께 보면 좋을 자료

강신용·장윤환, 『한국근대 도시공원사』, 대왕사, 2004.

고정희, 『100장면으로 읽는 조경의 역사』, 한숲, 2018.

김영모, 『알기쉬운 전통조경시설사전』, 동녘, 2012.

김학범, 『보고 생각하고 느끼는 우리 명승기행』 1·2, 김영사, 2013·2014.

박은영, 『풍경으로 본 동아시아 정원의 미시적 풍경과 회화적 풍경』, 서해문집, 2017.

신희권, 『문화유산학 개론』, 사회평론아카데미, 2018.

염복규, 『서울의 기원, 경성의 탄생: 1910–1945 도시계획으로 본 경성의 역사』, 이데아, 2016.

이종묵, 『조선의 문화공간』 1~4, 휴머니스트, 2006.

퍼넬러피 홉하우스 지음, 최종희·윤상준·고정희 옮김, 『사진과 그림으로 보는 서양정원사』, 도서출판 대가, 2015.

한국전통조경학회, 『최신 동양조경문화사』, 도서출판 대가, 2016.

한국조경학회 편, 『서양조경사』, 문운당, 2005.

한필원, 『한국의 전통마을을 가다』 1·2, 북로드, 2004.

허균, 『한국의 정원, 선비가 거닐던 세계』, 다른세상, 2002.

1. 아름다운 환경 이데아를 실현하는 조경
2. 조경 고유 영역에서 환경생태의 역할과 적용
3. 융합을 통한 환경생태적 발전
4. 친환경 도시관리를 위한 환경생태계획
5. 조경 발전을 위한 환경생태의 진화

독일 프라이부르크 보봉생태주거단지 © 한봉호

V

조경의 기초인 환경생태와
새로운 영역인 환경생태계획

한봉호

환경생태학은 20세기 후반 산업 발전에 따른 환경오염이 심각해지면서 이를 해결하기 위한 노력으로 생태학 분야에서 발전한 응용학문이다. 환경오염은 자연생태계의 훼손과 변화로 나타나며, 이를 해결하기 위해서는 자연생태계의 구조와 기능에 대하여 과학적인 조사와 분석, 해석이 필요하다. 생태학Ecology은 18세기 독일을 중심으로 자연에 대한 구조와 기능을 과학적으로 연구하는 분야로 시작되었다. 'Ecology'는 eco와 logy의 합성어로 eco는 Oikos(House)에서 나온 말로 '생물이 사는 공간', logy는 logos(Science)로 '과학'을 의미한다. 즉, '생물체가 살아가는 공간을 해석하는 학문'이라는 뜻이다. 그래서 생태학은 생물종과 생물종이 살아가는 서식처의 관계를 연구하는 학문이다. Ecology가 일본에 도입되었을 때 '생태학生態學'으로 명명되었고, 우리나라도 이 용어를 그대로 사용하고 있다. 생태학은 생물학의 한 분야로 시작되었으며, 환경오염과 변화가 자연생태에 미치는 영향과 문제를 해결하기 위한 생태학의 응용 분야로 환경생태학이 시작되었다.

1980년대 후반 환경생태학 과목이 서울시립대학교 조경학과에 설치되면서 도시생태계 훼손에 대한 분석과 복원을 위한 기술 개발이 조경 분야에서도 시작되었다. 환경생태학은 조경 분야에서 자연환경 분석, 조경의 기본 소재인 식물에 대한 이해, 식물식재, 생태공원 조성, 생태 복원, 보호지역과 관리, 도시의 친환경적 관리를 위한 환경생태계획 등의 세부 학문 분야로 그 역할과 기능을 확대하고 있다.

환경생태학의 이해를 위해서는 자연과 인간의 관계를 이해하고, 최근의 지구환경변화에 대처하는 인류의 노력을 연구하여 환경과 조경의 관계를 올바르게 이해하는 것이 필요하다. 유럽에서 시작된 생태학과 조경의 관계를 다루는 경관생태학을 기초로 현재 조경학에서 적용되는 생태학의 역할에 대한 이해가 필요하다. 조경학에서는 환경생태학을 통한 발전의 최종 단계인 친환경적 도시관리계획인 환경생태계획에 대한 이론적 바탕과 계획 수단인 비오톱지도와 세부 계획 내용을 정립하고 있다. 환경생태계획은 생태도시 개념과 계획 요소인 에너지 순환, 물 순환, 생물다양성에 이론적 근거를 두고 있으며, 독일의 생태주거단지와 계획 수단인 'Landschaftsplaung'에 기반하고 있다.

조경의 기초인 환경생태와 새로운 영역인 환경생태계획

1

아름다운 환경 이데아를 실현하는 조경

자연과 인간의 관계 변화와 조경

조경의 최종 목적은 아름다운 경관landscape을 만들고 관리하는 것이다. 경관이라는 용어는 다양한 분야에서 그 의미를 규정하여 사용하고 있지만, 조경 분야에서 사용하는 경관의 의미는 유럽의 경관생태학에서 정의하는 공간이 함유된 개념인 자연공간과 자연에서의 인간 활동으로 발생되는 문화공간이 결합된 공간이라 할 수 있다. 결국 경관은 자연과 자연을 대상으로 활동하는 인간의 문화를 공간화한 것이며, 조경은 자연과 인간이 이용하는 문화적 공간을 다루는 전문 분야라 할 수 있다.

자연을 대하는 인간의 태도 변화를 에르빈 A. 구트킨트Erwin A. Gutkind(1952)는 4단계로 정의하고 있다. 1단계는 자연을 숭배의 대상으로 대하는 것이다(I-Thou). 원시시대에 인간은 자연을 두려움의 대상이자 숭배의 대상으로 여겼다. 이는 자연물을 숭배하는 샤머니즘과 동물을 숭배하는 토테미즘과 같은 원시종교의 형태로 나타났다. 곰을 숭배하는 우리 민족의 건국신화, 땅과 나무 등 자연물에 기원하는 행위, 숲을 숭배한 독일 토이토부르크 숲 신화 등이 그 사례이다.

2단계는 자연을 존중하면서 이용하는 단계이다. 자연의 형태를 유지하면서 인간의 육체적인 에너지만을 사용하여 자연을 이용한 단계로 산업혁명 이전 농경사회의 인간의 활동이라 할 수 있다(I-You). 자연에서 삶의 도구를 구하고, 먹거리를 구하는 행위를 하며 자연과 인간이 직접적인 관계를 유지하는 단계이다.

3단계는 자연을 적극적으로 이용하는 단계로, 18세기 산업혁명 이후 화석연료 등을 이용한 에너지를 적극적으로 활용하여 자연을 과도하게 개발, 그 형태를 파괴하는 단계이다(I-It). 자연은 인간생활을 위한 이용 대상일 뿐이며, 인간은 자연을 다시 돌이킬 수 없는 상태로 변화시킨다. 그러나 과도한 이용과 개발로 인하여 인간의 생활에 피해를 주는 현상도 발생하게 되어 점차 자연의 중요성을 인식하게 된다. 과도한 에너지 사용으로 기후변화가 발생하여 전 지구적으로 재난이 발생하는 현재 우리가 살아가는 사회라 할 수 있다.

4단계는 자연에 대한 중요성을 인식하여 자연을 존중하며 공생하는 단계이다(I-You). 인간은 자연이 주는 혜택을 받으며 살아가며, 자연이 지탱하는 범위에서 자연을 이용하고 자연을 다시 회복하는 기술이 적용되는 시대이다. 생태계서비스, 지속가능한 발전 등의 개념이 실현되는 시기라 할 수 있다.

조경은 자연의 가치와 중요성을 인식하고 자연이 인간에게 주는 혜택, 즉 생태계서비스를 최대화하고 인간이 지구에서 영원히 안정적 삶을 영위할 수 있는 지속가능한 발전을 실현하는 도구이자 기술로써 그 역할을 하는 전문 분야라 할 수 있다. 즉, 조경은 인간이 안전하고 아름다운 환경에서 삶을 영위하게 하는 이데아를 실현하는 학문이다.

환경변화에 적응하기 위한 조경의 환경생태적 노력

46억 년 전 지구가 탄생한 이래로 18세기 산업혁명 이전까지 지구의 환경은 비교적 자연의 원리에 따라 순환하고 변화하였다. 그러다 인간은 과학이라는 학문적 도구를 바탕으로 자연에 대한 해석 능력이 발전하면서 석탄, 석유 등 화석연료를 에너지로 사용하기 시작하였다. 화석연료의 사용은 이산화탄소를 다량 배출하였고 20세기에 이르러 대기오염과 함께 심각한 지구대기변화를 가져왔다. 이산화탄소 등 온실가스가 증가하면서 온실효과에 의한 지구온난화가 진행되어 지구온도가 상승하는 결과를 초래하였고, 지구에 기후변화현상이 발생하여 생태계에 이상이 생기기 시작하였으며, 홍수, 가뭄, 이상 기온 등으로 인간생활에도 그 피해가 발생하고 있다.

이러한 문제를 심각하게 인식한 국제사회는 1992년 브라질 리우데자네이루에서 개최된 유엔환경개발회의에서 지구환경변화에 대한 논의를 하였고, 그 결과 '환경적으로 건전하고 지속가능한 발전ESSD: Environmentally Sound & Sustainable Development'이라는 개념을 선포하고 기후변화에 대한 대책으로 기후변화협약UNFCCC: United Nations Framework Convention on Climate Change, 생물다양성협약CBD: Convention on Biological Diversity, 사막화방지협약UNCCD: United Nations Convention to Combat Desertification의 3대 국제협약을 출범시켰으며 이를 실행하기 위한 당사국회의 COP: Conference of the Parties를 시작하였다.

1998년 기후변화협약에서는 교토의정서를 채택하여 각 국가의 이산화탄소 배출량 규제를 약속하였고, 2015년 파리기후변화협약에서는 지구 온도 상승 폭을 1.5℃ 이하로 유지하기 위한 구체적 내용들에 대한 이행을 약속하였다. 우리나라에서도 기후변화에 대한 구체적 노력을 시행하고 있다. 우선 기후변화에 따른 생태계 변화에 대한 연구를 시작하여 산림청에서는 지구 온도 상승에 따른 한반도 식물생태계 변화로 상록활엽수의 북상과 소나무의 감소 등에 대한 식생 변화 예측 모델을 실행하여 이에 대한 대응 방안을 모색하고 있으며, 우리나라 각 기업과 지방정부에 탄소 상쇄 숲 조성을 권고하고 있다. 환경부에서는 각 기업에 이산화탄소 배출량 감소를 위한 계획을 수립하게 하고 있다. 설악산국립공원과 지리산국립공원 등 산악형 국립공원에 희귀한 아고산 식물의 멸종에 대한 모니터링 등을 실시하고 있다. 또한 농업 분야에서는 기후변화를 예측하여 과수의 적정 재배지 변화를 연구하고 있는데, 실제로 우리나라 각종 과수의 재배지가 점차 북상하고 있다.

생물다양성협약에서는 지구상의 중요한 생태계를 보전하기 위하여 각국의 이행계획들을 의무적으로 수립하여 국가생물다양성 보전계획을 수립하고 있다. 특히 2010년 일본 나고야에서 개최된 당사국 총회에서 사토야마里山 개념이 도입되어 도시생태계 보존의 중요성이 부각되었고, 생산의 터인 논의 생물다양성 기능이 인정되어 논 습지라는 새로운 개념과 전통적인 논 경작이 생물다양성 확보에 중요하다는 것을 도출하였다.

　기후변화에 따른 환경변화의 중요한 원인은 경제활동에 따른 이산화탄소 배출 증가와 도시 개발 등에 의한 과도한 생태계 훼손이다. 지구상에서 이산화탄소를 흡수할 수 있는 것은 식물이며, 생태계를 구성하고 있는 기반은 식물생태계이다. 조경 분야에서 중요하게 다루는 재료가 바로 식물이며, 조경을 하는 행위를 광범위한 개념으로 보면 식물생태계를 만들어 가는 과정이라 할 수 있다. 조경 분야에서도 기후변화 대응, 생물다양성 확보에 적극 참여하여 도시숲 조성과 관리, 생태계 보전과 관리, 생태 복원 등에 대한 적극적인 노력이 필요하다.

2

조경 고유 영역에서 환경생태의 역할과 적용

조경에서 경관의 의미와 경관분석 도구로서의 환경생태

조경 분야에서 환경생태의 역할은 유럽에서 시작된 경관생태학Landscape Ecology 의 개념에서 도출된다. 경관생태학에서의 경관은 자연공간과 인간 활동의 산 물인 문화공간이 결합된 것이며, 자연공간은 땅의 공간과 생물의 공간이 결합 된 개념이다. 그중 생물을 위한 공간을 이해하는 것이 경관생태학의 기초이다. 조경에서 생태학은 생물종과 그 생물종이 살아가는 환경과의 관계를 연구하 는 과학으로 경관을 과학적으로 해석하는 역할을 한다.

조경 소재인 식물과 환경생태적 적용

조경에서 다루는 중요한 소재는 식물이다. 조경에서는 녹지공간에 식물을 식 재하고 관리한다. 식물을 적정하게 식재하고 관리하기 위해서는 식물의 생태 적 특성, 형태적 특성을 정확하게 이해하는 것이 기본이다. 식물의 생태적 특 성은 기후적인 적정 생육지(위도, 수평적 식생대와 해발고, 수직적 식생대), 토양조건 (토양습도, 토심), 광조건(양지, 음지), 지형조건(경사), 다른 식물과의 관계(생태적 지 위) 등을 이해해야 하며, 식물이 식재되는 대상지의 환경조건을 정확히 분석해 야 한다. 이러한 과학적 지식은 환경생태 분야 지식이 필요하다.

환경생태와 전통조경의 물리적 결합

우리나라 전통조경 연구는 산수경관을 감상하는 구곡九曲, 팔경八景과 궁궐, 왕릉, 별서 등의 정원을 주로 다루고 있다. 구곡과 팔경은 지형구조와 식생이

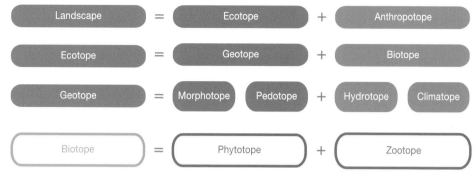

경관생태학에서의 경관 개념도

아름다운 곳에 경영하였으므로 이를 제대로 알기 위해서는 자연경관에 대한 이해가 필요하다. 또한 전통정원을 연구하기 위해서는 그 입지가 중요하므로 지형에 대한 해석이 중요하고, 사상적 개념과 자생성이 있는 전통식물에 대한 이해가 필수이므로 환경생태적 지식이 필요하며, 바로 적용이 가능하다. 우리 나라 전통지리학인 풍수지리학과 이중환의『택리지』가 전통조경과 환경생태 학을 연계할 수 있는 학문이라 할 수 있다.

환경생태와 디자인의 화학적 결합

조경에서 디자인(기본계획 및 설계)은 계획을 공간에 실현하기 위한 방법이자 도구이다. 조경공간의 디자인은 각 세부 공간의 목표와 개념을 결정하고 구체적인 시설과 식물을 배치하며, 각 공간을 이용하는 이용자들의 동선을 효과적으로 연결하는 공간을 디자인하는 것이다. 공간의 배치와 이를 연결하는 동선의 연결은 표면적으로는 기능적이고 미적인 고려가 중요하지만 이용이라는 관점에서 살펴보면 공간 개념의 유기적 배치와 연결, 최소한의 에너지 소비에 의한 연결이라는 공간 과학의 원리가 포함되어 있어야 이용의 최대성과 효율성을 높일 수 있다. 공간의 유기적 배치와 동선의 연결은 과학적 원리 적용이 필요하며, 여기에 환경생태적 지식 적용이 가능할 것이다. 전통공간의 생태적 관리, 생태공원 조성, 식재 계획, 유지관리를 위해서는 환경생태 지식과 디자인의 화학적 결합이 필요하다. 최근 다양한 분야에서 에코디자인이라는 용어를 사용하여 생태 지식을 통한 디자인 기법들을 적용하고 있다.

아름다운 경관과 생태적 자연 회복을 위한 식물식재

인간이 식물을 이용하기 시작한 것은 인류가 지구에 등장하면서부터이며, 기원전 370년에 테오프라스토스가 약 500종의 식물 종류를 모아 기록한 것이 식물 관련 연구의 시초이다.

인류는 선사시대에 식물의 열매, 뿌리, 잎 등을 식용으로 이용하였으며, 나무를 집을 짓는 데 사용하였다. 고대부터는 식물을 약재로 사용하기 시작하였으며, 중세 이후에는 식물의 미적인 면을 이용하여 정원을 조성하였고, 현대에는 이외에 휴식 및 치유, 환경 개선 목적에 이용하고 있다. 조경 분야에서 식물을 본격적으로 이용한 것은 중세시대에 정원을 조성하면서부터라고 할 수 있다.

조경식물은 인간 생활환경의 미적·기능적 목적과 생태적 균형을 달성하기 위하여 이용되는 식물을 말하며, 정원과 공원의 경관적 이용, 생태 복원과 같은 환경생태적 이용, 치유와 휴식 목적의 이용, 이산화탄소 흡수 등 도시환경 개선에 이용 등 다양한 용도로 활용되고 있다. 지구상에 존재하는 약 50만 종의 식물 중 조경 분야에서 이용하는 식물은 우리나라는 약 600종, 유럽은 약 73,000종이다. 유럽에서 많은 종이 이용되는 것은 대항해시대에 신대륙에서, 제국주의시대에 식민지 등에서 식물전문가들이 다양한 식물을 수집해 왔기 때문이다.

조경식물의 식재 양식은 시대와 지역에 따라 다양하게 표현되어 왔으나 조경공간의 양식에 따라 크게 정형식과 자연식(자연풍경식)으로 나눌 수 있다. 정형식은 주로 전통적으로 유럽에서 식재한 양식이며, 자연식은 주로 한국, 중국, 일본 동아시아 3국과 18세기 영국에서 주로 사용한 양식이다.

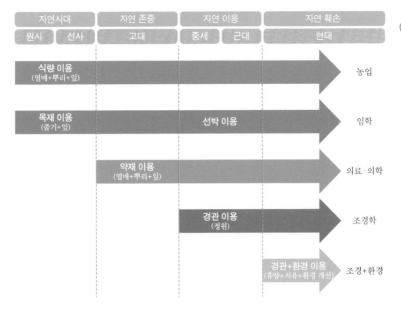

인간의 식물의 이용 변화
(출처: 애너 파보르드 지음,
구계원 옮김, 『2천년 식물
탐구의 역사』, 글항아리,
2011)

자연시대	자연 존중	자연 이용	자연 훼손
원시 · 선사	고대	중세 · 근대	현대

식량 이용
(열매+뿌리+잎) → 농업

목재 이용
(줄기+잎) **선박 이용** → 임학

약재 이용
(열매+뿌리+잎) → 의료 · 의학

경관 이용
(정원) → 조경학

경관+환경 이용
(휴양+치유+환경 개선) 조경+환경

현재 우리나라에서는 식재 양식을 정형식과 자연식, 정형식을 자유 형태로 변형한 자유식으로 구분하고 있다. 정형식은 시각적으로 강한 축선을 기본으로 질서, 균형, 대칭 등의 형태를 이루는 식재 형태로 표본식재, 대칭식재, 열식재, 교호식재, 집단식재의 세부 형태로 나눌 수 있다. 이 중 집단식재는 광장 등 넓은 공간에 열식재를 반복하여 피복하는 형태이다. 자유식은 공간의 구조나 설계의 필요에 따라 정형적인 도형모양을 기초로 자유롭게 형태를 구성하는 것으로 원형, 나선형 등이 있다. 자연식 혹은 자연풍경식은 부등변삼각형식재, 부등변삼각형을 기본 단위로 하여 이를 확대하는 임의식재, 넓은 숲을 만드는 군식재, 군식재와 유사하나 생태적 식재 개념인 자생종과 다층구조를 형성한 군락식재 형태가 있다.

녹지공간에 따라 다양한 식재 기법이 활용될 수 있는데, 경관식재, 녹음식재, 완충식재 기법이 있다. 경관식재 기법은 시각적으로 아름다운 경관을 연출하기 위한 공간에 적용하는 기법으로 자연숲의 모습을 기본으로 하면서 식물이 가지는 미적 요소인 수형, 꽃, 열매, 단풍 등이 아름다운 식물을 이용하여 경관을 연출하는 기법이며, 때로는 정형적인 경관을 연출하기도 한다. 완충식재는 도로, 공장지대 등 상충되는 공간이나 행위 사이에서 서로의 영향을 차단혹은 저감하기 위하여 적용하는 기법으로 줄기와 가지, 잎이 치밀한 식물을 이용하여 불투과성이 높은 수림대를 조성하는 기법이다. 녹음식재는 이용자들에게 휴식과 위락을 제공하기 위한 기법으로 공원 등 이용성이 높은 공간에 수관 폭이 넓고, 지하고가 높은 식물을 넓게 식재하는 기법이다.

자연은 조경식재의 모델: 생태적 식재 기법인 군락식재

식재는 식물이 살아가는 모습을 인위적으로 만들어 가는 과정이다. 식물이 가장 잘 살아가는 모습은 자연에서 환경에 대한 생태적 지위를 유지하면서 군락을 형성하여 살아가는 것이다. 식재 이후 최소한의 관리를 위해서는 이러한 생태적 군락을 형성하는 것이 가장 바람직하다. 최근 인공적인 도시공간에서 자연을 보고자 하는 욕구가 늘어나면서 생태숲 조성, 훼손된 자연생태계를 복원하는 등 생태적 식재에 대한 요구가 증가하고 있다.

생태적 공간 조성을 위한 군락식재 기법은 주로 일본에서 시행되었다. 일본에서 적용하는 군락식재 기법은 보통식재, 모델식재, 보통이식, 군락이식 등이다. 보통식재는 복원하고자 하는 식물군락 종 조성 및 구조를 기존 연구 자료에 따라 일반적인 구조를 실시 설계 도면에 표현하고 식재하는 기법이다. 모델식재는 복원하고자 하는 목표군락과 동일한 군락을 찾아 식생구조를 조사하여 동일한 수종과 규격, 배식을 하여 식재한 기법이다. 보통이식은 개발지역에서 훼손되는 수목을 활용하여 보통식재하는 기법이며, 군락이식은 자연성이 우수한 지역의 희귀한 식생이 불가피하게 훼손될 경우에 식재 기반인 토양과 식물군락 전체를 이식하여 단기간에 군락을 형성하는 기법이다.

우리나라에서는 보통이식을 통한 보통식재 기법을 주로 적용하였으나, 자연식생경관을 형성하지 못하는 등 문제가 발생하여 최근에는 모델식재와 군락이식 방법을 적용하기 시작하였다. 특히 도시개발지역에서 자연성이 우수한 식생군락이 훼손되는 곳이 발생할 경우 환경영향평가에서 영향 저감 조치로 주로 활용되고 있다. 용인동백택지개발지구를 시작으로 김포장기택지개발지구, 화성택지개발지구에 적용되어 도심에 아름다운 자연식생군락이 형성되어 있다.

모델식재와 군락이식 기법은 환경생태 분야와 조경식재 분야가 융합된 기술이라 할 수 있으며, 생태적 복원에서 유용하게 적용될 수 있다.

융합을 통한 환경생태적 발전

자연 회복을 위한 생태적 보존 관리와 복원

환경생태 분야에서 조경의 중요한 역할은 보호지역의 공간을 관리하는 것이다. 보호지역은 생물학적 개념과 공간적 개념에 대한 이해가 모두 필요한 곳으로, 이를 다룰 수 있는 분야는 생태학적 지식과 공간에 대한 이해를 가진 조경이라고 할 수 있다.

국제자연보호연맹IUCN: International Union for Conservation of Nature and Natural Resources은 "보호지역은 법률 또는 기타 효과적인 수단을 통해 생태계서비스와 문화적 가치를 포함한 자연의 장기적 보전을 위하여 지정, 인지, 관리되는 지리적으로 한정된 공간을 의미한다"고 밝히고 있다. 보호지역의 관리 목적은 자연 보전 측면에서는 생물다양성(유전자다양성, 종다양성, 생태계다양성), 지질다양성, 지형 및 넓은 의미의 자연적 가치를 관리하고, 자연 보전의 근본적인 목적에 반하지 않는 생태계서비스(조절서비스, 공급서비스, 문화서비스)와 자연을 해치지 않는 문화적 가치를 관리하는 것이다.

보호지역 관리는 자연의 생물다양성을 유지하면서 자연이 인간에게 주는 생태계서비스를 최대화하고 자연을 이용함에 있어서 문화적 가치를 향상시키는 것으로, 생물다양성과 인간의 이용 균형을 조절하는 공간 관리이다. 보호지역은 국가의 생물다양성을 확보하는 공간으로, 1992년 브라질 리우데자네이루에서 열린 유엔환경개발회의 이후 생물다양성협약이라는 국제 협약을 통하여 전 지구적으로 관리하고 있다. 생물다양성협약에서 목표로 하는 국가별 보호지역 면적을 2020년까지 육상·담수생태계 17%, 연안·해양생태계 10%로 지정 관리할 것을 권고하고 있다.

우리나라는 육상생태계 13.6%, 해양생태계 8.1%를 지정 관리하고 있다. 국내 법적보호지역은 환경부에서 관리하는 국립공원 등 자연공원, 지질공원, 생태경관보전지역, 습지보호지역 등 10개 유형, 국토해양부에서 관리하는 해양생태계보호구역 등 3개 유형, 문화재청에서 관리하는 천연기념물과 천연보호구역 등 2개 유형, 산림청에서 관리하는 백두대간보호지역 등 2개 유형으로 총 1,644개소를 지정 관리하고 있다. 국제 보호지역으로는 인간과 생물권 계획 MAB; Man and Bioshere Programme에 따라 지정된 보호구역인 생물권보전지역, 세계자연유산, 람사르습지, 세계지질공원의 4개 유형 25개소를 지정 관리하고 있으며, 점차 지정 면적을 확대해 나가고 있다. 환경부 산하 국립공원공단이 이 보호지역들을 주로 관리하고 있다. 보호지역의 관리와 관련이 깊은 조경 분야는 환경생태이다.

환경변화와 각종 개발 행위에 의하여 직간접적으로 생태계의 변화 또는 훼손이 가중되고 있다. 기후변화, 대기와 수질 오염, 산성비, 황사, 미세먼지 및 토지이용을 위한 각종 개발로 발생한 생태계의 변화는 산림 피해와 훼손, 하천을 포함한 호소湖沼생태계 파괴, 농업생산성 저하, 갯벌 면적 감소, 생태계와 서식지의 단절 등으로 나타나고 있다. 이러한 생태계의 변화는 자연재해 발생을 유발하고 국가적 자원의 손실로 연결된다.

전 지구적 차원의 생물다양성 보존의 중요성이 인식되면서 훼손된 생태 복원의 중요성 또한 부각되고 있다. 생태 복원이란 훼손된 생태계 시스템을 치유할 목적으로 생태계 구조와 기능을 회복시키는 것을 의미하며, 복원과 관련되어 사용하는 용어는 정도와 방향에 따라 다양하다. 사전적 의미로 '복원 Restoration'은 훼손되지 않은 온전한 상태로 되돌리는 것이며, '회복Rehabilitation'은 완전한 복원의 어느 중간 단계의 상태로 되돌리는 것으로 과정의 의미가 있다. '재생Reclamation', '대체replacement', '복구recovery'는 원상태로 되돌리기보다는 유사한 변형된 형태로 만들거나 조성하는 것을 의미한다. '저감Mitigation'은 훼손되

생태 복원 용어와 개념

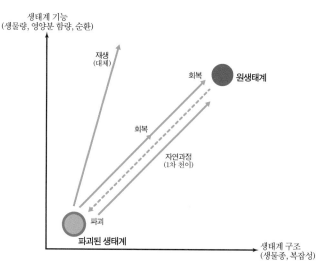

는 정도를 진정시켜 훼손을 완화하는 것을 의미한다.

생태 복원에서 우리가 목표로 하는 것은 구조와 기능을 완전한 상태로 돌리는 '복원'이지만, 원형에 대한 해석과 시간에 대한 한계로 인하여 현재 우리가 하고 있는 복원은 '회복'과 '재생'의 의미가 적당하다고 할 수 있다.

생태 복원은 일정 공간에 자연을 회복시키는 것으로 그 과정은 다음과 같다. 첫 번째는 훼손된 생태계의 원형을 분석해야 한다. 지역의 기후조건, 지형조건, 지질구조와 남아 있는 식생 등을 검토하고 환경적으로 가장 유사한 지역의 식생구조를 파악하고 이를 비교 검토하여 잠재자연식생을 도출하는 것이다. 잠재자연식생은 지역이 훼손되지 않았을 경우 가장 잘 발달할 수 있는 식생을 의미한다. 두 번째는 잠재자연식생을 고려하여 목표로 하는 식생군락을 설정하며, 목표 식생군락이 안전하게 생육할 수 있는 기반을 조성한다. 세 번째는 목표로 하는 식생군락을 초기 모습으로 조성하고 모니터링을 실시한다. 네 번째는 모니터링 결과와 목표 식생군락을 비교하여 관리를 실행하며 시간에 따라 목표 단계에 이르도록 관리한다. 또한 시간 변화에 따라 생태계의 기능인 생물다양성이 향상되는지를 검토한다.

이러한 생태 복원 사업 중 대표적으로 진행되는 것이 생물이동통로(생태통로, 에코브리지 등) 조성 사업이다. 국가적으로는 국립공원, 백두대간 등 산림보호지역 중 도로에 의하여 생태계가 단절된 지역을 연결하는 사업이 시행되고 있다. 서울시는 시 전체의 산림단절지역을 파악하여 이를 연결하는 사업을 시행하고 있으며, 인천시는 한남정맥이 통과하는 S자 녹지축을 연결하는 사업을 시행하고 있다. 생물이동통로를 조성하기 위해서는 도로관리 부서와 토목공학과 환경생태 분야가 협력해야 한다. 또한 전체 공정은 조경시공 공정과 일치해야 한다. 환경생태 분야와 도로관리, 토목, 조경 설계와 시공, 관리 과정이 융합되어야 가능한 것이다.

생태공원 조성과 자연교육: 생태공원 계획과 관리

생태공원Ecological Park이라는 용어는 1973년 루이스 G. 르로이Louis G. Le Roy의 저서 『Natuur uitschakelen, natuur inschakelen』의 생태정원Ecological Garden 개념으로부터 출발하여 1980년 우르스 슈바르츠Urs Schwarz가 『Der Natur garten』에서 사용함으로써 보편화되었다.

1952년 네덜란드에서 학생들에게 자연을 이해시키고자 하는 목적으로 조성한 것을 생태공원의 시초로 본다. 이후 주요 도시공원에 대표적인 자연경관들을 조성하고 그 경관들이 자연조건을 갖추어 각각의 고유한 생태적 환경을 유지할 수 있도록 관리하여 사계절 내내 생태학자들이 학생들에게 자연생태계 교육을 실시하였다.

실제적인 세계 최초의 생태공원은 1977년 영국의 생태공원협회The Ecological Parks Trust가 런던 템스강의 타워브리지Tower Bridge 인근 약 2ac 면적의 공원을 변형하여 조성한 윌리엄 커티스 생태공원William Curtis Ecological Park이다. 도시생태학에 관한 좀 더 진보된 지식을 얻고 시민에 대한 환경교육을 촉진하는 것을 목적으로 하여 조성되었다. 이 공원은 자원봉사자들에 의하여 조성, 운영, 관리되었으며, 자원봉사자들이 모니터링하였다. 그러나 1985년에 토지소유주가 화물차 정거장으로 개발함에 따라 생태공원은 폐쇄되었다.

생태공원 개념은 1980년대 이후에는 일본과 독일로 확대되어 도시에 야생 조류, 습지, 곤충 등 자연생태계를 주제로 한 공원이 조성되었다. 도시 내 생태공원들은 자연교육프로그램의 일환으로 자연관찰센터 및 자연관찰로를 조성하여 부대시설로 생태해설판, 식물 팻말 등도 만들었으며, 안내책자, 팸플릿, 리플릿 등을 제작하여 자연관찰프로그램을 운영하고 있다.

이처럼 생태공원은 도심 내 생태계를 주제로 조성하고 이용하는 주제공원으로, 자연생태계가 거의 없는 도심에서 생물서식처를 보전·복원하고 이를 주제로 자연생태교육, 자연관찰 및 체험 프로그램을 운영하여 어린이는 물론 성인들에게 자연생태교육을 실시한다. 아울러 조성 후에는 자연자원을 모니터링하여 생태적 원리로 관리하며, 전문 관리시스템에 의해 자원봉사자를 모집하여 교육하고 지속적인 모니터링을 통해 자연관찰프로그램을 개발하고 관리해야 한다.

우리나라에는 서울시에서 1995년 길동생태공원 기본계획을 수립하면서 처음 생태공원 개념이 도입되었다. 1997년에 서울 도심에 최초로 여의도샛강생태공원이 조성되었으며, 1999년에 길동생태공원, 2002년에 강서습지생태공원, 2003년에는 우면산자연생태공원이 조성되었다. 특히 2000년 이후에는 환경부와 지방정부의 지원으로 다양한 생태공원이 조성되고 있다. 이처럼 우리나라에서는 생태공원이 도시 내 주제공원일 뿐만 아니라 지방의 자연성이 양호한 지역을 대상으로 이를 보존하면서 공원화하는 방향으로 변화되고 있다. 우리나라 도시생태공원은 주로 서울에 조성되어 있으며, 지방에 조성된 생태공원은 주로 자연성이 양호한 지역에 조성되고 있는 것이 특징이다.

생태공원 조성계획은 조경에서 공원을 조성하는 기본계획 체계와 동일하게 진행된다. 가장 먼저 계획 여건 분석이 이루어지며, 종합분석 및 잠재성을 파악하고 대상 생태공원의 특성에 따라 대안으로 사례 대상지를 분석하여 개념 도입 구상이 이루어진다. 기본개념에 따라 기본방향 및 구상이 이루어지고 마지막으로 기본계획이 수립된다. 이후의 계획 내용으로는 실시 설계와 시공 단계로 연결된다.

생태공원에서는 현황 조사가 매우 중요하다. 이 조사 내용은 조성 대상지의 기본계획을 위한 여건 조사로 현장 현황 및 복원 사례 대상지의 조사 분석이 정밀하게 이루어져야 한다. 대상지 현황 조사 분석 항목은 자연환경분석, 자연생태계분석, 인문환경분석으로 구분된다. 자연환경분석은 기후 및 기상, 지형 및 지질, 경관을 분석하며, 자연생태계분석은 식물생태계, 동물생태계를 분석한다. 인문환경분석은 토지이용 현황, 역사문화 현황, 주변 도시의 인구구조, 지역주민의식, 교통 및 접근 체계, 주변 지역 공원녹지 및 유사 관련 시설, 관련 법제를 조사 분석한다.

복원 사례 대상지 조사 분석에서는 공원 대상지의 생태계 현황을 조사하여 과거 원자연생태계 현황을 추론하는데, 대상지 내 자연생태계가 유지되고 있는 지역은 대상지 내에서 도출하며, 대상지의 자연생태계가 훼손된 경우에는 사례 대상지를 찾아 자연생태계 구조를 조사 분석한다. 현황 조사와 분석이 완료되면 기본계획을 수립한다.

생태공원의 기본시설물은 자연관찰시설, 안내시설, 조경시설, 편익 및 공급시설, 기타 학습자료로 구분할 수 있다. 이 중 자연관찰시설과 기타 학습자료가 중요하고 조성 시 전문성이 요구된다. 자연관찰시설은 탐방객 안내소, 생태해설판, 각종 동·식물 표찰, 야생조류관찰대, 간이관찰센터 등으로, 특히 탐방객 안내소는 전시자료와 프로그램이 중요하다. 기타 학습자료는 안내책자로 팸플릿과 리플릿이 있으며, 각종 도감류와 보다 자세한 관찰을 유도하기 위한 쌍안경 등이 필요하다.

생태공원 관리에서 무엇보다 중요한 것은 모니터링 제도의 활용으로 주로 모니터링 자료에 의하여 공원관리계획이 수립된다. 생태공원의 모니터링 방법은 주 1일 휴원을 하고, 협력기관과 자원활동가를 연계하여 모니터링을 실시한다. 서울 월드컵공원의 경우 매년 생태 분야별 전문가와 공원관리자가 협력하여 모니터링하고 공원관리계획에 반영하는 시스템을 통하여 공원을 합리적으로 운영하고 있으며, 보다 질 좋은 생태 관련 정보를 공원 이용객들에게 제공하여 호응을 얻고 있다. 매년 모니터링 결과를 책자로 발간하고 자연관찰 프로그램과 매년 관리계획에 반영하며 탐방객 안내소 전시 내용에 활용하는 것이 필요하다.

이상에서 제시한 것과 같이 도시생태공원 관리를 위해서는 목표가 되는 생물서식처를 유지하기 위한 방해극상 관리, 지속적인 자료 축적에 의한 생태해설판 개선과 탐방객 안내소 전시 내용 개선, 자원봉사자제도의 도입과 전문가의 참여 유도, 전문가와 자원봉사자 및 공원관리자가 함께하는 모니터링과 이를 반영하여 공원관리계획을 수립하는 등 다양한 노력을 해야 한다. 그리고 이러한 내용들이 다른 도시공원 관리와 차별되는 점이라 할 수 있다.

4

친환경 도시관리를 위한 환경생태계획

친환경 도시관리의 지향점, 생태도시

산업혁명 이후 산업화가 진행되면서 도시는 인구가 집중되고 화석연료를 이용한 과도한 에너지를 소비하는 구조로 변화하였다. 과도한 에너지 사용으로 대기오염, 수질오염 등 환경문제가 발생하였고 1970년대에 들어서면서 유럽의 도시들은 환경문제 해결을 위해 다양한 시도를 하고 있다. 전원도시, 녹색도시, 에코폴리스 등 환경에 대한 대안도시 개념이 등장하였고, 그 대표적인 것이 생태도시이다.

생태도시는 환경에 대한 종합적이고 이상적인 대안도시 개념이다. 도시를 생명체로 인식하고 도시의 시스템이 유기체가 살아가는 생태계의 원리인 다양성, 자립성, 순환성, 안정성이 유지되는 이상도시를 지향한다. 도시 활동과 공간 구조는 자연생태계가 보존되고, 에너지를 최소한으로 사용하며, 물 순환 체계가 확립되어 환경적으로 완전한 도시 시스템을 구축하는 것이다. 궁극적으로 인간과 자연이 공존하는 지속가능한 도시 개념이라 할 수 있다. 환경적으로 완전한 생태도시를 이룰 수는 없지만 현재 우리가 살아가는 도시에서 자연을 보존하여 생물다양성을 확보하고 에너지소비를 최소화하며 물이 순환할 수 있는 구조를 만들어 가는 노력은 가능하다. 도시가 앞에서 제시한 에너지, 물 순환, 생물다양성의 3개 요소에 대한 노력을 하고 있다면 생태도시를 지향한다고 할 수 있다. 그리고 이 3개 요소를 기준으로 생태도시를 지향하는 여러 도시들의 지향 정도를 비교하고 평가하는 것이 가능하다.

생태도시 개념이 등장하면서 같이 등장한 개념이 도시생태계 개념이다. 생

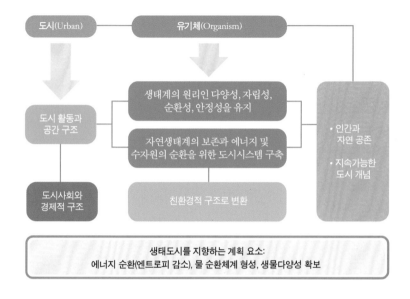

생태도시 개념과
계획 요소

도시(Urban) → 유기체(Organism)

도시 활동과 공간 구조

생태계의 원리인 다양성, 자립성, 순환성, 안정성을 유지

자연생태계의 보존과 에너지 및 수자원의 순환을 위한 도시시스템 구축

• 인간과 자연 공존

• 지속가능한 도시 개념

도시사회와 경제적 구조

친환경적 구조로 변환

생태도시를 지향하는 계획 요소:
에너지 순환(엔트로피 감소), 물 순환체계 형성, 생물다양성 확보

태계는 자연생태계를 주로 의미하였으나, 도시도 생태적인 관점으로 이해하고 도시를 생태적으로 안정된 공간으로 관리하는 것이 도시환경문제를 해결할 수 있다는 관점에서 시작되었다. 도시생태계는 자연생태계와는 다른 구조를 형성한다. 자연생태계는 생산자가 태양으로부터 에너지를 받고 생산자가 생산한 유기물을 초식동물인 1차 소비자가 소비하고 1차 소비자를 육식동물인 2차 소비자가 소비하고 2차 소비자를 그 이상 최상위 소비자가 소비하는 먹이사슬이 연결되어 에너지는 생산자에서 소비자로 흐르며, 분해자에 의하여 순환된다. 각 먹이사슬 단계별 양은 1차 소비자가 가장 많으며, 고차소비자로 갈수록 양이 줄어드는 구조를 형성하여 지속가능한 먹이피라미드 구조를 형성한다. 반면 도시생태계는 인공적으로 만들어진 구조로 생산자의 규모가 작으며, 1차 소비자, 2차 소비자를 형성하는 인간의 규모가 커서 자체 생산자가 생산하는 유기물로는 소비자가 필요로 하는 에너지를 충족하지 못하여 외부로부터 에너지를 유입해야 유지가 가능한 구조이다. 외부로부터 유입되는 에

너지 형태는 화석연료와 먹거리 등이 해당되며, 분해자도 부족하여 소비된 에너지를 순환시키지 못하여 엔트로피가 증가하고 폐기물이 남게 된다. 결국 순환성이 없으며, 지속가능하지 않은 구조라 할 수 있다.

생태도시의 계획 요소인 에너지, 물 순환, 생물다양성과 도시생태계의 문제점을 연결하면, 도시는 과도한 에너지 사용으로 쓸모없는 엔트로피를 증가시키며, 인공 포장으로 불투수포장률을 높여 물 순환이 차단되고, 자연 훼손으로 생물다양성이 감소하는 문제를 발생시키는 불안정한 생태계를 형성한다.

생태도시를 위한 환경생태계획과 비오톱 지도

도시생태계의 문제점을 해결하고 생태도시를 지향하는 도시관리를 위한 계획을 수립하고자 하는 계획기법이 환경생태계획이다. 환경생태계획은 1960년대 도시의 환경문제가 인간의 활동에 직접적인 영향을 준다는 것을 인식하고 이를 해결하려는 계획기법이다. 환경생태계획을 학술적·제도적으로 실현한 것이 독일의 환경생태계획^{Landschafts Regelung}이다. 독일의 환경생태계획은 도시공간에 대하여 비오톱 지도를 작성하고 평가한 후 환경생태계획을 구상하고 환경생태계획 구상 내용과 도시관리계획 구상 조정 과정을 거친 후 조정 내용을 각 계획에 반영하여 최종적으로 환경생태계획과 도시관리계획 내용을 결정하는 과정으로 진행된다.

환경생태계획 내용은 다음과 같다. 첫째, 생태적으로 우수한 지역을 보존한다. 둘째, 도시의 생태적 공간을 연결하고 네트워크를 실현한다. 셋째, 생태적으로 중요한 지역에서 훼손된 지역과 비오톱을 복원한다. 넷째, 도시민의 휴양공간(공원과 녹지)을 확보하고 배치한다. 다섯째, 오염지역 등 도시환경을 개선하는 방안을 수립한다. 여섯째, 도시경관 개선 방안을 수립한다.

환경생태계획을 수립하기 위한 기초자료가 '비오톱^{Biotope} 지도(우리나라에서는 '도시생태현황도'로 칭한다)'이다. 독일은 「연방자연보호법」(우리나라의 「자연환경보전법」에 해당한다)에 각 행정도시는 비오톱 지도를 작성하고 환경생태계획

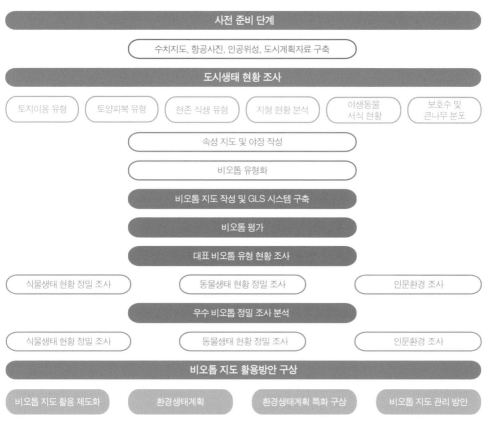

비오톱 지도(도시생태 현황도) 작성 체계와 내용

을 수립할 것을 규정하고 있다. 비오톱 개념은 1908년 독일 생물학자 프리드리히 달Friedrich Dahl에 의해 최초로 정립되었으며, 생물군집과 생물이 살아가는 물리적 공간을 의미한다. 그 어원은 그리스어로 '생활·생물'이라는 Bios와 '장소·공간'이라는 Topos의 합성어이다.

비오톱은 공간을 의미하는 용어이므로 공간을 표현하는 방법인 지도로 표현할 수 있다. 최초의 비오톱 지도는 독일에서 작성하였다. 1976년 독일의 「연방자연보호법」에서 도시와 정주지역의 비오톱 지도화를 규정하면서 시행되었고, 현재 독일 전 도시는 비오톱 지도를 작성하여 환경생태계획과 도시관리에 활용하고 있다. 우리나라의 경우, 1998년 서울시에서 비오톱 지도를 작성한 것을 시작으로 2017년 11월 「자연환경보전법」에 비오톱 지도의 작성을 규정하면서 전국 도시로 확대되고 있다.

비오톱 지도는 생태도시의 에너지(토지이용과 밀도), 물 순환(불투수포장률), 생물다양성(현존 식생과 구조)의 3개 요소를 평가할 수 있는 현황을 조사하는 것이다. 일정 면적의 동질한 공간을 도면화(공간 자료)한 후 그 공간이 가지는 생태계획 요소 현황을 수치적으로 조사(속성과 수치 자료)하고 지리정보체계^{GIS:} Geographic Information System 프로그램을 이용하여 공간 자료와 수치 자료를 연동하여 비오톱 주제도를 작성한다. 주제도는 토지이용 현황도, 물 순환 현황도, 현존 식생도로, 이를 기초로 비오톱 유형도와 비오톱 평가도를 작성한다.

환경생태계획과 작성한 비오톱 지도의 세부 내용을 수행하기 위해서는 도시에 대한 기초지식과 생태학적 지식이 필요하며, 공간 자료 이해, 지리정보를 처리하는 GIS 프로그램을 이용할 수 있어야 한다. 이러한 지식과 정보 처리 도구를 활용할 수 있는 분야는 조경 분야이며, 조경 분야에서 발전시켜 나가야 할 전문 분야이다.

생태도시 실현 노력: 생태주거단지

생태도시를 구체적으로 실현하기 위한 노력으로 독일에서는 생태주거단지를 조성하였다. 독일의 생태주거단지는 지속가능성을 바탕으로 하는 계획에 의해 조성되며 그 내용은 생태도시의 계획 요소와 동일하다. 독일의 생태주거단지 계획 요소는 엔트로피 저감 측면에서 에너지의 합리적 이용, 물 순환 측면에서 물 순환체계의 확립, 생물다양성 증진 측면에서 생물 서식 공간 확보로, 이를 위한 계획을 수립한다.

프라이부르크^{Freiburg} 보봉^{Vauban}생태주거단지는 과거 프랑스군 주둔지였는데, 1995~2006년 총 3차에 걸쳐 개발되었다. 1차 개발에서 주택 422개를 건설하였고 이 중 42개는 저에너지주택이다. 2000년부터 시작된 2차 개발에서는 저에너지주택 40개를 포함하여 주택 645개를 건설하였으며, 2006년 완료된 3차 개발에서는 주택 85개가 건립되었고 단지 내부로 들어오는 전차 노선이 개통되었다. 보봉생태주거단지는 1996년 터키 이스탄불에서 열린 제2차 유엔인간정주계획UN-HABITAT회의에서 가장 모범적인 사례로 선정된 바 있으며, 주민의 57%가 입주하면서 자동차를 폐기하고 주민 33%가 카 셰어링car sharing 회원에 등록하는 등 차 없는 마을을 유지하고 있다. 보봉생태주거단지의 자전거 소유 비율은 658명/1,000명으로 2명당 1대 이상의 자전거를 소유하고 있으며, 반대로 자동차 소유 비율은 150명/1,000명으로 프라이부르크시 전체의 자동차 소유 비율인 457명/1,000명에 비해 현저하게 낮은 수치를 보이고 있다.

세부적인 주거계획은 에너지, 물 순환, 건축, 교통 측면에서 이루어졌다. 에너지 측면에서는 전력 사용량을 최소 65kWh/m²로 낮추고 전력 사용량이 15kWh/m²인 저에너지 주택을 건설하였다. 또한 10가구는 태양전지를 적극적으로 활용하여 에너지 소모량보다 많은 전력을 생산할 수 있다. 지역열병합발전소에서는 바이오매스Biomass를 활용한 우드칩을 사용하고 있다. 물 순환 측면에서는 주거지의 80%가 우수 침투가 가능한 포장 상태이며 식물을 이용한 생태적인 오수 정화시스템을 설치하였다. 건축 부분에서는 건축 과정에 주민이 직접 참여하였고 포럼을 통해 생태주택에 관한 워크숍을 열고 정보를 교류하였다. 또한 옥상 녹화, 기존 수목의 보존 등 입주자 그룹이 만족할 수 있는 계획 방법과 환경친화적 기법을 적용하였다. 보봉생태주거단지가 다른 생태주거단지와 차별화된 정책은 교통 부분이다. 현관 앞 주차 금지, 자가용 차 억제, 주차장 축소, 차 없는 생활 지원, 대중교통 활성화, 카 셰어링, 입주자 대중교통 할인 혜택 등 다양한 정책적 지원을 통해 소유 차량 수를 크게 감소시켰다. 그리고 주거계획 시 학교, 시장, 회사, 백화점 등 근린생활에 필요한 기반시설이 도보나 자전거로 이동 가능한 지역에 설치되도록 하여 차 없이도 생활이 가능하도록 계획하였다.

단지 내부로 이어지는 전차 노선

물 순환을 위한 투수형 배수로

벽면 녹화를 통한 에너지 저감

태양전지를 이용한 신재생에너지 사용

독일 프라이부르크 보봉생태주거단지의 계획 요소 ⓒ 한봉호

5

조경 발전을 위한 환경생태의 진화

약 140억 년 전 빅뱅으로 우주가 탄생하고 46억 년 전에 지구의 역사가 시작 되었으며, 이른바 지옥시대라 불리는 하데스대Hadean eon가 지나고 약 40억 년 전 지구에 생명의 시대가 시작되었다. 첫 생명은 단세포 유기체였고 시간이 흐르면서 다세포 생물로 진화하기 시작하여 현재에 이르고 있다. 약 40억 년 동안 지구의 생명들은 지속적으로 탄생과 소멸을 반복하였다. 19세기 초 다윈은 『종의 기원』에서, 지구상에 존재하는 모든 종은 그들의 주변 환경에 적응하며 살아남기 위하여 진화한 존재들이라는 진화론을 제시하였다. 이 학설을 따르자면, 생물종의 진화는 안정된 상태에서 스스로 진화하기보다는 변화하는 환경을 극복하는 어려움을 이겨 내면서 변화되어 현재의 환경조건에 최적화된 존재들이라 할 수 있다. 또한 판구조론과 대륙이동설에 의하면, 끊임없이 지각변동이 이루어지고 있으며 지각변동이 마무리되면 지구에 초대륙, '아마시아Amasia'가 형성될 것이라 한다. 그렇다면 지구의 생명들은 아마시아에 도달할 때까지 변화하는 환경에 적응하며 살아남아야 한다. 결국 지구상에 모든 것은 시작과 어려움, 그리고 적응을 반복하면서 존재한다고 할 수 있다.

우리나라의 조경학은 1970년대에 시작하여 약 50년간 산업의 발전, 도시의 변화에 따라 적응하고 발전하였다. 21세기 현재 조경 분야는 새로운 변화의 시대를 준비해야 한다. 다가오는 4차 산업혁명 시대의 주요 개념인 인공지능과의 융합이라는 새로운 사회구조에 적응해야 하는 과제에 직면해 있다. 이는 조경 분야의 과제이기도 하지만 새로운 발전의 기회이기도 하다. 이러한 시대에 조경 분야는 다른 분야와의 물리적·화학적 결합을 통하여 변화해야 한다. 환

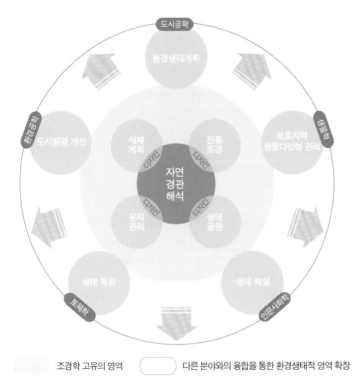

환경생태 분야의 융합과 협치를 통한 조경 영역 확장 개념

경생태 분야는 조경이 다른 분야와 융합하는 고리가 될 것이다.

　우리나라 조경에서 환경생태 분야는 1980년대 중반에 시작하여 점차 그 영역을 확대하고 있으며, 조경의 과학적인 근거를 확보하는 데 큰 역할을 하고 있다. 환경생태 분야는 응용생태 분야로, 자연경관 해석을 기초로 하여 조경의 기본계획의 근거를 제시하고 식재와 생태적 공간(생태공원)의 계획, 설계, 시공에 주로 이용된다. 그리고 전통조경의 입지적 근거와 전통과 자연경관의 해석을 담당하기도 한다. 또한 디자인 분야에서 생태적 공간디자인의 과학적 논리를 제공하고 있으며, 유지관리 단계에서는 조성 후의 모니터링과 식물관리를 담당한다.

이상의 내용은 환경생태 분야의 조경에서의 고유 역할이며, 환경생태 분야는 최근에 다양한 분야와 융합하여 조경 영역의 확장에 노력하고 있다. 생물학과 융합하여 국가 생물다양성 보전을 위하여 국립공원 관리 등 보호지역 관리에 참여하고 있으며, 서울시 자연생태과와의 협업과 같은 활동을 통해 도시 내 생태적인 공간들(생태경관보전지역, 야생생물보호구역, 보호야생동식물 등)을 관리하고 있다. 도시관리 분야와의 융합에서는 비오톱 지도와 환경생태계획을 통한 친환경 도시관리에 참여하여 서울시의 도시계획국 도시생태팀의 도시생태현황 지도 작성과 환경 영향 평가 등의 업무에 참여하고 있다. 환경공학과의 융합에서는 도시온도 상승, 미세먼지 등의 저감을 위한 대안 마련 등 공원녹지에 의한 도시환경 개선 방안을 시행하고 있다. 생물학과 토목학과의 융합에서는 생물이동통로 등 생태 복원을 담당하고 있다. 최근에는 건강, 정신적 스트레스 등과 관련해서 자연을 이용한 휴식과 치유를 위한 프로그램(자연힐링프로그램, 자연관찰프로그램 등)을 개발하는 데 참여하여 농림업 분야와 인문학 분야와도 융합을 시도하고 있다.

환경생태 분야는 조경에서의 기본 역할을 뛰어넘어 다양한 분야와 융합하여 변화하는 사회구조 속에서 조경의 영역을 확대하고, 새로운 방향을 찾아가는 진화를 지속할 것이다.

함께 보면 좋을 자료

박용남, 『꿈의 도시 꾸리찌바』, 녹색평론사, 2008.

스테파노 만쿠소 지음, 김현주 옮김, 『식물혁명』, 동아엠앤비, 2019.

페터 볼레벤 지음, 장혜경 옮김, 『나무수업: 따로 또 같이 살기를 배우다』, 이마, 2016.

페터 볼레벤 지음, 강영목 옮김, 『자연의 비밀 네트워크: 나무가 구름을 만들고 지렁이가 멧돼지
  를 조종하는 방법』, 더숲, 2018.

필립 후즈 지음, 김명남 옮김, 『문버드: 지구에서 달까지, B95의 위대한 비행』, 돌베개, 2015.

VI
상상을 현실로 만드는 과정, 조경설계의 영역과 실천

김아연

숲 갤러리, 녹사평역 지하예술정원 © 김아연

"만들다"라는 의미를 포함하고 있는 조경의 본질적 측면 중 하나는 새로운 경관을 꿈꾸고 그 상상을 현실의 공간과 풍경으로 만드는 것이다. 인간의 쓸모를 전제로 창의적인 결과물을 만드는 작업을 디자인이라 할 때, 조경은 경관이라는 매체를 통해 인류가 꿈꾸는 새로운 세계를 만드는 디자인 분야라고 할 수 있다. 그리고 이러한 새로운 경관의 밑그림을 그리는 것이 '조경설계' 혹은 '조경디자인'이다.

　"디자인하지 않으려면 사퇴하라Design or Resign"는 영국 대처 수상의 명제처럼, 현대 사회에서 디자인은 창의 산업을 선도하는 중요한 분야로 부상하였고, 디자인적 사고design thinking는 좁은 의미를 초월하여 통합적인 사고를 지칭하는 미래의 중요한 지적 활동을 일컫게 되었다. 도구를 발명한 석기시대로 디자인의 기원을 찾기도 하지만, 오늘날의 디자인은 산업화 과정과 필연적 관계를 맺으며 발전해 온 근대적 개념이다. 산업혁명과 근대화를 거치면서 폭발적으로 진행된 기술과 사회의 변화는 인간의 필요와 욕망을 팽창시키며 디자인의 영역과 디자이너의 활동을 다양하게 발전시켜 왔다. 반대로 디자인의 경쟁적 발전은 새로운 기술적 변화를 이끌고 있다. 현대 디자인은 다양한 측면으로 분화하며 진화하고 있는데, 그렇다면 조경은 하나의 독립된 디자인 분야로서 고유성과 특수성을 가지고 있을까? 디자인 분야로서의 조경설계는 어떻게 진행되며 어떠한 측면을 고려해야 할까? 조경설계 과정에서 생산되는 결과물들은 어떠한 모습일까? 또한 조경설계의 실천 영역과 작업 방식은 어떻게 전개될까? 그리고 급속히 변화하는 미래에 조경설계는 어떻게 진화할까?

상상을 현실로 만드는 과정, 조경설계의 영역과 실천

디자인 분야로서 조경설계의 보편성과 특수성

디자인은 일반적으로 특정 쓸모를 실현하기 위해 분석, 개념 구상, 재료와 형태의 선정, 세부 사항의 결정, 제작 등의 과정을 거치며 상상을 현실로 만드는 작업이라는 보편성을 가진다. 조경이라는 디자인 분야도 대상지와 이용자에 대한 분석, 최근 트렌드와 사례 분석 단계를 거쳐 수요 예측과 제반 여건을 고려하여 공간의 쓸모인 프로그램을 설정한 다음, 설계의 목표와 개념을 설정하고 이를 구체화할 형태와 재료를 선정한다. 반면 조경은 몇 가지 특수성을 가지는데, 특히 디자인의 주제와 대상지로 외부공간과 자연을 다룬다는 점이 건조환경built environment을 다루는 도시나 건축 분야와 차별화된다. 또한 복합적 요인들이 만들어 내는 경관을 통합적으로 접근한다는 장점이 있다. 즉, 조경은 다른 디자인 분야에 비해 자연의 속성과 질서에 대한 이해가 필수적이며, 공간의 변화와 시간성이 중요하고, 그 안에서 사람들이 자연의 요소와 관계 맺는 다양한 방식을 고민하게 된다. 나아가 조경은 단위 공간이라는 디자인 대상지를 뛰어넘어 특정 대상지가 속한 더 큰 범위의 도시 맥락, 생태계와 녹지체계, 수체계와 순환체계 등 광역 스케일의 분석과 상상력에 기반한 방법론을 구사한다.

조경설계와 매체

조경설계는 실제 공간을 구현하기까지 다양한 시각 매체를 통해 발전한다. 설계 과정에서 디자이너들이 생산하는 드로잉과 모델링은 실제 공간과 디자이너의 상상을 매개하는 동시에 그 자체로 새로운 아이디어를 탐색하는 도구가 되기도 한다. 다음은 조경설계 과정에서 활용되는 주요 재현 매체의 유형이다. 많은 경우 여러 유형이 합쳐지거나 교차하며 설계가의 생각과 느낌을 표현하고 탐구한다.

다이어그램

다이어그램diagram은 각종 정보를 시각화한 것으로 공간의 구조, 관계성, 형태, 변화 과정, 프로그램 등 비가시적인 것들을 단순화하고 가시화하여 공간의 본질을 인지하게 해 주는 드로잉 방식이다. 다이어그램은 최종 설계안이 도출되는 과정에 이르기까지 다양한 유형으로 전개되는데, 대상지의 복합적인 고려 사항들을 단순화된 도형을 통해 설명하는 재현의 기능을 가지며, 설계안을 도출하는 효과적인 생성 도구이자 개념적 설계 매체이기도 하다.

매핑

지도를 만든다는 의미의 매핑mapping은 결과물로서의 지도map와 구별된다. 매핑 자체를 다이어그램의 한 종류로 구분할 수도 있으나, 대상지에 내재된 복잡한 요소들의 관계성과 지리정보를 다루는 조경설계에서는 다양한 데이터를 지도라는 평면에 위치시키는 독자적인 분석과 재현의 형식으로 기능한다. 매

단위 공간의 다양한 성격을
탐구하는 다이어그램
ⓒ 박승진

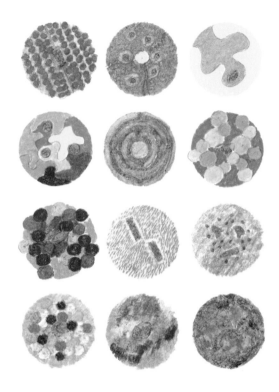

핑은 복잡한 정보를 시각화하는 과정적 도구이자, 환경이나 장소의 특성을 심층적으로 드러내고 해석하는 분석적 도구로 쓰이는 동시에, 계획 및 설계 과정에서 공간 디자인의 대안을 형성하는 생성적 도구로 활용된다.

평면도, 입면도, 단면도

전통적인 설계도면인 평면도plan, 입면도elevation, 단면도section는 공간에 대한 설계 정보를 2차원으로 재현하는 상징체계이다. 평면도의 일종인 배치도site plan는 조경설계에서 공간 전체에 대한 주요 사항을 2차원 정보로 표현한 도면으로 대상지의 지형과 높이, 동선체계와 녹지 및 수체계, 토지이용과 같은 대상

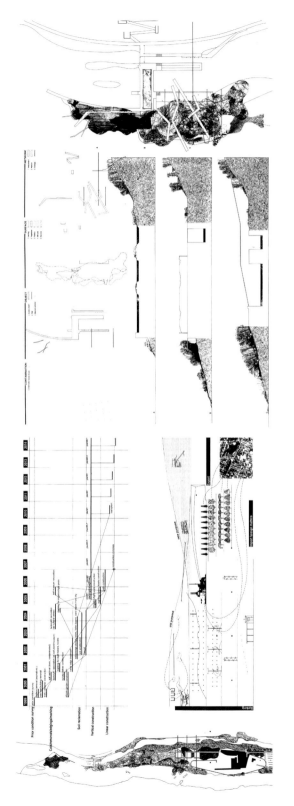

평면, 단면, 다이어그램, 맵핑을 혼합한 조경설계도 ⓒ 정욱주

지의 골격, 단위 공간의 형태, 건축물과 시설물의 규모와 형태, 세부 공간들의 관계와 기능을 집약해 놓은 것이다. 대개의 경우 실제 규모를 일정 비율로 축소하여 정해진 종이 사이즈에 맞게 그리거나 출력한다. 조경이나 건축, 도시 등 많은 공간 관련 분야에서 2차원 도면은 주로 오토캐드Autocad라는 소프트웨어를 활용하여 생성되는데, 컴퓨터 공간 안에서는 실제 사이즈와 같은 크기를 갖지만 모니터나 출력되는 종이의 한계로 인해 축척scale이라는 개념을 활용한다. 예를 들어, 실제 길이가 1m인 시설물을 종이에 1cm로 나타나게 표현한다면 그 도면의 축척은 1:100이 된다. 초기의 오토캐드가 2차원 도면을 그리는 것에 그쳤다면, 최근 버전은 3차원 공간과 주요 재료의 표현, 움직임까지도 표현할 수 있다. 현재 설계 관련 소프트웨어는 실제 공간을 최대한 생생하게 재현하기 위해 빠르게 진화하고 있다.

평행투상도

실제 세계는 x, y, z값을 가지는 3차원인데, 2차원 도면은 공간의 볼륨과 형태를 총체적으로 보여 주지 못하는 한계를 가진다. 이를 극복하기 위해 고안된 드로잉 형식이 평행투상도paraline drawing이다. 대표적 평행투상도는 액소노메트릭과 아이소메트릭이다. 액소노메트릭axonometric은 평면도를 그대로 활용하여 높이를 표현하는 z값의 정보를 더하여 3차원의 공간 정보를 표현하는 반면, 아이소메트릭isometric은 실제 공간에서 보이는 효과와 유사하게 보정하기 위하여 평면도의 직각을 120도로 넓혀 재현한다. 여기서 보는 사람의 시점과 그로부터의 거리감은 제외된다.

투시도와 조감도

입체를 표현하는 또 다른 방식인 투시도perspective는 보는 사람의 시점과 보는 대상과의 거리로 인해 생기는 소실점vanishing point을 전제로 작성된다. 사람의 시선에서 보이는 경관을 담기 때문에 조경뿐만 아니라 이용자의 체험을 중시

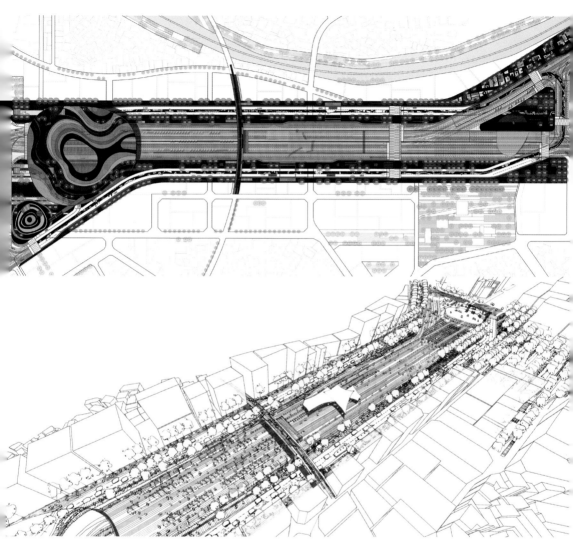

평면도(위)와 조감도(아래) ⓒ 이수학

상상을 현실로 만드는 과정, 조경설계의 영역과 실천

계절의 변화를 보여 주는 혼합 투시도 ⓒ 최라나, 이현식, 전현상

OHP 필름을 활용한 모형 작업(왼쪽)과 실제 공간(오른쪽) ⓒ 김현민

하는 다양한 공간 분야에서 활용된다. 투시도가 인간의 관점에서 본 경관을 재현한다면 조감도bird-eye view는 영어 표현 그대로 새의 시선으로 위에서 내려다본 풍경을 재현한다. 도시의 높은 빌딩이나 산 정상에서 내려다보는 전망을 표현하기도 하며, 최근 드론을 통해 촬영한 사진과 합성되기도 한다.

모형

모형model 혹은 모델링은 평면이라는 도면의 한계를 극복하기 위해 일정 비율로 축소한 3차원의 재현 방식이다. 전통적인 조경설계도면이 3차원의 공간을 2차원의 종이 혹은 화면으로 전환하기 때문에 양감과 공간감을 생생하게 보여주지 못하므로 디자이너는 모형이라는 3차원의 축소 공간을 다양한 각도에서 직접 보고 수정하며 디자인을 발전시킨다. 재료를 자르고 붙이며 손으로 제작하던 모형은 이제 컴퓨터를 이용해 3차원을 구현하거나 컴퓨터 모델링을 3D 프린팅 혹은 3D 밀링을 통해 다시 모형으로 제작하는 등 IT산업과 연계하며 진화하고 있다. 일반인에게도 보급되고 있는 스케치업Sketchup, 3D MAX, 라이노세러스Rhinoceros 등이 조경설계에서 많이 쓰는 컴퓨터 모델링 소프트웨어이며, 다양한 식생경관과 움직이는 체험을 효과적으로 재현하는 루미온Lumion 등도 조경설계에서 많이 활용되고 있다.

3

조경설계 과정의 이론과 실제

일반적으로 조경계획과 조경설계는 연속적인 행위이다. 조경계획이 보다 포괄적이며 체계적 조사와 분석, 방향 설정, 정책 결정과 실행 전략을 생산하는 상위 단계의 합리적 의사결정이라고 할 때, 조경설계는 공간 조성의 방향과 개념 설정에서부터 실제 공간 조성까지 필요한 도면과 세부 내용을 생산하는 전 과정을 포함한다. 일반적인 조경설계 과정을 단계별로 나누어 살펴보자.

프로그램 → 자료 수집과 분석 → 기본구상 → 기본계획 → 기본설계 → 실시설계 → 설계평가

일반적 조경설계 과정

프로그램

"미리pro 써 놓는다graphine"는 의미의 프로그램program은 일종의 정보 처리 프로세스로 문제를 종합적으로 정의하는 과정이다. 프로그램은 특정 시설의 설계를 위해 필요한 요구사항을 종합하여 구성한 것으로, 크게 공간프로그램space program과 활동프로그램activity program으로 나눌 수 있다. 공간프로그램은 특정 기능을 수행하는 공간의 소요 면적을 정리한 것으로, 발주처의 요구, 이용자 수요 예측, 트렌드 분석, 사례 분석, 규모 검토, 수익성 및 타당성 분석 등의 정보를 검토하여 도출한다. 활동프로그램은 공간으로부터 보다 자유로운 포괄적인 행위 목록이라고 볼 수 있다. 예를 들어, 어느 공원 내에 다목적 잔디 광장이라는 공간프로그램이 수요 예측과 운영 계획에 의해 5,000m²의 규모로 계획

되었다고 가정해 보자. 여기서 발생할 수 있는 활동프로그램은 사생대회, 일광욕, 어린이 축구, 달리기, 연날리기 등 다양하다.

자료 수집과 분석

프로그래밍과 분석 과정은 일반적으로 함께 진행되지만 프로젝트를 발생시키는 기본적 조건 외에도 설계가는 다양한 대상지의 속성에 대한 자료 수집과 분석 과정을 수행한다. 자료 수집과 분석survey and analysis은 정량적인 방법과 정성적인 방법을 통해 대상지의 속성과 문제점을 체계적으로 정리하고 드러내는 과정이다. 대상지의 속성에 따라 분석 과정은 크게 물리적·생태적 분석, 시각적·미학적 분석, 인문적·사회적 분석으로 나눌 수 있고, 여기에 각종 데이터와 지리정보, 분석방법론이 동원된다. 자료 수집과 분석은 구별해야 한다. 현대 사회는 정보의 과잉이라고도 볼 수 있는데, 설계가는 우선 필요한 자료를 체계적으로 선별하여 수집하고 검토한다. 이러한 다양한 정보들을 숙지하고 어떠한 정보들이 대상지에 필요한지, 정보들 간의 관계성은 어떤지, 정보가 의미하는 바가 무엇인지를 고찰하는 과정인 분석을 통해 설계자는 대상지의 문제를 구체적으로 정의한다. 이러한 분석 과정에서 도출된 문제들에 대한 해결책을 종합적이며 창의적으로 제시하는 과정이 설계이다. 또한 조경설계의 주요 개념은 분석 과정에서 정의한 이슈로부터 도출되는 경우가 많으므로, 분석은 이후의 설계 단계를 위한 인큐베이터 기능을 담당한다.

기본구상

분석 단계에서 대상지의 이슈를 체계적으로 정리하였다면, 그 다음은 설계목표design goal와 설계개념design concept을 도출하여 전체 프로젝트의 틀을 마련하는 기본구상conceptual design 단계이다. 설계목표가 해당 프로젝트를 통해 달성해야 하는 방향성을 제시하는 것이라면, 설계개념은 "설계안에 대한 구조적 사고의 틀"로 프로젝트를 관통하는 핵심 아이디어나 정체성을 구현하는 내용적·형식적 특성들을 추상적으로 표현한 것이다. 기본구상 단계에서는 개념을 설정하고 대상지의 주요한 공간적 틀을 마련하는데, 이 과정에서 대안을 수립하여 상호 비교하는 과정에서 우선시 여겨야 할 가치를 중심으로 최종안을 선정하기도 한다.

기본계획

기본구상에서 설계목표, 설계개념, 공간의 구조가 도출되었다면 본격적인 디자인 단계로 들어가 단위공간의 형태와 규모, 경관, 식재, 포장 및 시설물 등 세부 계획의 방향과 내용을 결정하는 기본계획schematic design 단계로 이어진다. 이 단계에서 개략 예산과 실행계획을 검토하여 실제 공간으로 만드는 과정에 필요한 다양한 문제들을 종합적으로 검토한다.

기본설계와 실시설계

기본설계design development는 실시설계의 전 단계로, 기본계획의 내용을 발전시키기 위해 형태와 재료, 규모의 상세한 검토와 견적 의뢰 등 설계와 시행의 중간 단계에서 세부 사항을 검토한다. 핵심적인 공법과 디테일에 대한 디자인이 수행되며 현장 여건에 맞도록 섬세하게 기본계획안을 발전시키는 단계이다. 실시설계construction document는 공사용 도서인 실시설계도면과 내역서, 시방서를 작성하는 단계이다. 실시설계 단계에서는 시공을 위한 구체적인 상세 도면이 생성되며, 이 도면과 연계된 내역서는 공사비 산출 근거를 설명하는 자재에 대한 규격, 수량, 단위별 노무비, 재료비 등 비용을 종합한 서류이다. 설계자는 상상한 공간을 시공자가 정확히 구현하도록 도면과 내역서, 시방서 등 풍부한 자료를 제공해야 하는데, 최근에는 전통적인 평면도, 단면도, 상세도 외에도 다양한 재현 방식을 통해 상세한 설계 내용을 전달하기도 한다. 또한 최종 실시설계 도서를 확정하기에 앞서 주요 공간 및 디테일에 대해서는 실물 크기의 목업mockup을 통해 현장 테스트 과정을 거치기도 한다.

A

B

S=1/600
경의선숲길 연남동 구간 MASTER PLAN

C

서울 경의선 숲길의 기본계획(A), 기본설계(B), 실시설계도면(C) ⓒ 동심원

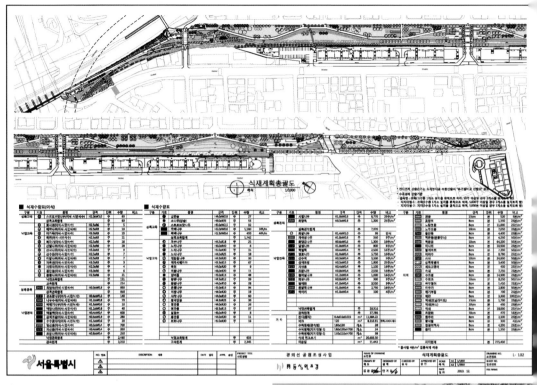

서울 경의선 숲길의 실시설계도면 식재총괄도(위)와 완성된 모습(아래) © 동심원, 유청오

설계평가

설계평가design evaluation는 공사가 완료되어 공간을 이용하기 시작한 이후에 다양한 방법을 통해 이루어지는 피드백 과정이다. 설계평가는 크게 전문가 평가와 이용자 평가로 나눌 수 있다. 전문가 평가는 해당 프로젝트의 초기부터 이용에 이르는 전 과정에 대해 작품성과 경제성, 공공성과 지속가능성 등 다양한 가치 기준에 의해 프로젝트의 의미와 역할을 입체적이고 체계적으로 평가하는 것으로 중요한 비평 기능을 수행한다. 전문가는 프로젝트를 평가할 수 있는 쟁점과 지표를 개발하기도 하고, 프로젝트의 변화 과정을 기록하고 준공 이후 새롭게 축적되는 데이터를 체계적으로 수집하고 분석하여 이후 운영에 필요한 근거를 마련한다. 이러한 개별 프로젝트 혹은 공간에 대한 체계적인 아카이브 작업archiving의 중요성이 점차 커지고 있으며, 이러한 평가의 결과는 새로운 프로젝트에 적용할 수 있는 시사점을 도출하기도 한다.

이용자 평가는 실제 공간을 사용하는 사람들의 직간접 반응과 의견을 수집하여 이를 체계적으로 분석하는 과정을 의미한다. 과거의 이용자 평가가 선호도나 만족도 조사 등 설문에 의존하였다면, 최근에는 특정 공간에 대한 현장 관찰, 민원 분석, SNSSocial Network Service를 통한 의견과 경향 분석 등 다양한 온라인과 오프라인 방법을 동원하여 이용자들의 다양한 공간 활용법에 대해 보다 많은 피드백 자료를 축적하려는 노력이 이어지고 있다.

4

조경설계의 활동 방식

집단 창작 과정으로서의 조경설계에 있어 조경가의 역할과 작업 방식은 다양하게 전개된다. 우선 기획과 프로그래밍을 주도하는 총괄기획가 혹은 마스터플래너MP; Master Planner로 참여하여 하나의 과업을 만드는 밑그림을 마련하는 핵심적인 역할을 할 수 있다. 서울의 청계천은 조경가가 총괄기획가 역할을 수행한 좋은 사례이다.

조경설계를 가장 잘 실천할 수 있는 방법은 조경설계사무소에서 디자이너로 활동하는 것이다. 조경설계업은 크게 종합엔지니어링사나 종합건축사사무소에 속한 조경 부서, 혹은 조경기술사나 엔지니어링사업자 등 전문 면허를 가지고 활동하는 설계사무소가 주를 이룬다. 소규모로 다양한 프로젝트 유형을 진행하는 사무소를 흔히 '아틀리에'라고 부르는데, 예술가들의 작업장에서 유래한 단어로 소규모의 공방 스타일을 지향하는 사무실을 의미하지만 공식적인 용어는 아니다. 설계사무소는 일반적으로 시공과는 별개의 전문적인 설계 서비스를 제공하지만, 최근 설계와 시공의 주체를 일원화하여 시공의 질을 높이기 위해 설계와 시공을 함께 수행하는 사무소 역시 늘어가고 있다.

커뮤니티 디자인과 같은 이용자 참여 설계 과정에서 조경가는 참여자들이 자유롭게 아이디어를 생산하여 그들이 원하는 바를 구현할 수 있도록 돕는 컨설턴트consultant 혹은 퍼실리테이터facilitator 역할을 수행한다. 일반인들은 원하는 바를 수많은 공간적 대안으로 발전시키기에 경험이 부족하고, 자신들이 생각하지 못한 단점과 공간 간의 연계성과 상충 등 다양한 변수를 예측하기 어려우므로, 설계전문가의 개입은 필수적이다. 또한 자연과 환경, 사회와 문화의 영

조경가가 총괄기획가와 설계가로 활동하여 완성한 청계천(위: 설계 모형, 아래: 준공 후 모습) ⓒ CA조경기술사사무소

역을 넘나들며 개인의 철학과 미적 감각을 보다 예술적 방식으로 작업하는 공공미술가나 정원 작가로서의 활동도 활발해지고 있다.

이와 같이 조경가는 조경설계를 기초로 그들의 활동 영역을 확장하고 있으며, 설계 업무를 직접 담당하지 않더라도 공공기관, 건설사, 시공사의 조경 관련 업무는 조경설계에 대한 기초적인 이해가 있어야 가능하므로 조경설계는 공간적 대안을 고민하는 조경업 전체에서 중요한 역할을 한다.

5

조경설계의 진화와 전망

조경설계는 단순한 기법이 아니라 오랜 기간 동안 시대가 상상하는 새로운 세계, 혹은 이상향을 구현하기 위한 적극적인 창작 행위로 기능해 왔다. 마지막으로 21세기 현재 조경설계에서 나타나고 있는 새로운 시도와 경향, 그리고 미래의 비전을 살펴보자.

참여 디자인	• 참여의 단계별 디자인 방법론 개발 • 이용자 특수성과 프로젝트 특수성에 따른 다양한 참여 방법 모색
기술·정보 기반 통합 디자인	• IT기술 발전과 빅데이터 활용을 기반으로 디자인 소프트웨어의 발전 • 분석·설계·시공·관리 통합 과정으로서의 효율성 추구
현장 기반 디자인	• 기후, 문화, 재료, 시공방법 등 지역적 특수성과 특수한 해법 추구 • 현장 설계, 현장 설치, 목업, 디자인빌드 등 현장성 강화
가치 중심 디자인	• 리질리언스, 저영향 개발, 통합 디자인, 적정기술 등 지속가능한 디자인 • 동물 복지, 소수자와 소외계층, 제3세계를 위한 디자인
프로그램 디자인	• 이용자 특성, 수요 예측과 타당성 분석을 통한 공간 사업 기획 • 문화, 예술, 커뮤니티, 참여 콘텐츠 등의 공간 활용 소프트웨어 개발
융복합 디자인	• 학제 간 연구와 탈영역 컬래버레이션 프로젝트 증가 • 통합적인 시각과 분야 간 조율 역할의 코디네이터 역할 강화
커스텀 디자인	• 컴퓨터 모델링과 연계된 로보틱스, 인공지능, 3D 프린팅 등 • 프로젝트에 고유한 맞춤 설계와 제작으로 시공력과 완성도 극대화
열린 디자인과 전략 디자인	• 정치적·사회적 상황과 생태적 변화의 불확정성과 변수에 대응 • 유연하고 개방적인 의사결정, 결과물보다 프로세스를 강조

조경설계의 확장과 전망

상상을 현실로 만드는 과정, 조경설계의 영역과 실천

참여 디자인

계획과 제작의 전 과정을 전문가가 맡았던 전통적인 설계 과정은 이용자를 주어진 공간을 소비하는 수동적인 존재로 가정한다. 또한 이용자들의 다양한 요구와 생각을 전문가가 풍부하게 반영하지 못하여 이용하는 과정에서 여러 가지 문제가 발생하기도 한다. 참여 디자인participatory design은 이용자가 설계 과정에 개입하는 적극적인 설계 방법이다. 이용자 그룹의 능력과 요구에 맞는 참여 방식을 개발하는 등 디자인 방법이 다양하게 진화하고 있다. 전문가는 설계의 전 과정에 있어 효율적인 진행을 돕고, 여러 의견을 조정하며, 아이디어 수준의 이용자 요구를 아름다운 공간으로 발전시켜 도면화하는 역할을 담당한다. 설계 과정에 참여한 이용자들은 공간에 대한 주체성과 주인의식이 커지므로, 이후 운영과 유지관리에 있어 적극적으로 참여할 가능성 역시 높아진다. 또한 IT기술과 온라인 공유플랫폼의 발달에 힘입어 직접 한 장소에 모이지 못하는 이용자들이 의견을 나누고 의사결정과정에 참여하는 다양한 방식이 모색되고 있다.

기술·정보 기반 통합 디자인

4차 산업혁명 시대를 맞이하며 분석과 디자인 단계에 국한되었던 소프트웨어가 설계 분야에서도 혁신적으로 업그레이드되어 디자인방법론을 변화시키고 있다. 우선 분석 단계에 집중적으로 활용되던 지리정보체계GIS가 분석-계획-설계-아카이빙의 전 과정과 의사결정체계의 플랫폼 역할을 지향하는 지오디자인Geodesign으로 진화한 사례가 대표적이다. 지오디자인은 복합적 문제를 다루어야 하는 도시-생태계의 특성과 정보화사회의 기술정보 인프라가 만든 새로운 설계방법론으로 현재 다양한 나라에서 선도적인 대학을 중심으로 탐구되고 있다. 지오디자인이 분석-계획-설계 과정에 포커스를 맞추고 있다면, 계획-설계-시공-유지관리의 건설업 차원에서 접근하는 빔BIM: Building Information Modeling 역시 주목해야 한다. BIM은 건축물이나 시설물의 물리적·기능적 특성

참여 디자인(위)과 그 결과물인 군산 맘껏광장(아래) ⓒ 김아연

에 대한 정보를 디지털 정보와 3D 모델링으로 구축하여 다양한 사업 참여자들
이 시설물의 전 생애 주기 동안 그 정보를 생산, 통합하고 재활용할 수 있도록
하는 업무 절차를 의미하는데, 노동집약적인 건설업에서 자동화와 정보시스
템이 체계적으로 정비되지 않아 발생하는 낮은 생산성을 비판하는 과정에서

본격화되었다. 건축 분야에서는 미국, 영국에 이어 우리나라도 일정 규모 이상의 공공 발주 프로젝트에서 BIM을 필수적으로 사용하도록 하고 있다. 조경 분야에 본격적으로 BIM을 도입하는 일은 식물 자원처럼 규격화하여 데이터베이스를 만들기 어렵다는 특수성으로 인해 어려움을 겪고 있다. 그러나 건설업과 설계업에서 정보시스템을 통한 체계적 관리는 거부할 수 없는 흐름이 되고 있으므로 이러한 특수성을 극복할 수 있는 연구가 필요하다. 이 밖에도 증강현실AR; Augmented Reality과 가상현실VR; Virtual Reality 기술이 도입되면서 상상 속의 공간을 실제로 만들기 전에 가상으로 체험할 수 있는 다양한 디지털 기술들이 도입되고 있다.

현장 기반 디자인

근대적 학문과 전문업이 구축되는 과정에서 건축과 조경에서는 설계와 시공이 분리되었다. 설계가가 직접 현장에서 제작을 담당하지 않기 때문에 설계 과정에서 더욱 실험적인 탐구가 보장되는 대신 설계가가 상상한 공간이 시공자를 거치면서 제대로 만들어지지 못하거나 현장 여건을 무시한 도면이 양산되는 부작용역시 발생하고 있다. 또한 장소 특정적site-specific 분야인 조경에서 그 지역의 고유한 기술과 재료, 그리고 식생 등은 현장 여건에 따라 달라지므로 설계가가 보다 적극적으로 제작 과정에 개입할 수 있는 방식들이 필요하다. 디자이너가 직접 공사까지 담당하여 설계와 시공이 일원화된 과정을 디자인빌드design-build라고 하며, 이는 현장에서 발생하는 문제점을 설계자가 직접 해결하며 제작하는 방식이다. 이러한 디자인-시공 통합 과정은 대형 토목 혹은 건축 프로젝트에서 턴키turn-key라는 발주 방식으로 수행되었지만, 조경설계에서의 디자인빌드는 중소 규모의 민간 프로젝트에서 보다 유연한 방식으로 활성화되고 있다. 설계자가 직접 시공 과정에 참여하기 때문에 보다 높은 시공의 질과 작품성을 보장할 수 있는 대안으로 주목받고 있지만 아직 제도적으로는 정착되지 못하고 있다.

가치 중심 디자인

조경은 작게는 지역 스케일, 크게는 지구 스케일의 건강한 도시-생태 환경을 만드는 데 중요한 역할을 하고 있다. 인간의 기능과 경제성을 최우선 순위로 두기보다 자연과 인간, 생태와 도시, 사람과 사람의 관계성을 중시하며 경제성, 기능성, 효율성과 심미성, 윤리성, 지속가능성이 공존하는 상생적인 대안을 생산하는 것을 목표로 한다. 그런 의미에서 최근 사회에서 소수자로 소외받고 있는 사람들 혹은 생태계에서 위협받고 있는 약한 생명체를 보다 섬세하게 배려하는 경향이 나타나고 있다. 장애인, 어린이, 노인, 소외계층을 배려한 통합 디자인Inclusive Design 혹은 제3세계를 위한 디자인이나 동물 복지, 멸종위기종 보존과 서식처 회복, 생태계서비스 취약층을 배려하는 디자인, 안전한 환경을 만들기 위한 범죄예방환경설계CPTED; Crime Prevention Through Environmental Design, 저영향개발LID; Low Impact Development, 리질리언스resilience의 도입, 적정기술Appropriate Technology의 디자인 적용 등 사회적 혹은 환경적 가치들을 구현하기 위한 이슈들이 설계에 적극적으로 도입되고 있다.

프로그램 디자인

흔히 설계는 공간이라는 하드웨어를 만들기 때문에 그 공간의 활용법이라는 소프트웨어에 대한 논의를 소홀히 하기 쉽다. 이러한 문제점을 극복하기 위해 공간을 기획하는 단계에서 적극적으로 프로그램을 수립하는 프로그램 디자인이 부각되고 있다. 프로그램 디자인은 대상지의 조건, 잠재적 이용자와 트렌드의 조사 분석, 수요 예측과 타당성 분석 등을 통해 하나의 공간 프로젝트를 기획하는 역할에서부터 공간의 운영자를 결정하고 이용자의 특성과 사회적 요구를 적극적으로 반영하는 공간 활용 대안을 수립하여, 조성 후 공간의 활성화에 큰 기여를 하게 된다.

융복합 디자인

현재 그리고 미래의 사회는 한 분야의 전문성만으로는 해결할 수 없는 복합적인 문제를 다룰 수밖에 없다. 이 경우 타 분야와의 학제적 협력을 통해 보다 더 창의적인 결과물을 만들어 낼 수 있다. 융합과 복합을 통한 문제 해결은 사회 전반에 걸쳐 나타나고 있다. 조경설계의 경우에도 토목, 건축, 도시, 교통 등 인접 분야와 협업한 역사는 오래되었으며, 협업의 범위가 확장되어 문화예술, 정보기술 등과의 다양한 소통과 교류를 통해 새로운 결과를 만들어 내는 추세는 앞으로도 가속화될 것이다. 통합적인 시각과 균형을 중시하는 조경은 분야 간 의견을 조율하는 코디네이터 역할에 적합한 전문성을 지니고 있다.

커스텀 디자인

소품종 대량 생산의 근대적 생산 양식을 기반으로 한 조경설계 과정에서 시공 기술과 비용의 한계로 인해 개별 프로젝트에 고유한 맞춤 제작이 어려웠던 반면, 과학기술의 발달로 3D 컴퓨터 스캐닝 및 시뮬레이션과 연동한 로보틱스와 3D 프린팅 등의 제작 방법이 상용화되어 이를 공간 조성에 도입한 맞춤형 제

레이저 커팅 스티로폼 거푸집을 통해 현장 제작한 자유 곡선의 콘크리트 벤치, 「internal peace」(2019 경기정원문화박람회 출품작)
ⓒ 시대조경

상상이 만들어낸 공간, 서울어린이대공원 맘껏놀이터(위: 설계 단계의 조감도 ⓒ 스튜디오테라, 아래: 완성된 공간 ⓒ 김아연)

작이 수월해지고 있다. 이러한 맞춤형 디자인과 제작을 의미하는 커스텀 디자인custom design은 시공성과 디테일 설계의 완성도를 높이며, 프로젝트의 특성에 맞는 고유한 결과물을 제작하여 공간의 고유성과 심미성, 기능성과 창의성을 높여 가고 있다.

열린 디자인과 전략 디자인

현재와 미래는 불확정성의 시대이다. 복합적으로 얽힌 사회와 자연의 다양한 변수들을 통제하거나 예측하는 기술이 발달하고 있지만, 미래의 변화에 유연하게 대처할 수 있는 설계 과정과 추진 방식 역시 프로젝트의 수행에 있어 중요한 고려 요소가 되고 있다. 전통적인 마스터플랜master plan이 궁극적 목표를 가시화한 것으로 확정적이고 권위적 성격을 갖는 반면, 전략 디자인strategic design은 목표를 달성하는 과정에서 상황과 변화에 따라 탄력적으로 수행 방법을 수정하여 실행한다는 접근법의 차이를 보여 준다. 특히 대형공원같이 사회적·정치적 변수가 많고 조성까지 오랜 시간이 걸리는 복합적 프로젝트에서는 단계별로 설계안을 수립하고, 열린 체계로서의 개방적이며 잠정적 설계안을 도출하거나 유보지 등 미래의 결정을 위해 일부를 남겨 두는 방법 등을 통해 하나의 프로젝트를 유기체로 인식하는 전략 디자인이 중요시되고 있다.

함께 보면 좋을 자료

김아연·정욱주, 「스튜디오 101: 설계를 묻다」, 환경과 조경, 『월간 환경과 조경』, 2009~2010.

김영민, 『스튜디오 201: 다르게 디자인하기』, 한숲, 2016.

배정한, 『현대 조경설계의 이론과 쟁점』, 도서출판 조경, 2004.

임승빈·주신하, 『조경계획·설계』, 보문당, 2019.

줄리아 처니악·조지 하그리브스 엮음, 배정한 외 옮김, 『라지파크: 공원디자인의 새로운 경향과
쟁점』, 도서출판 조경, 2010.

진양교, 『건축의 바깥: 조경이 만드는 외부공간 이야기』, 도서출판 조경, 2013.

팀 워터맨 지음, 조경작업소 울 옮김, 『조경가를 꿈꾸는 이들을 위한 조경 설계 키워드 52』, 나무
도시, 2011.

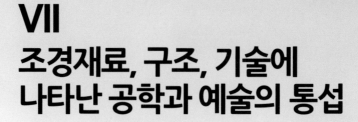

VII
조경재료, 구조, 기술에
나타난 공학과 예술의 통섭

이상석

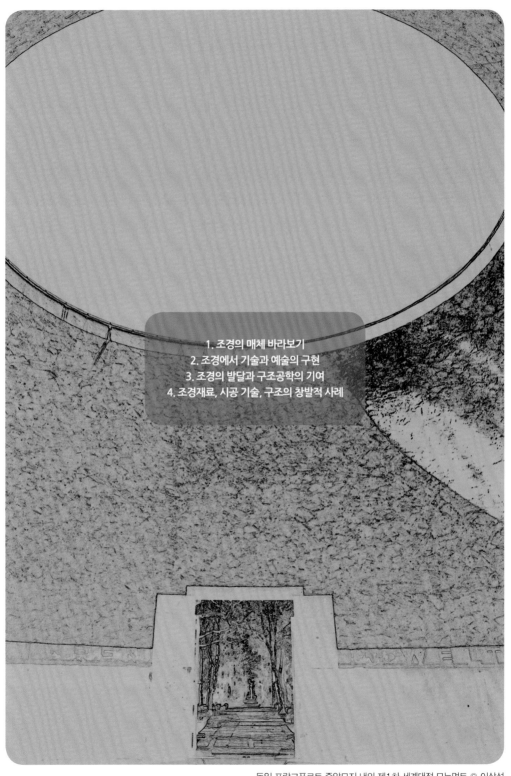

독일 프랑크푸르트 중앙묘지 내의 제1차 세계대전 모뉴먼트 © 이상석

도시 지역 식물의 생육환경 개선, 조경수목의 컨테이너 재배, 빗물 활용 등 자연에너지 이용, 환경오염 감소, 전통조경 기술의 구현 등 미래의 인간 환경을 위해서 조경재료, 구조, 기술 분야가 해결해야 할 과제가 다양하다. 조경의 과정은 계획, 설계, 시공, 유지관리 단계로 구분하는데, 경관을 만드는 주요한 매체는 조경재료이며, 조경구조 및 기술로 구현된다고 할 수 있다. 조경재료 및 시공구조는 조경학에서 앞으로 그 발전이 기대되는 분야이다. 이 장에서는 조경재료에 대한 인식과 접근 방법, 조경에서 구현되는 기술과 예술의 속성, 조경구조공학의 다른 분야와의 협력적 발달에 대하여 설명하고 이와 관련된 창발적 사례를 소개한다.

1

조경의 매체 바라보기

인류 문명과 재료의 사용

흙을 구워 만든 도자기의 역사를 살펴보자. 사람들은 흙을 구우면 단단해지는 것을 알게 되었는데, 낮은 온도로 구운 흙 소성체는 물이 새고 덜 단단하지만 1200°C 이상의 높은 온도에서 흙을 구우면 자기磁器를 만들 수 있음을 알게 되었다. 그러나 일반 흙을 높은 온도에서 굽게 되면 녹아서 형태가 변형되어 버리므로 자기를 굽기 위해서는 특별한 흙인 고령토高嶺土가 필요하였다. 고령토를 이용해 자기를 굽던 대표적인 도요지로 고대부터 자기를 생산했다고 전해지는 중국의 경덕진요景德鎭窯가 있는데, 이곳에서 생산된 자기는 당시 최고의 하이테크 제품이었다. 유럽에서 '하얀 금'으로 불리던 자기는 단단하면서도 아름다워 매우 귀하고 인기 있는 물건이었다. 그러나 유럽에서는 자기 제작 비법을 알지 못해 중국과 일본에서 자기를 수입하였다. 1708년 폴란드의 왕이자 작센의 선제후인 아우구스투스 2세는 연금술사 요한 프리드리히 뵈트거Johann Friedrich Böttger를 시켜 독일 드레스덴 근교 마이센Meissen에서 유럽 최초로 경질자기를 만드는 데 성공하였으며, 독자적인 자기 생산시스템을 갖게 되었다. 이처럼 흙을 구워 만드는 도자기 기술은 당시에는 인간의 생활문화를 혁신시키는 고도의 과학기술이었으며 권력자의 꿈이기도 하였다.

이 외에도 철제 무기를 사용하고, 철근콘크리트를 개발한 것 등 인류가 지금까지 생활해 오면서 혁신적으로 재료를 사용했던 사례를 살펴보자. 철기 시대는 청동기 시대의 뒤를 이은 시기로 인류는 청동기에 비해 단단한 물성을 가진 철기를 사용하여 농업생산량을 늘릴 수 있었고, 철제 무기를 먼저 사용한 나라

1680~1700년경
중국 경덕진요에서
생산된 자기(왼쪽)와
1730년경 독일 마이센에서
생산된 자기(오른쪽)
(국립중앙박물관 특별전시
「王이 사랑한 보물—
독일 드레스덴박물관
연합 명품전」, 2017.10.)

는 군사력도 강해져 강한 나라를 만들 수 있어서 철은 권력을 상징하기도 하였
다. 철기를 본격적으로 사용한 것은 기원전 3000~2000년 서아시아 지방에서
였다. 기원전 1400년경에는 히타이트족Hittite이 철을 독차지한 뒤 이 지역을 점
령하고 철기는 빠르게 퍼져 나갔다. 히타이트군은 이집트 람세스 2세의 군대
와의 전투에서 철제 무기와 전차를 사용하였다.

콘크리트의 발명은 현대 도시문명을 가능케 한 중요한 업적이다. 인류는 시
멘트와 물이 반응하는 것을 오래전부터 알고 있었다. 이집트에서 피라미드를
구축하는 데 석회를 사용하였고, 로마 시대에는 화산회와 석회석을 섞어 물로
반죽하여 경화시켜 사용하였으며, 콜로세움을 만드는 데도 이용하였다. 그러
다가 1824년 영국의 조셉 애스프딘Joseph Aspdin이 석회와 점토를 혼합 소성하여
현대 시멘트의 원조인 포틀랜드 시멘트를 발명하면서 시멘트가 대량 생산되
기 시작하였다. 그러나 시멘트로 만든 콘크리트는 인장력이 낮고 쉽게 갈라지
는 성질이 문제가 되었다. 이것을 보완한 것이 강화콘크리트reinforced concrete인
데, 이견이 있기는 하나 프랑스의 정원사 조지프 모니에Joseph Monier가 1867년

'강화콘크리트 화분의 제조'라는 특허를 내면서 처음으로 철망으로 보강된 콘크리트 화분을 만들었다고 본다. 이후 이것이 철근콘크리트로 발전하여 보편적인 구조재료로 사용되면서 주택, 도로, 다리, 초고층 빌딩, 댐 등 현대의 도시를 만드는 데 결정적으로 기여하였다.

이처럼 재료의 사용은 생존 게임이요, 첨단기술의 경쟁이었으며, 인류 발전과 문화를 형성하는 결정적 요소가 되었다. 오늘날 모든 과학 및 산업 분야에서는 재료의 사용이 중요하다. 인류의 기념적 유산들은 대부분 오랜 시간 외부에 노출되어 버텨 온 것들이다. 정원, 주거지, 도시 등 외부공간을 주요 대상으로 다루고 있는 조경에서 재료의 사용은 인류의 문명과 함께 발전해 왔다.

재료에 대한 관념적 세계

인간은 돌, 나무, 물, 흙 등 재료에 고유한 관념적 가치를 부여하였다. 동서양에는 물질에 대한 인식론이 있었다. 인간의 의식현상을 지배하는 물질적 상상력의 세계에 대한 독특한 성찰을 남겼던 가스통 바슐라르Gaston Bachelard는, 물질과 형체가 서로 다르고 형체는 물질이 굳어져서 고정화되어 드러난 것임에 비해 물질은 그와 반대로 유동적인 것으로 가능성의 대상을 가리키는 일종의 추상적 개념으로 설명하고 있다. 그는 이러한 물질적 상상력으로 불, 물, 공기, 흙이라는 네 가지 원소론을 펼쳤다. 흙이란 원소는 모래나 진흙, 자갈 등을 비롯해 금속이나 보석 등으로 다양하게 나타난다. 바슐라르는 흙에 첨가하여 대지 또는 지표와 관련되는 현상들, 즉 산이나 동굴, 또는 식물을 지표에 연결시켜 주는 뿌리나 인간이 땅에 뿌리박을 수 있게 해 주는 집도 서술하였다. 물이 유연성의 원소이고 공기가 가벼움의 원소라면, 흙은 지속적인 안정성과 견고함을 가지고 있으며, 대립적이고 공격적인 상상력을 촉발하는 동시에 적에 대해 보호받을 수 있는 안식처로서의 상상적 기능을 지녔다는 것이다.

동양에서는 조화와 통일을 강조한 세계관인 음양오행설陰陽五行說이 자리 잡아 왔다. 음과 양은 각각 어둠과 밝음에 관련되어 있는 것으로 2개의 상호 보

미국 각 주에서 가져온 돌로 만든 기념판이 설치된 프랑스 캉 기념관의 폭포 © 이상석

완적인 힘이 작용하여 우주의 삼라만상을 발생시키고 변화, 소멸시킨다고 보는 것이다. 『서경』의 홍범편에 "오행에 관하여 그 첫째는 수水이고, 둘째는 화火, 셋째는 목木, 넷째는 금金, 다섯째는 토土이다. 수의 성질은 물체를 젖게 하고 아래로 스며들며, 화는 위로 타오르는 것이며, 목은 휘어지기도 하고 곧게 나가기도 하며, 금은 주형鑄型에 따르는 성질이 있고, 토는 씨앗을 뿌려 추수를 할 수 있게 하는 성질이 있다"고 기록되어 있다. 이와 같이 오행의 개념은 다섯 종류의 기본적 물질에서 더 나아가 다섯 가지의 기본과정을 나타내며 영원히 순환운동을 하는 강력한 힘을 나타내기도 한다.

재료에 대한 관념적 사고는 문학 작품에도 나타난다. 미국의 문학가 도로시 서처Dorothy Sucher는 "돌은 지구의 뼈와 같은 것이며, 많은 정원의 얼개와 같은 것이다. 돌은 산과 강, 그리고 다른 경관 요소를 상징하고, 영적인 성질을 갖는 요소로 작은 정원을 지구와 우주로 연결하는 매체이다. 현대의 실용주의적 사고가 우리의 감성을 억누를지라도 강도, 단단함, 내구성과 같은 공학적 성질 이상의 영적인 힘과 경외감을 잃지 않고 있다"고 하여 돌에 대한 작가의 심상心象을 잘 드러내고 있다.

이러한 재료에 대한 관념과 심상은 조경가들이 재료를 철학적·상징적·은유적으로 활용하는 데 중요한 단서가 된다. 프랑스 서북부에 위치한 캉Caen은 노르망디 상륙작전이 벌어진 곳에서 가까워 제2차 세계대전의 아픔을 그대로 간직하고 있는 도시이다. 노르망디 상륙작전을 기념한 캉 기념관에는 미국 병사를 위한 폭포 정원이 있는데 미국의 각 주에서 가져온 돌을 사용하여 기념벽을 만들었다. 이것은 조경에서 재료의 지역적 정체성locality을 통하여 시간과 공간을 연결하는 주요한 방법이다.

조경재료에 대한 접근

물체는 모두 재료로 이루어져 있다. 집을 짓고 자동차를 만들며, 도시에 공원을 조성하기 위해서는 재료를 사용해야 하므로 조경가, 건축가, 엔지니어 모두 필수적으로 재료의 특성에 대한 깊은 지식이 필요하다. 나무, 돌, 철鐵, 강鋼, 유리, 플라스틱, 고무 등 다양한 재료가 있다. 강만 하더라도 2,000종 이상으로 세분할 수 있다. 게다가 재료는 저마다 고유한 물성을 갖고 있다.

흙을 예로 들어보자. 과학적으로 보면 흙은 암석이 오랜 풍화작용에 의해 분해되어 만들어지며, 점토, 모래, 자갈로 구성된다. 식물의 생육을 위해서는 흙 속에 포함된 수분이나 유기물이 주요 관심 대상이지만, 공학적으로는 흙의 안식각, 다짐, 점성이, 미학적으로는 형태, 질감, 색채 등 미적 성질이 중요하다. 그리고 점토를 가지고 조소작업을 한다면 수분, 기름기, 숙성, 향기, 촉감, 끈적거림 등 고도의 감각적 물성에 관심을 가지게 될 것이다. 이처럼 흙은 생물학적·공학적·미학적 물성을 가지는 자연 요소로 접근 방법에 따라 달리 보일 수 있다.

재료를 보는 관점을 공학적·미학적·친환경적 접근으로 나누어 살펴보자. 각 접근 방법들은 고유한 가치와 판단 기준을 갖고 있다. 첫 번째, 공학적 접근에서는 재료의 특성을 크게 역학적 성질, 물리적 성질, 화학적 성질, 내구성으로 나눌 수 있다. 재료공학, 건축, 토목 분야에서 오래전부터 관심을 갖고 학문 및 실무적 관점에서 재료의 특성에 대한 연구가 발전되어 왔기 때문에 조경재료에 대한 공학적 접근은 관련 지식과 기술을 공유하는 입장이다. 두 번째, 미학적 접근 방법은 재료의 물성物性materiality에 의해 표현되는 미적 특성에 주목하는 것이다. 재료는 공간을 점유하고 감성sense이나 느낌feeling을 갖게 하는 물리적 실체이다. 단순히 재료의 공학적 성질에 대한 관심으로는 미적 측면에서의 물성을 제대로 이해하기 어렵다. 조경재료의 미적 특성은 크게 형식미形式美, 감성미感性美, 상징미象徵美 등 세 가지로 구분할 수 있다. 형식미는 재료의 형태, 색채, 질감 등을 통해 표현된다. 형식미적 관점에서 시각적 요소는 점, 선, 면, 부피, 형태, 질감, 색 등이 있으며, 이러한 시각적 요소는 서로 관계를 맺어 통일성, 강조, 비례, 균형, 리듬 등 우세한 구성 원칙을 통해 미적 특성을 드러내게 된다. 감성미는 재료가 갖는 녹슬음, 깨지기 쉬움, 거칠음, 자연스

19명의 병사를 사실적으로 표현하여 긴장감을 전달한 미국 워싱턴 D.C. 한국전쟁 참전용사 기념비 © 이상석

러움 등의 느낌과 이를 통하여 얻게 되는 긴장감, 평안함, 생명성 등이 해당된다. 조각가나 조경가들이 슬프거나 기쁜 감정을 작품을 통해 전달하고자 하는 것을 말한다. 조경재료를 통해 의미를 전달하는 상징미는 그 범위에 사회적 약정에 의해 성립되고 공유하는 상징象徵뿐만 아니라 개연적이고 임의성을 갖는 은유隱喩도 포함한다. 따라서 조경가는 프로젝트에 따라 조경재료를 통하여 형식미, 감성미, 상징미를 표현하게 된다. 즉, 각 재료가 갖는 고유한 물성을 통하여 사람의 감성을 자극하고 이를 통하여 상징적 의미를 전달하는 매체로 사용된다. 그러므로 재료는 물리적 실체로서 형식미적 특성뿐만 아니라 개인에게 고유한 심상을 갖게 하는 상징적 요소이며, 조경가가 가지고 있는 생각을 전달하기 위한 표현 매체로서 중요하다. 만약 전쟁메모리얼이라면 전쟁을 사실적으로 묘사하고 희생자를 추모하며, 국가 및 집단적 정체성正體性Identity을 강하게 표현하는 상징미를 동시에 표현하고자 할 것이다.

최근 친환경적 사고가 삶의 모든 분야에서 필수 조건이 되면서 조경 분야에서도 중요한 패러다임으로 등장하였다. 21세기에 들어온 이후 인류사회의 가치 변화, 새로운 문명의 도래에 따른 인간의식의 변화가 불가피하며, 전문가들은 DNA 복제·게놈과학과 같은 유전과학 영역, 비정부기구NGO; non-governmental organization·하이브리드 문화·24시간 사회 등 사회문화체계 영역, 지속가능성·생태권·공생권 등 환경 영역, N세대·사이보그·인공지능AI; artificial intelligence·나노기술 등 전자정보기술 영역이 미래 사회의 주요 이슈가 될 것으로 예상하고 있다. 이 중에서도 환경 영역은 인류 공존을 위한 절대적 조건이 되고 있다.

조경 분야는 친환경성을 달성하는 데 다른 분야보다 더욱 큰 영향을 줄 수 있다. 조경수목을 식재하여 대기와 물을 정화하고 생태계의 종다양성을 높일 수 있으며, 친환경적인 조경자재를 개발하여 사용함으로써 환경오염을 최소화하고 지속가능성을 높이는 데 기여할 수 있다. 이러한 현상은 생태 복원이나 친환경적인 제품 개발을 통하여 성과가 이루어지고 있으며, 앞으로 이러한 추세가 계속 확대될 전망이다. 친환경과 관련된 개념으로 지속가능성sustainability이 사용되고 있는데, 모리스 넬리셔Maurice Nelischer가 제시한 지속가능한 재료의 선택에 관한 지침을 살펴보면 다음과 같다.

① 가능한 한 지역에서 생산되는 재료
② 가능한 한 가공이 덜 된 재료
③ 재료의 취득, 생산, 운반, 설치에 소요되는 에너지가 최소인 것
④ 가능하다면 재활용이 가능한 재료
⑤ 가능하다면 석유 관련 재료를 피할 것
⑥ 내구성 있는 재료
⑦ 현재의 식생을 보호하고 생태공학을 적용한 것
⑧ 생산, 설치, 처리 과정에서 독성물질을 최소화한 것

하천 호안의 생태 복원 ⓒ 이상석

　이것을 종합해 보면 친환경 개념에는 세부적으로는 자연에너지 이용, 생태적 효율성, 생태 복원, 대안적 건설, 물의 친환경 가치 증대, 재활용, 환경오염 감소 등의 다양한 개념이 포함되는데, 각각은 높은 성장 잠재력과 사회적 수요를 갖고 있다.

　앞으로 친환경적 접근은 선택이 아닌 의무사항으로 강화되리라 예상된다. 국제적으로는 ISO 14000이 향후 제품 개발 및 적용에 범세계적 표준으로 작용할 것으로 예상되며, 각 나라마다 별도의 규정을 확보하려는 움직임이 활발하다. 세계적 환경 기준이 엄격해지는 상황에서 국제적 흐름을 따르지 못하게 되면 결국 미래 사회에서 도태될 것이다. 국내 건설 분야에서는 환경친화적 산업을 육성하기 위하여 기술 및 자재 개발 연구를 지원하는 방안이 강구되고 있으며, 친환경적 표준을 제정하기 위한 다양한 연구가 이루어지고 있다. 친환경 패러다임은 조경의 발전에 큰 기회 요소로 작용할 것으로 판단되므로 조경 분야도 이에 대한 노력을 경주해야 한다.

조경재료의 물성에 대한 인식

조경재료의 물성을 인식하는 데 있어서 조경가는 재료의 다양한 가치를 발견하고, 재료에 나타나는 시간성과 지역성에 토대를 두고 활용해야 하며, 창의적 표현을 통해서 아름다움을 구현해야 한다.

조경재료의 물성에 나타난 아름다움에 대한 다양한 인식이 필요하다. 예를 들어, 검은색은 죽음을 나타내고 영속성을 의미한다고 보아 검은색 돌을 프로젝트마다 보편타당한 것으로 사용한다면 창의적인 생각이 아니다. 중요한 것은 재료의 물성 자체가 아니라 그것이 지향하는 미적 가치이므로 재료의 물성은 공유될 수 있으나 나타내고자 하는 미적 가치는 달라져야 한다.

시간 속에 나타난 재료의 물성

재료는 시간과 환경에 따라 변화하는 성질을 가지고 있다. 예를 들어, 미국 뉴욕 배터리 파크에 있는 이스트 코스트 메모리얼East Coast Memorial에는 흰색의 화강석 기념벽에 빗물이 흘러내림으로써 기념성을 더욱 강하게 전달하고 있으며, 철판이 녹슬고 나무가 썩는 변화를 통해 시간성을 잘 보여 주고 있다. 오래된 역사적 건물이나 구조물에서 나타나는 시간의 역사는 재료의 물성을 넘어서는 가치를 가진다. 재료공학적 측면에서 경제성과 실용성에만 고정되지 않고 변화하는 재료의 다양한 물성을 통하여 생명성과 시간성을 표현할 수 있다.

재료와 장소의 관계

재료와 장소의 관계는 생산비 및 운반비의 절약을 통한 친환경적인 장점뿐만 아니라 미학적 측면에서도 중요한 의미를 갖는다. 조경재료는 자체적인 물성뿐만 아니라 지리적으로 동일한 지역의 자연 및 인문환경과의 관계, 즉 지역성이나 장소적 의미를 반영한 것이어야 한다. 이와 관련하여 현대의 조경 작품에서 다양한 사례를 찾을 수 있다. 예를 들어, 미국 네바다주 클라크카운티 청사Clark County Government Center에 있는 붉은 사암으로 만든 기념벽에는 고대로부터

미국 뉴욕 배터리 파크 이스트 코스트 메모리얼의 기념벽 © 이상석

이곳에 살던 나바호 인디언Navajo Indian 들이 그린 암각화가 새겨져 있는데, 인디언 문화가 남아 있는 지역에 동일한 재료와 암각 기법을 사용함으로써 이곳의 장소적 의미를 구현하였다.

물성에 대한 경험과 창의적 표현

재료의 물성을 통한 미적 표현은 경험을 통하여 축적되는 것인가, 창의적으로 창조되는 것인가? 만약 전자의 경우라면 경험이 많은 조경가는 다양한 재료의 물성을 능숙하게 이용할 수 있으며, 경험이 일천한 사람은 재료를 이용하는 데 제약을 받게 된다고 볼 수 있다. 물론 재료의 물성에 대한 다양한 미적 경험은 예술적 표현에 많은 도움이 되지만 단순히 경험의 축적이 훌륭한 작품을 담보하는 것은 아니다. 일본 오사카 빛의 교회에서 안도 다다오安藤 忠雄가 사용한 콘크리트 벽은 일상에서 쉽게 접하는 차갑고 거친, 무미건조한 벽이 아니라 매끈하고, 자연의 빛과 하늘을 끌어들이는 십자가로서 상징적 장치가 되고 있다.

이렇게 재료의 물성은 개인의 가치와 철학, 예술적 감각에 따라 달라지는 창의적 경험에 기초한다고 볼 수 있다. 조경가는 재료의 물성에 대한 섭렵도 필요하지만 각 재료가 갖는 물성의 미적 가치에 대하여 자기류自己流를 가져야 한다. 그것은 자신의 예술세계를 더욱 심연한 곳으로 끌어들일 수 있으며, 물성의 유희에 빠지는 것으로부터 보호해 주는 안전장치이기 때문이다.

미국 네바다주 클라크카운티 청사 기념벽 © 이상석

 최근 건축, 조경, 조각의 경계가 허물어지고 있고, 영역을 뛰어넘어서 활동
하는 전문가들이 늘어나고 있다. 이러한 현상은 정원, 공원, 메모리얼 등 다양
한 작품에서 나타나고 있으며, 재료의 다양한 물성을 이용하고 형상화하는 실
험은 조경가에게 커다란 과제가 되고 있다.

일본 오사카 빛의 교회 (안도 다다오) ⓒ 이상석

2

조경에서 기술과 예술의 구현

기술과 예술의 구분

오래전 만들어진 벽화나 유적은 당시에는 솜씨 좋은 사람이 만든 것 정도로 여기고, 그것에 대해 예술이라는 전문성을 부여하지 않은 것 같다. 이러한 추측의 근거는 어원상으로 고대에는 예술art과 기술technics에 대한 구분이 없었기 때문이다. 그리스와 로마 시대에도 예술과 대등한 의미를 갖는 단어를 찾을 수 없는데, 오늘날 전문적 기술을 의미하는 'technique'의 그리스어 어원인 'tekne(또는 tekhne)'는 예술을 포함하여 기교skill, 장인기술craft, 수공trade, 물건을 만드는 방법을 포함하는 포괄적 의미로 사용되었다. 그리고 'teknites'(또는 tekhnites)는 기술자artificer, 예술가artist, 기능공craftsman, 노동자workman 등을 나타내었다.

기술과 예술의 차이에 대한 인식은 18세기 중반 유럽에서 시작되었다. 회화나 조각처럼 실용성보다는 아름다움에 대한 관심이 높은 분야는 'fine(훌륭한, 멋진, 세련된)'으로 설명되고, 도기공예나 금속공예와 같이 실용을 겸한 분야는 상대적으로 'less fine(세련되지 못한)'으로 인식되었다. 점차 사회적으로도 예술가artist와 장인artisan을 구분하기 시작하였다. 임마누엘 칸트Immanuel Kant가 『판단력 비판Critique of Judgement』에서 "예술가artist는 단순한 장인기술craft, skill 이상의 천재성genius과 독창성originality을 가지고 무엇인가를 창조하는 사람"으로 설명한 데서 드러나듯이, 예술가의 천재성과 독창성을 중요시하게 되었다.

기술 · 장인기술 · 예술의 구현

현대 조경에서 만드는 행위making는 예술藝術, 장인기술匠人技術, 기술技術이라는 세 가지 속성을 가진다. 여기서 '예술'은 창의성과 독창성에 근거한 창조적 활동, '장인기술'은 전통과 시간적 맥락을 같이하는 고유성을 갖는 전통기술, '기술'은 과학에 기반을 두고 합리성, 표준성, 대량 생산에 근거하는 작업을 의미한다.

이러한 구분은 창의성과 생산 방식 측면에서 상세하게 살펴볼 수 있다. 창의성에서 예술은 독자적이며, 가장 두드러진 특성을 갖는다. 물론 예술가도 창작과 동시에 그의 작품을 표현하는 데 있어서 세밀한 솜씨를 필요로 하지만 어디까지나 예술성을 표현하기 위한 수단이다. 장인기술은 창의성은 떨어질지라도 토속이나 풍토와 관련되고 전통기술에 기반을 둔 독자성을 가진다. 창의성보다는 오랜 시간에 걸친 훈련과 기술의 습득 과정이 중시된다고 볼 수 있다. 스승으로부터 지식과 기술을 전수받기 위해 수습 과정을 거친 후, 석공은 자신의 손으로 석조물을 만들면서, 목공은 현장에서 대패질하고 집을 지어 보면서 장인기술을 배웠다. 한편 기술은 생산 방식에서 가장 뛰어난 효율성을 가지고 있다. 예술이나 대물림되어 전해지는 장인기술로는 현대사회가 요구하는 경제적 효율성을 얻기 어렵다. 기술의 표준성이 확보된다면 기계를 이용하여 수작업보다 더욱 정확하고 반복적인 작업을 할 수 있기 때문에 대량 생산이 가능하다.

현대에도 이와 같은 예술, 장인기술, 기술이 조경 분야에서 활발하게 적용되고 있다. 예술성을 잘 보여 주는 사례로 국내외의 다양한 정원박람회에서 전시되는 현대 정원을 들 수 있다. 프랑스 루아르 강변 쇼몽성에서 해마다 개최되는 쇼몽국제정원박람회Le Festival International des Jardins de Chaumont-sur-Loire는 새로운 스타일을 선도하는 예술적 정원의 모습을 잘 보여 주어 세계적으로 주목받는 정원박람회이다.

장인기술을 보여 주는 대표적 사례는 「문화재보호법」에서 정의하고 있는 여러 세대에 걸쳐 전승되어 온 무형의 문화 유산 중에서 공예, 미술 등에 관한 전통기술이나, 「문화재수리 등에 관한 법률」에 따른 문화재수리기능자이다.

프랑스 루아르에셰르 쇼몽성 전경 ⓒ 이상석

2015 쇼몽국제정원박람회에 전시된 「Carre et Rond」(류공지안^{Yu Kongjian}) ⓒ 이상석

전남 담양 소쇄원 광풍각 후면에 복원된 석축 © 이상석

문화재수리기능자는 한식목공, 한식석공, 조각공, 조경공, 식물보호공 등 20개 기능 분야로 분류하고 있다.

전남 담양에 있는 소쇄원瀟灑園은 경관적 아름다움이 뛰어난 한국 전통정원의 모습을 잘 보여 주고 있어 명승 제40호로 지정되어 있다. 소쇄원 돌담 및 석축 복원 과정에서 전통정원의 복원에 대한 논란이 있었는데, 석축과 돌담의 원형이 무엇인가, 사용된 재료와 기술은 소쇄원의 전통성 및 지역성에 타당한 것인가가 핵심이었다. 그 결과 석축 복원 과정에서 기초 및 줄눈재료로 콘크리트를 사용하지 않도록 하고, 사용하는 돌은 지역에서 산출된 것이어야 하며, 축석 기술도 전통적 공법이 요구되었다. 전통정원을 복원하거나 보수하면서 당연한 요구 조건이지만 실제로는 쉽지 않은 것이 현실이다.

조경기술은 국토 발전 및 현대적 조경에 크게 기여하고 있으며, 조경 산업 측면에서 절대적 역할을 하고 있다. 「국가건설기준」에서는 조경공사의 표준시방서 내용으로 부지조성공사, 식재기반조성공사, 식재공사, 조경시설물공사, 조경포장공사, 생태조경공사, 조경유지관리공사 등의 기준을 제정하여 운영하고 있으며, 「건설산업기본법」의 「건설산업기본법시행령」 제7조 관련 〔별표1〕 건설업의 업종과 업종별 업무내용'에서 종합공사업으로 조경공사업과 전문공사업으로 조경식재공사업 및 조경시설물설치공사업을 건설업의 업종으로 규정하고 있다. 「건설산업기본법」과 「국가기술자격법」은 현대적 조경에서 조경기술이 건설기술로서 자리매김하고 활동하는 제도적 장치로 매우 중요하다. 건설업의 등록을 위해서는 「국가기술자격법」에 조경 분야의 건설기술자를 고용하도록 하고 있다.

앞에서 설명한 예술, 장인기술, 기술은 모두 조경에서 필요하다. 아름다운 경관을 만들기 위해서 조경가는 조각가와 같이 자신이 설계하고 시공하는 재료의 물성을 드러내는 작업에 직접 참여하고 의도하는 바를 정확하게 구현할 수 있는 예술성이 필요하다. 전통조경기술 구현 측면에서 조경가는 장인으로서 석공, 목공, 조경공과 같은 장인기술이 필요하다. 그리고 현대 사회에서 추구하는 생산 및 이용의 경제성과 효율성을 가진 제품을 생산하고 시공하기 위해서 다양하고 표준화된 기술이 필요하다.

3

조경의 발달과 구조공학의 기여

지구상에 존재하는 모든 구조물은 중력에 저항해야 한다. 이 문제의 해결은 사용하는 재료와 기술에 달려 있다. 18세기 이전 구조공학이 발달하기 전에 사람들은 경험에 의존하여 구조물을 만들 수밖에 없었다. 그러나 경험론적 지식은 적용에 있어서 한계가 있으며 구조물을 만들더라도 안정성에 대한 확신이 없었다.

내력벽과 기둥·인방 구조

인간이 먼저 사용한 구조기술은 내력벽耐力壁 구조이다. 이것은 구조물을 만들기 위한 간단한 방법으로 점토벽돌, 돌, 어도비Adobe 등을 사용하여 하부에서 쌓아 가면서 두께를 얇게 하여 상부구조의 중량을 상대적으로 적게 함으로써 안전한 구조물을 만들 수 있다. 이보다 발전된 방법은 수평보를 지지하는 2개의 기둥으로 만들어진 기둥post과 인방lintel 구조이다. 서양의 파르테논 신전 Parthenon이나 에베소의 켈수스도서관The library of Celsus에서 볼 수 있는 구조이며, 우리나라의 전통구조물에도 적용되었다. 기둥과 인방구조는 구조적인 튼튼함과 웅장함을 주었지만 나무와 돌을 사용할 때, 상대적으로 큰 공간에 비해 경간span이 짧은 단점을 가지고 있었다.

기둥과 인방구조

아치의 등장과 발달

이를 해결하기 위하여 새로운 구조적 발상으로 아치^{arch}가 등장하였다. 동서양을 막론하고 모든 문명권에서 아치를 사용하였다. 신석기 시대에 삼각형 모양의 아치가 있었으며, 기원전 4000년 무렵 메소포타미아인이 둥근 아치를 사용하였다. 아치는 기원전 2세기 무렵 그 형태를 완성한 로마인에 의해 크게 발전하였으며, 고대 그리스 건축과 로마 건축을 구분하는 중요한 단서가 되었다.

구조적으로 보면 아치는 인장력을 압축력으로 전환하여 지반에 전달하는 구조이다. 아치는 형태에 내재하는 인장력과 압축력 때문에 홍예虹蜺^{keystone}를 끼워 완전하게 만든 다음에야 구조적으로 안전하다. 아치는 많은 장점을 가지고 있는데, 아치의 향연이라 불리는 콜로세움과 같이 매력적인 형태를 이룰 뿐만 아니라 구조물의 안정성을 저해하지 않으면서 벽의 간격을 넓게 할 수 있으며 재료를 적게 들여 하중을 감소시킬 수 있는 장점을 가지고 있다.

아치가 연속해서 길이로 확장되면 아케이드^{arcade}가 되고 깊이로 확장되면 터널 모양의 둥근 천장의 통형 볼트$^{barrel\ vault,\ tunnel\ vault}$가 되는데, 이로 인해 구조물 내부에 넓은 공간을 만들 수 있게 되었다. 로마인들은 이것을 즐겨 사용했는데 중세의 성당에까지 사용되었다. 로마네스크 건물에는 둥근 천장을 직각으로 교차시켜 구성한 교차형 볼트$^{groin\ vault}$가 사용되었다. 둥근 아치와 로마네스크의 볼트는 많은 문제를 해결했음에도 불구하고 몇 가지 단점을 가지고 있었다. 하나는 둥근 아치가 안정되려면 반원의 형태여야 하므로 아치의 높이는 그 폭으로 제한된다는 것이다. 또한 볼트는 구조적 안정성을 유지하기 위해서 둥근 천장이 매우 무거워야 했으므로 이로 인하여 창이 작아져 실내가 어두운 문제가 발생하였다. 그래서 채광도를 높이고 실내 공간을 확대하기 위해 많은 구조적 노력을 기울였는데, 고딕 시대의 첨두아치$^{pointed\ arch}$로 이 문제를 해결하였다. 첨두아치는 둥근 아치와 달리 많은 장점이 있는데 아치가 첨두尖頭까지 높아지게 되므로 하중을 지반으로 빨리 전달할 수 있으며 볼트보다 훨씬 큰 구조물을 만들 수 있다. 고딕 건축의 건축가들은 주요 교차부가 리브^{rib}로

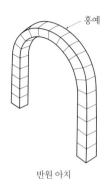

홍예

반원 아치

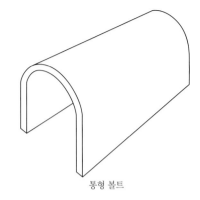

통형 볼트

아치와 볼트

각주

버팀도리

첨두아치

고딕 아치

보강된다면 볼트의 곡선부에 무거운 재료를 사용할 필요가 없다는 것을 알게 되었으며, 그 결과 돌 벽에 스테인드글라스stained glass 창을 도입할 수 있게 되어 고딕 양식 건축물의 내부는 밝아졌다. 또한 그들은 성당의 바깥쪽을 보강하기 위한 구조를 개발하였다. 아치는 옆면으로 내미는 힘을 발생시키므로 성당이 바깥쪽으로 밀려나 붕괴할 수 있기 때문에 이를 보완하기 위해 버팀도리flying buttress와 각주pier의 구조를 개발하여 사용하였다. 구조적으로는 아치로부터 전달되는 힘(횡력)을 줄이기 위해 각주로부터 내려오는 중력을 점차적으로 크게 하여 지반으로는 기둥 단면의 중앙삼분점middle third에 작용하도록 한 것이다.

돔dome은 반구 형태의 구조물로서 아치를 축을 중심으로 360° 회전시킨 것이라고 할 수 있다. 돔에서 발생하는 응력은 돔의 반경의 둘레로 퍼진다는 점을 빼고 아치와 유사하다. 만약 돔이 밖으로부터 모든 방향으로 지지되지 않는다면, 그것은 모든 방향으로 터져 나가는 파열을 일으킬 것이다. 다른 건축구조와 마찬가지로 돔도 로마인들의 공학적 천재성에 의해 완성되었다. 최초의 돔 구조물이면서 가장 세련된 돔 건물은 2세기경 만들어진 '모든 신을 위해 바쳐진 신전'이라는 의미의 판테온Pantheon이다. 천문 관측소로 사용되었던 로마의 판테온은 기독교와 이슬람 건축의 원형 모델이 되었으며, 많은 공학도와 예술가들의 관심을 받고 있다. 또 다른 뛰어난 돔 구조 건물은 6세기경 이스탄불에 기독교 교회로 세워진 아야소피아Hagia Sophia이다. 이 건물은 당시 건축가들이 꿈꾸던 사각형 건물 위에 원형 돔 지붕을 얹은 것인데, 이 경우 구조적 문제가 복잡해지게 된다. 중앙에 원형 돔을 두기 위해서는 이것을 지탱하고 사각형 바닥으로 하중을 전달하기 위한 효과적인 구조가 필요하였는데, 이를 위해 4개의 큰 지주와 아치, 삼각궁륭pendentives을 채용한 독창적 구조로 만들어졌다. 이러한 돔 구조는 발전되어 정원과 공원에도 사용되었는데, 프레더릭 로 옴스테드Frederick Law Olmsted가 설계한 미국 뉴욕의 센트럴 파크나 샌프란시스코의 골든게이트 파크에 반원형 돔을 사용한 무대가 조성되었다.

이탈리아 로마 판테온과 돔 내부 모습 © 이상석

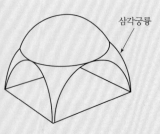

삼각궁륭

터키 이스탄불 아야소피아에 적용된 돔과 삼각궁륭 © 이상석

재료와 구조의 혁신

돌이나 점토벽돌과 같은 새로운 재료의 등장으로 건축 구조에 새로운 변혁이 일어났다. 뛰어난 강도와 내구성을 가진 철은 수천 년 동안 도구를 위해 사용되었으나 건물을 위해 본격적으로 사용된 것은 19세기부터이다.

1850년 영국 빅토리아 여왕Queen Victoria의 남편인 앨버트공Prince Albert이 후원하는 영국왕립예술협회에서 평화와 번영, 자유무역을 위하여 세계박람회를 열자는 제안을 하였고 이를 감독하기 위한 왕실위원회를 만들었다. 그리고 박람회 개최 예정일인 1851년 5월 1일부터 사용할 건물을 만들기 위해 설계 공모를 하였으나 적합한 설계안이 없어 고민을 하고 있었다. 이때 드본셔Devenshire 공작의 정원사로 일하고 있던 조셉 팩스턴Joseph Paxton은 런던세계박람회를 위한 건물을 만드는 데 참여하고자 간청하였다. 그는 하이드 파크Hyde park에 주철제 프레임에 유리를 입힌 멋지고 흥미로운 조형물인 수정궁Crystal Palace을 만들었다. 이 조형물은 높이가 33m, 점유 면적 69,000m^{2}에 달하는 큰 구조물이었으나 조립시공이라는 독창적 방법에 의해서 단기간에 공사를 완료할 수 있

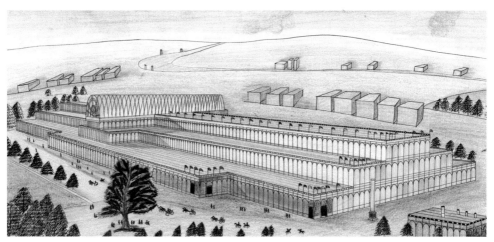

1851년 런던세계박람회 때 지은 수정궁의 조감도

었으며, 전시 기간 동안 방문객들은 건물에 대한 호기심과 놀라움을 금치 못하였다. 팩스턴은 이 구조물을 통하여 골격이 튼튼하기만 하다면 그 피부는 가볍고 비내력벽도 좋다는 것을 증명하며 구조공학의 커다란 진보를 이루었다. 아마도 이것은 근대 건축물 최초의 골격·피부 구조가 아닐까 한다. 산업혁명의 기본체계이기도 한 조립식 시공으로 시공 기간을 단축하였으며, 현대 건축물에 적용되고 있는 골격·피부 구조를 새롭게 시도하였다. 또한 정원사였던 팩스턴은 수정궁의 조형적 모티브를 아마존빅토리아수련^{royal water lily, Victoria amazonica}의 엽맥 구조에서 얻었기 때문에 조경가에게 시사하는 바가 크다.

4

조경재료, 시공 기술, 구조의 창발적 사례

컨테이너 재배 수목의 생산

일반적으로 조경수목은 나지에서 재배되는데 조경건설기준상 뿌리를 자르는 단근斷根을 통해 잔뿌리가 발달한 수목이어야 하지만 기준에 부합하지 않는 수목이 유통되는 경우가 많다. 컨테이너 재배는 조경수목을 유묘 또는 삽목묘 단계에서부터 생육에 따라 작은 용기에서 큰 용기로 이식하며 일정 규격까지 재배하는 조경수 생산 방식이다. 조경식재 공사의 하자율이 높아지는 상황에서 컨테이너 재배 방식은 성공적 대안으로 주목받고 있다.

컨테이너 재배 방식은 용기나 포트, 화분 등 각종 용기에 수목을 재배하여 용기 내에 단근 효과를 발생시켜 다량의 잔뿌리를 나게 하여 식재 시 수목의 환경 적응, 활착 및 생육을 양호하게 한다. 아울러 균일한 수목을 단기간에 대량으로 생산이 가능하며, 굴취 및 운반, 식재가 편리하다. 이미 유럽이나 미국 등 선진국에서는 널리 보급된 상태이며, 시설 및 환경 제어 등 집약적 기술 관리가 필요하다. 현재 국내에서는 초기 시설 및 투자 비용, 전문적 관리 등의 이유로 대형 양묘장을 중심으로 이루어지고 있지만, 향후 정부기관 및 지방정부, 관련 산학, 업계를 중심으로 연구 및 지원 정책 활성화가 이루어질 것으로 보인다. 국내 최초로 개발한 이동식 대형수목 플랜터planter는 사용자가 원하는 위치와 시기에 빠르고 간편한 방법으로 식재 기반 조성이 어렵거나 토심이 부족한 지역에 다양한 규격의 수목을 설치할 수 있으며, 특수한 공간의 친환경적 모듈로써 사용되기도 한다.

캐나다 바이랜즈양묘장 전경
© 이상석

컨테이너 재배 © 이상석

폐기된 석산의 재생

폐기된 공장, 정수장, 저장시설, 낙후된 건물, 광산 등 도시나 자연에서 사용되고 버려진 부지들을 자주 만나게 된다. 이 중 자연지역에서 자주 만나게 되는 폐기된 석산石山은 지형과 자연환경이 파괴된 대표적 사례이다. 우리나라에도 버려진 석산을 도시 근교에서 자주 보게 되는데, 이러한 버려진 석산을 조경을 통하여 창의적으로 변신시킨 성공적 사례가 있다.

경기도 포천 아트밸리는 폐기된 석산이었다. 포천에서 생산되던 화강석은 재질이 단단하고 색상 및 무늬가 아름다워 1960~1990년대까지 건축 및 조경용 자재로 많이 사용되었다. 그러나 채석이 끝난 산은 잘려 나가 폐허가 되었고, 곳곳에서 폐석장은 흉물스런 경관으로 남았다. 포천시는 2003년부터 방치되었던 폐석산을 복합문화예술공간으로 재탄생시켰으며, 자연, 문화, 예술이 조화를 이루도록 하여 버려진 부지를 재생시킨 성공적 사례가 되었다.

캐나다 빅토리아섬에 있는 부차트 가든Butchart gardens도 폐기된 석산을 아름다운 정원으로 재생시킨 훌륭한 사례이다. 로버트 부차트Robert Butchart와 그의 부인 제니Jennie는 석회암 매장지를 사서 시멘트를 생산하고 이곳에 살았다. 시멘트 생산을 시작한 후 15년이 지나면서 석회암과 점토가 고갈되자, 이곳에 정원을 만들자는 창의적 생각을 하였다. 1904년부터 정원을 조성하기 시작했으며, 100년이 지나면서 아름다운 정원으로 세계적으로 주목받고 있다. 조경가는 도시재생에 주목하는 것처럼 낙후되거나 버려진 부지들을 경제적·환경적·예술적·문화적으로 재생시키는 것에 관심을 가져야 한다.

도시환경 개선을 위한 첨단 녹화 구조기술

우리나라는 미세먼지로 인하여 도시환경이 악화되고 기후변화로 인한 폭염 현상이 발생하여 국민들의 생활에 불편을 야기하고 건강에도 심각한 영향을 주고 있다. 대기오염을 저감하고 폭염을 완화하기 위해 공원 및 녹지의 중요성이 그 어느 때보다 크게 인식되고 있다.

경기 포천 아트밸리 ⓒ 이상석

캐나다 빅토리아섬 부차트 가든 ⓒ 이상석

2005 일본 아이치
국제박람회장에 설치된
바이오렁 녹화벽(왼쪽)과
회랑, 타워(오른쪽)
© 이상석

　도시환경을 개선하기 위한 조경구조공학기술의 창발적 사례를 살펴보자. 바이오렁Bio-Lung은 2005년 3~9월에 일본 아이치愛知국제박람회장에 설치된 거대한 녹화벽이다. 생물이나 생명을 뜻하는 '바이오bio'와 폐를 나타내는 '렁lung'을 합쳐 만든 말로 '호흡하는 도시구조막'을 의미한다. 녹화벽면(폭 약 150m, 최고 높이 15m) 사이에는 '바이오렁 회랑'이 설치되어 녹화벽면 공간을 즐길 수 있도록 하였고 회랑 중앙에는 바이오렁 전체를 상징하는 높이 25m의 '바이오렁 타워'가 설치되었다. '자연과 서로 호흡하는 예지叡智'에 착안하여 사람과 자연의 관계를 재구축하는 도시시설로서 바이오렁에 의해 바람이 차가워져 벽면에 시원한 바람이 닿아 대기온도를 낮추는 열환경 개선 효과와 소음 감쇠, 미세먼지 차단 기능을 기대할 수 있다. 바이오렁은 공원 및 녹지의 존재 효과에 만족하지 않고 인공적인 녹화구조시설을 통하여 도시의 오염된 공기를 정화하고 온도를 저감시킬 수 있는 첨단기술의 훌륭한 사례이다.

정원박람회와 다양한 재료의 물성 실험

선진국에 비해 늦었지만 우리나라에서도 순천, 서울, 경기, 울산, 부산 등에서

2013 순천만국제정원박람회 조성 전 부지 ⓒ 이상석

2013 순천만국제정원박람회 부지에 조성된 대지조형 ⓒ 이상석

2017 서울정원박람회에 전시된 「정원 한 스푼」(국립수목원) ⓒ 이상석

2018 서울정원박람회에 전시된 「그린 버블」(아모리 갈롱) ⓒ 이상석

정원박람회가 개최되어 조경, 예술, 원예 등 다양한 분야에서 참여하는 작가들의 정원이 조성되고 있다. 순천만국제정원박람회는 '지구의 정원, 순천만'이라는 주제로 2013년 4~10월에 순천만에서 개최되었다. 박람회장의 중심에는 경관조형예술가인 찰스 젱크스Charles Jencks가 순천지역의 도시와 자연을 형상화한 대지조형 작품을 만들었고, 방문객들이 대지조형된 산을 오르며 다양한 시점에서 아름다운 자연경관 및 도시경관을 즐길 수 있도록 하였다.

정원박람회에서는 다양한 재료의 물성에 대한 실험적 시도가 이루어지고 있다. 2017년 서울정원박람회에 초청정원으로 전시된 국립수목원이 조성한 「정원 한 스푼」은 섬유강화플라스틱FRP; Fiber Reinforced Plastics으로 만든 커다란 스푼 모양의 하얀색 테이블에 정원이 설치된 작품이다. 그리고 이 박람회에서는 나비와 새를 위한 정원, 허브정원, 키친 가든을 조성하여 도심 속에서 식물을 매개로 하여 생명체인 사람, 나비, 새들이 서로 어울리며, 먹고, 쉬고, 즐기는 공간이 제안되었다. 또한 2018년 서울정원박람회에서는 프랑스 벽면녹화 전문가 아모리 갈롱Amaury Gallon의 「그린 버블Green Bubble, Jardins de Babylone」이 출품되었는데 철 구조물에 녹화식물을 식재하여 도시에 식물을 도입하기 위한 조형물을 이용하였다. 사람들은 이곳에서 도시의 소음과 바쁜 일상으로부터 분리되어 쉴 수 있다.

이와 같이 정원박람회는 시민들에게 정원을 제공하여 즐기도록 하였으며, 시대적 이슈를 반영하고, 장소적 의미에 대한 해석을 시도하면서 다양한 재료 및 시설을 활용하여 예술적 효과를 더하고 있다.

함께 보면 좋을 자료

이상석, 『경관, 조형 & 디자인』, 도서출판 조경, 2005.

이상석, 『정원만들기』, 일조각, 2006.

이상석, 『조경디테일』, 도서출판 조경, 2006.

이상석, 『조경재료학』, 일조각, 2013.

최기수·이상석, 『조경구조학』, 일조각, 2014.

VIII
새로운 관광시대를 대비한
관광여가의 이해

김용근

제주 곽지해수욕장 © 이용학

관광산업의 지역 발전 기여도가 확장됨에 따라 국민의 관광여가환경이 발전되고 변화하였다. 조경 분야는 사회적 기간산업으로서의 관광산업의 역할을 이해하고 이에 발빠르게 대응할 필요가 있다. 이를 위해서 조경 분야는 관광객과 지역주민이 공유하는 관광여가환경의 계획, 지역이미지를 창출하기 위한 지역주민 및 지역 고유의 자원 중심의 관광여가환경을 계획할 수 있는 전문성을 갖추어야 한다. 구체적으로 프로그램 계획 대상을 위한 체험프로그램 및 이벤트 기획 능력과 이용자의 만족도를 극대화시키면서 지역자원의 가치를 훼손시키지 않는 범위 내의 관광활동 관리 능력, 그리고 계획 과정에서 생기는 이해관계자 간의 갈등을 관리하는 기술을 함양해야 한다. 즉, 기존의 관광여가 목적지의 계획 및 설계 기술뿐만 아니라 지역의 자연자원 및 역사문화자원을 활용하고 다양한 분야를 이해하며 융복합적인 새로운 관광여가계획안을 만들기 위한 조경전문가로서의 전문성을 확대해 나가야 한다.

1

관광여가산업의 여건 변화

관광여가산업에서 조경의 역할

편하고 즐거운 생활을 추구하는 현대인의 라이프스타일 추세에 영향을 받아 관광여가산업이 크게 번창하고 있다. 이와 관련하여 조경 분야는 대도시의 공원과 녹지계획 설계, 그리고 관광지의 관광프로그램이나 공간 및 시설 계획에서 큰 역할을 해 왔다. 특히 지역경제 활성화를 위한 관광단지 조성을 비롯하여 지역의 종합관광계획 및 시민의 관광여가 이용프로그램 마련, 관광여가 활동의 근원을 이해하는 여가 행태 조사 및 분석, 그리고 공원과 관광지에서의 이용자관리에 이르기까지 조경의 역할을 지속적으로 확대해 왔다.

관광여가 분야는 그동안 경제성장을 추구하는 개발 주도적인 측면이 강조되면서 지역의 여건을 고려하기보다는 개발 의뢰인의 입장을 대변하거나 지방정부의 개발의지를 실현하는 것에 목적을 두고 계획이 추진되어 온 경향이 있다. 이는 결과적으로 특정 개발업자의 이익이나 기획부동산 개발업자의 투기 목적에 부합되면서 과도한 개발로 이어졌다. 이는 자연생태나 문화역사자원 등 지역 고유의 가치가 훼손되고 파괴되는 사회적 비용을 지역이 고스란히 감당하고 있다는 비판에서 자유롭지 못하다. 따라서 관광단지 조성의 성패는 단지 조성 후의 분양 여부보다는 관광단지의 본질적인 가치를 유지·향상시키고 선순환적인 지역개발 투자로 이어져 관광객과 지역민으로부터 사랑받음으로써 평가되는 것이 바람직할 것이다. 즉, 관광단지의 개발을 분양사업으로 접근하는 현재의 성과 중심 추진 전략에 아쉬움이 크다.

관광객의 욕구 변화 등 관광환경의 변화에 따라 지방정부의 관광개발사업이 관광단지 개발에서 이용프로그램 등 운영과 관리에 대한 관심으로 바뀌고 있다. 그러나 관광개발업계는 기존 관광단지 중심의 접근 방법에 익숙한 나머지 관광지나 관광단지가 실수요자로부터 외면당하는 경우가 발생하는 등 사회 여건의 변화에 대한 대응이 적절하지 못하다는 평가를 받고 있다. 특히 농어산촌관광이나 생태관광, 그리고 지역의 향토문화를 자유롭게 탐방하는 체험관광 상품이 각광 받으면서 조경 분야에서도 관광여가 분야에 대한 지역성과 사회적 변화에 대한 새로운 인식의 전환이 필요한 시점에 이르렀다.

관광여가산업에 대한 기대

각 지방정부들은 자기 고장의 경쟁력 강화를 위한 새로운 돌파구로 관광산업에 대한 기대가 매우 크다. 관광 관련 사업의 종류나 성격도 매우 다양해져서 기존의 시각으로는 상상하기조차 어려웠던 아이디어 상품들이 성공을 거두는 사례가 많아지고 있다. 특히 다른 지역과 차별화된 자원이나 문화적인 특성을 활용한 이벤트 사업은 고전적인 관광수익뿐만 아니라 지역 농산물이나 특산물의 판매량을 증가시켜 지역경제에 큰 도움을 주고 있다. 예를 들어, 단순히 식량 생산이 목적이던 보리농사가 청보리축제라는 관광상품으로 개발되었으며, 농촌에서는 흔한 곤충인 나비와 메뚜기가 지역홍보와 농산물 판매의 촉매제로 활용되는 나비축제와 메뚜기축제 등으로 개발되었다. 강원도 화천의 경우 겨울의 매서운 추위와 지역의 특산물인 산천어를 묶어서 산천어축제를 개발하였고, 충남 보령의 경우 서해안의 갯벌을 활용한 머드축제를 개발하여 우리나라의 대표 축제로 주목받고 있다.

이 같은 사례는 아무리 사소한 자원이라도 지역의 특성에 맞게 개발하면 훌륭한 관광 상품이 될 수 있으며, 관광개발사업의 이익이 특정 개발업자에게만 한정된 것이 아니라 지역경제 활성화에 직접적인 도움을 줄 수 있다는 가능성을 보여 준다고 할 수 있다. 관광에 대한 정책 개발의 기술이나 재원 확보 측면에서 열악하다고 생각했던 부분이 역설적으로 방문객으로부터 각광을 받

지역자원을 활용한 관광개발 사례

지역 특성을 이용한 관광상품화

게 되는 경우는 새로운 관광산업의 발전 전략으로 볼 수 있다. 노동의 대명사로 인식하고 있던 농어산촌의 자원이나 생산 활동, 그리고 지역주민의 생활환경 자체가 도시민의 새로운 체험 대상으로 부각되고 접근하기 어려웠던 오지가 관광과 휴양의 가치로 재조명되면서 지역 발전에 있어서 관광의 역할이 커지고 있는 것이다. 이와 같은 관광환경의 변화는 지역주민들의 관심을 이끌고, 그 결과 주민 주도적인 사업에 대한 관심의 증대로 이어지고 있다.

지방정부의 관광 관련 사업에 대한 관심이 커지고 업무의 비중이 커진 것은 중앙정부로부터 대규모 개발사업을 유치하는 것이 용이하지 않을 뿐만 아니라 민간자본 유치에 의한 대규모 관광단지개발사업이 현실적으로 쉽지 않다는 판단에서 비롯된 것이다. 즉, 지역관광사업을 장려한 결과 경제효과를 주민들이 직접 체감할 수 있다는 가능성에서 관광 관련 정책도 크게 변화하고 있다. 지방정부의 경쟁력은 다른 지역과의 차별화에서 찾을 수 있으며, 차별화는 그 지역만이 가지고 있는 특색 있는 향토자원에서 발굴되어야 한다. 한 고장의

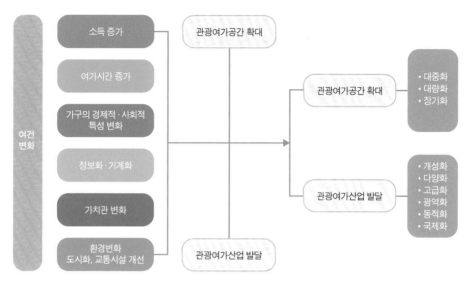

여가환경의 구조 변화와 여가활동

개발 잠재력은 그 지역의 생태자연자원과 지역민의 삶의 흔적을 고스란히 간직하고 있는 지역향토문화와 역사자원에서 찾을 수 있다.

관광여가환경의 변화

관광여가활동의 사회 환경이 급격하게 변함에 따라 우리나라 국민들의 관광에 대한 의식도 바뀌고 있다. 경제성장만을 목적으로 두는 국가 정책에서는 관광여가활동을 동화 속의 베짱이에 비유하며 부정적인 시각으로 보는 경향도 있었다. 그러나 이제는 여가시간을 충분히 갖고 여유 있는 삶을 즐길 수 있는 수준이 한 사회의 삶의 질을 가늠하는 척도로 인식되고 있다. 이는 여가시간이 노동을 하고 남는 시간이나 비어 있는 시간이 아니라 개인의 자아실현과 재창조를 위해 활용할 수 있는 의미 있는 시간으로 인식되고 있기 때문이다. 특히 관광여가에 대한 욕구가 늘어나고 개인별로 관광여가활동에 참여할 수 있는 사회 여건이 양호해지면서 관광여가활동의 형태나 종류는 개인의 취향과 선택에 따라 매우 다양해지고 있다.

지난날에는 넉넉하지 않은 형편 때문에 가족들과 함께하는 관광이 쉽지 않았지만 이제는 자기 여건에 적합한 관광여가활동을 선택하고, 일상생활 중에도 틈틈이 관광여가활동에 참여할 수 있는 기회가 많아지고 있다. 그러므로 궁극적으로 관광활동은 더욱더 증가할 것이며, 동시에 개개인의 여건과 취향에 맞춘 활동 프로그램의 종류도 다양해질 것이다. 즉, 특정 휴가기간에, 특정 지역에 관광객이 집중되는 시대가 아니라 자신의 여가시간이나 경제적 여건, 그리고 개인의 취향에 따라 곳곳에서 사계절 내내 관광여가활동이 발생하는 시대가 된 것이다.

2

새로운 여가환경의 이해

여가의 개념

여가leisure의 고전적 개념은 '노동work'의 반대 개념으로 '자유로운 시간non-work, free-time'이라는 뜻에서 기원한다. 이 말은 노동시간에는 자유로울 수 없다는 뜻이기도 하다. 농경사회에서 노동은 농사를 짓는 기간, 즉 농번기에 일어나는 활동이었고, 농사철이 지난 농한기에는 자유로운 시간, 즉 여가시간을 가질 수 있었다. 우리나라 농촌에서 가을걷이가 끝난 농한기에 마을주민들이 관광을 떠나는 것과 같은 현상이다.

현대 산업사회에서는 회사에 다니면서 임금의 대가로 일정 시간 동안 일(노동)을 해야 한다. 따라서 일반적으로 여가시간은 하루 24시간 중 사람의 생명을 유지하기 위해 먹고 자는 생리시간, 수입을 얻기 위해 사용되는 노동시간과 노동준비시간, 그리고 가족이나 친구를 위해 대가 없이 사용하는 시간을 제외하고 개인이 자유롭게 사용할 수 있는 시간을 말한다.

이와 같이 고전적인 여가의 개념은 자유로운 시간을 의미하는 동시에 노동활동과 대응되는 여가활동의 개념으로 설명되고 있다. 그러나 현대에는 노동시간이나 여가시간이 획일적으로 나누어진 것이 아니라 개인의 능력이나 회사의 여건에 따라 조정되는 경우가 많다. 개인의 능력은 노동시간의 많고 적음보다도 노동의 결과물에 대한 질로써 평가받는다. 즉, 재택근무 등 노동환경의 변화에 따라 개인의 노동시간과 여가시간의 유형이 자유로워지고 있다. 그 결과 고전적인 여가의 시간적 개념이나 활동의 개념이 관광계획에서 일반적으로 받아들여지는 데 한계가 있다.

심리학적 여가시대

여가시간의 많고 적음에 상관없이 여가활동에 참여하는 사람이 자신의 여가활동에 만족을 하느냐 하지 못하느냐에 따라 진정한 여가pure leisure와 그렇지 못한 여가로 구분된다. 이와 같은 구분은 여가의 진정한 의미가 사람의 마음의 상태state of mind에 따라 결정된다는 여가의 심리학적 개념에 의한 것이다. 즉, 여가 참여자가 심리적으로 만족을 느낀다면 외형적으로는 노동의 형식을 갖고 있는 활동이라 하더라도 여가와 같은 효과가 있는 활동이라고 분류할 수 있다는 것이다.

현대에서 여가의 평가는 객관화된 계량적인 방법으로 이루어지기보다는 주관적이고 개별적 방법에 의해 평가되고 있다. 외형적으로는 놀고 있어도 경우에 따라서 모두 놀고 있는 것이 아닌 것과 마찬가지로, 노동을 하고 있다고 해도 모두 다 일을 하고 있는 것이 아닐 수 있다. 노동을 해서 소득을 얻는 사람에게는 분명 일이라 할 수 있으나, 취미로 육체적인 활동을 선택한 사람의 경우 외형적 형상만을 보고 노동활동을 하고 있다고 평가할 수는 없다. 예를 들어, 주말농장에서 농부와 함께 농사일을 하고 있는 도시사람은 농산물 생산을 위한 농부의 입장과 서로 다르기 때문에 여가활동을 하고 있다고 볼 수 있다. 이제는 외형적인 여가시간이나 여가활동에 구애받지 않고 개인의 여가욕구를 만족시킬 수 있는 정도에 따라 여가활동의 여부가 판단된다. 육체적으로 힘든 노동의 경우라도 개인의 취향이나 취미로 즐겁게 수용할 수 있다면 이는 여가활동으로 분류된다.

개별관광·자유관광시대

자가용 차 보급률이 증가하면서 이동이 자유로워졌다. 예전에는 대형버스를 이용하여 집단으로 이동하는 단체관광이 주를 이루었다면 현재는 자가용 차로 개인의 이동이 자유로워짐에 따라 이용 시간이나 시기, 그리고 목적지 선택이 개인의 여건에 맞게 차별화되고 있다. 그 결과 관광 목적지의 경우 보편

여가환경의 변화　　　　관광여가활동에 대한 관심 고조　　　　전 세계/국토 곳곳

주 5일 근무제 · 학업제, 대체휴일제　　　심리학적 여가 시대　　　관광여가 공간 및 시설의 다양화
자가용 차 시대　　　관광여가 자기만족 시대　　　관광여가자원의 개념 확대
스마트폰 시대　　　자기개발 · 자아실현　　　관광여가활동의 다양화

개별관광시대　　　　**구석구석 관광시대**

관광여가활동의 변화

화된 관광지보다는 잘 알려지지 않은 곳을 찾아다니는 경향으로 바뀌고 있다. 즉, 특별히 개발된 관광지나 편익시설이 집중된 관광단지에 머무르기보다 한 지역의 구석구석을 찾아다니는 자유로운 관광활동이 증가하고 있다. 이와 같은 개별관광과 자유관광 시대를 견인하는 사회적 배경은 자가용 차와 스마트폰의 광범위한 보급 때문이다.

개별관광시대의 관광객은 개발 주체인 지방정부나 관광사업자의 의도에 따라 움직이기보다는 자신의 취향과 여건에 따라 자유롭게 관광 목적지를 선택하고 창의적인 관광활동을 추구하는 자율적 경향을 보인다. 결국 관광활동이 발생하는 공간 범위나 관광활동의 내용 범위의 한계가 없어졌다. 오늘날에는 개인이 원하는 활동을 할 수 있는 장소라면 어디라도 찾아가기 때문에 우리 주변의 모든 영역이 관광객을 유치할 수 있는 관광자원으로 재인식되어야 하며, 관광개발의 대상이 되어야 한다.

3

커뮤니티 중심의 관광계획

사회적 기간산업으로서의 관광

지역을 방문하는 관광객들이 체험을 통해 긍정적인 이미지를 얻게 될 경우 그 지역을 재방문하거나 그 지역의 생산물을 구매하게 되는데, 이러한 현상을 '지역의 경쟁력'이라고 한다. 이는 곧 지역경제에서의 관광산업의 새로운 위상이라고 할 수 있다. 경쟁력 있는 관광산업은 관광객의 잠재의식 속에 존재해 있는 특정 지역에 대한 부정적인 이미지를 희석시킴으로써 심리적 거리를 단축시켜 방문의 기회를 높이거나 그 지역의 관광상품에 대한 구매의욕을 촉진시키게 된다.

물리적으로 가까운 거리에 인접한 지방정부들은 상호 협의에 의해 전략적으로 권역을 형성하고, 상호 교류에 혜택을 주고받으면서 서로의 경쟁력을 강화시켜 나간다. 그러나 원거리에 위치한 지역들이 상호 간 교류를 증진시키기 위해서는 교통망 확충을 통해 시간적 거리를 단축시켜야 한다. 즉, 물리적 거리를 교통에 의해 시간상 단축시킴으로써 서로의 관계를 원활하게 만들 수 있다. 그러나 아무리 가까이 인접해 있는 지역 간이나 최첨단 교통수단으로 시간상 거리를 단축시킨 지역 간이라도 서로 부정적 이미지가 강하다면 기대했던 만큼 원활한 교류를 기대하기 어렵다. 서로에 대한 부정적 이미지는 심리적 거리가 멀다는 것을 의미한다. 즉, 물리적 거리나 시간상 거리가 가까운 지역이라 할지라도 심리적 거리가 먼 경우 상호 교류의 증진을 기대하기 어렵다.

현실적으로 일반인의 특정 지역에 대한 부정적 이미지를 바꾸려면 개인의 심리적 거리를 단축시키지 않으면 안 된다. 이미지 변화를 위한 심리학적 접근

[기반시설 투자 중심의 기간산업]

물리적 거리 한계 → 시간적 거리 단축 → **물리적 기간산업**

[체험 경험 중심의 기간산업]

물리적 · 시간적 한계 → 심리적 거리 단축 → **사회적 기간산업**

사회적 기간산업으로서의 관광

은 특별한 노력과 충분한 예산 지원, 그리고 기발한 정책 개발이 요구되는 난이도가 높은 작업이다. 이것은 일종의 지역이미지 홍보 정책이라 할 수 있는데, 적극적인 지역 홍보활동은 기업의 구매력을 높이기 위한 상품 광고활동과 그 기능이 다르지 않다. 지역이미지 홍보사업은 지역의 경쟁력 강화를 위해 추진된다는 점에서 도로, 철도, 항만, 공항과 같은 국가기반시설 건설을 위한 투자와 같은 개념에서 이해되어야 한다.

　지역 간 또는 개인의 특정 지역에 대한 심리적 거리를 단축시키는 역할을 하는 것이 바로 관광이다. 관광객이 관광활동을 통해 한 지역을 체험하는 과정에서 그 지역에 대한 이해도가 높아지게 되면, 자연스럽게 부정적 이미지가 긍정적 이미지로 바뀌게 된다. 그리고 긍정적 이미지는 심리적 거리를 단축시키게 된다. 심리적 거리 단축은 상호 교류를 촉진시켜 그 결과 지역의 경쟁력이 강화될 수 있으므로 관광산업은 지역이미지 향상을 위한 사회적 기간산업으로 분류되어야 한다. 이를 관광의 거시적 기능이라고 할 수 있다. 관광산업에 대한 투자는 원거리 지역 간의 시간거리 단축을 목적으로 추진되는 각종 교통 관련 시설 투자와 같은 비중으로 다루어져야 한다. 따라서 관광산업의 공공성에 대한 인식이 강해져야 하며, 관광 관련 산업에 대한 예산 규모가 확대되어야 한다. 또한 사업 성격도 중장기 계획으로 재고되어야 하며, 사업 결과의 평가도 산술적인 관광수입에 의거하는 한계를 극복해야 한다.

관광객과 지역주민이 공유하는 관광여가계획

관광산업은 새로운 관광서비스 시설을 제공하는 개발 중심에서 우리 주변에 흩어져 있는 의미 있는 곳에 관심을 가져야 하는 방향으로 변화되어야 한다. 즉, 관광산업은 지역주민들의 삶의 흔적이 집적된 향토문화나 사회적 의미가 있는 기록들을 발굴하고 그것의 가치를 극대화함으로써 관광객의 사랑을 받을 수 있는 장소를 가꾸는 데 힘써야 한다. 일종의 스토리텔링 기법이라 할 수 있다. 관광휴양은 이제 단순히 먹고 마시는 '소비성 놀이문화'에서 벗어나 지역문화를 체험하는 형태로 전환되고 있으며, 지역의 문화를 지역주민과 관광객이 공유하게 되었을 때 관광의 질은 높아질 수 있다.

　새로운 관광의 의미와 기능이 살아나기 위해서는 먼저 지역민이 자기 지역문화의 가치를 인식하고, 의미를 부여하여 자기 고장을 사랑할 수 있는 환경이 조성되어야 한다. 지역의 관광자원은 인공적으로 만들어지는 것이 아니라 자신들의 생활환경 자체를 잘 가꾸는 과정에서 형성되는 것이라 할 수 있다. 최근 들어 관광객들은 다른 지역에서는 볼 수 없는 지역성이 강한 향토적 체험을 중요시하는데, 그 지역에 살고 있는 주민들조차도 지역의 가치를 모른다면 외지인들은 더더욱 파악하기 어렵다. 지역주민의 사랑을 받는 곳이 관광객에게도 의미 있는 관광지로 관심을 받게 될 것이다.

　최근에는 지역주민들과 함께 어울릴 수 있는 상호 동화형 관광활동이 각광받고 있다. 예를 들어, 제주도 올레길 관광은 제주도 사람들이 살아왔던 생활환경 속에서 관광객과 마을주민이 한데 어울릴 수 있는 관광상품이다. 마을주민의 생활공간이라도 외지인들이 이용하면 관광지의 성격을 띠게 되는 것이다. 앞으로는 관광단지를 조성할 경우, 지역주민에게는 생활 주변에서 접하게 되는 공원과 녹지인 동시에 관광객에게는 관광서비스가 제공되는 관광지임을 염두에 두고 계획되어야 한다. 즉, 관광지는 지역주민과 관광객이 함께 동화될 수 있도록 조성되어야 한다.

지역주민의 여가·휴식 대상	레저 스포츠	쇼핑 놀이	축제 이벤트	관광객의 휴양·레저 대상
주민 (공원)		공유		방문객 (관광지)
	자연 생태	역사 문화	마을 체험	

주민과 관광객 만족 증진

관광객과 지역주민이 공유하는 관광여가계획

지역이미지 강화를 위한 관광여가계획

지역경제 활성화를 위한 정책 개발은 지방정부의 최대 숙원 사업이다. 지역경쟁력은 지역이미지 향상을 통한 상호 교류를 증진시키는 데서 비롯된다. 그러므로 지역이미지 광고를 비롯한 홍보활동이나 각종 이벤트를 개최하여 지역 알리기에 매진하는 것도 결국 자기 지역과 다른 지역 간의 상호 교류를 증진시키기 위한 의도라고 볼 수 있다. 지역의 이미지 관리는 자기 고장의 장점을 홍보하는 것도 중요하지만, 부정적 이미지를 긍정적 이미지로 바꾸어 자기 고장에 대한 외지 사람들의 심리적인 반감을 저감시키는 것도 중요하다.

부정적 이미지는 대부분 소문에 의해서 확대 재생산된다. 해당 지역주민들을 이해하려는 노력도 하지 않고, 특정 지역을 방문하여 그곳의 현실적인 여건도 경험하지도 않으면서 관념적 이미지를 그 지역의 특성으로 고착화하는 경향이 있다. 이와 같은 부정적 이미지는 단순히 재미로 회자되는 수준에 머무르지 않고 그 고장을 방문하지 않거나 그 지역에서 생산되는 상품을 구매하지 않는 등 부정적으로 작용한다.

지역경쟁력이란 교류 빈도에 의해서도 평가되는데, 그것은 인적 교류나 문화 교류의 폭이 넓어지고 깊어지면서 신뢰가 형성되고 그 결과 투자와 경제 교류까지 활발하게 이루어질 수 있기 때문이다. 경제자립도를 높여 나가야 할 지

이미지 강화를 위한 관광(체험)의 역할

방정부의 경우에는 자기 고장에 대한 이미지를 잘 관리하는 것이 중요하다. 외지인들에게 '가 보니 좋은 곳', '만나 보니 좋은 사람들'이라는 평을 받는다는 것은 자기 고장을 직접 방문한 후 얻게 된 체험 지식이 막연한 소문에 의해 고착된 부정적 이미지를 긍정적 이미지로 바꾸기 때문이다.

따라서 관광여가계획은 외지인의 이미지를 바꿀 수 있는 체험 관련 내용을 담고 있어야 한다. 외지인들이 찾아 와서 새로운 것을 보고, 느끼고, 감명을 받는 과정을 체험한다면 잘못 형성된 지역이미지를 바꾸는 계기가 될 것이다. 즉, 자기 고장의 이미지를 한 차원 높이는 성과는 바로 관광체험을 통해 성취될 수 있는 것이다. 이러한 지역이미지 관리 기능을 관광계획의 역할에서 찾을 수 있다. '한국 방문의 해', '서울 방문의 해' 등 특정 지역의 방문을 홍보하는 이벤트 사업들은 결국 지역이미지 향상을 목적으로 한 관광상품이라 할 수 있다.

지역주민의 자부심을 찾고, 주민을 우선 배려하는 관광여가계획

관광여가계획은 지역주민의 자부심을 회복하거나 강화하는 것을 우선적으로 고려하는 시각에서 접근해야 한다. 그동안 관광산업은 외지에서 온 방문객을 위한 것으로 인식되어 있었으며, 관광객은 손님의 입장에서 지역주민보다 우선해서 배려되어야 한다는 사고가 지배적이었다. 그러다 보니 관광산업은 지역경제 활성화라는 명목으로 외지인에게 보여 주기 위한 관광, 즉 잘 포장되어

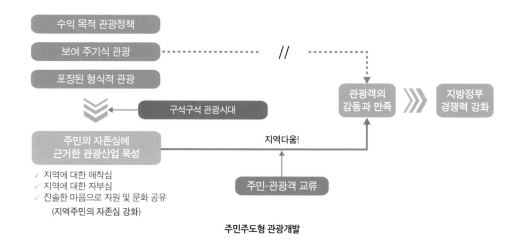

주민주도형 관광개발

화려한 모습으로 관광객을 맞는 형식에서 벗어날 수 없었다. 관광만족도를 높이기 위해 양질의 관광서비스가 관광객에게 제공되어야 함은 당연하다. 단지 과거의 관광산업은 관광객 중심으로 운영되어 그 편중 현상이 너무 심했다는 점을 지적하는 것이다.

지역주민들은 자기 고장의 모든 것을 관광객과 공유한다는 개방적 자세로 관광객을 맞이해야 한다. 동시에 관광사업을 위해 관광객을 우선시하고 지역주민의 불편함을 감수하는 것은 지양되고 지역주민의 생활과 경제활동도 함께 배려되어야 한다. 즉, 앞으로의 관광계획은 지역주민의 자부심을 찾아주는 데 더 중점을 두어야 한다. 자기 고장에 대한 애정과 자부심을 갖지 못한 주민이 자기 고장의 자연자원과 문화의 가치를 외지인에게 자랑스럽게 소개할 수 없으며, 지역주민과 관광객이 지역문화를 공유하지 못하고는 관광의 진정한 의미가 실현되었다고 할 수 없다.

지역주민의 사랑을 받지 못하는 관광지를 외지인이 좋아할 리 없다. 대부분의 관광객들은 여행지에 잠시 머무르면서 아름다운 자연환경과 그곳의 문화 일부를 체험하는 정도에 불과하지만, 자기 고장에 대한 자부심이 강한 지역에서 더 강한 감동을 받고, 더 큰 관광만족감을 얻는다. 즉, 지역주민들의 자기 문화에 대한 애정의 정도가 외지인의 관광만족도를 좌우한다는 것이다.

4

프로그램 중심의 관광계획

프로그램 계획 대상의 다양화

노동과의 구분을 어렵게 만들게 한 심리학적 여가의 개념에 의거해서 관광활동뿐만 아니라 활동의 내용에도 큰 변화가 생겼다. 관광지 조성 계획상의 활동프로그램 영역도 그 한계가 없을 정도로 확대되었다. 고전적인 관광지와 비관광지의 구분뿐만 아니라 관광활동과 비관광활동을 구별하는 벽도 허물어졌다. 자유로움과 즐거움을 추구하는 기존의 관광여가 활동프로그램뿐만 아니라 땀 흘리는 일이나 어렵고 힘든 각종 체험활동에 이르기까지 관광활동프로그램의 폭이 매우 넓어졌다. 따라서 관광활동프로그램 구상은 프로그램의 대상이 되는 자원이나 내용, 그리고 운영과 관리에 이르기까지 관광계획에서 활용이 가능한 유형·무형의 자원을 모두 가동할 수 있는 전문가의 폭넓은 상상력이 요구된다.

체험프로그램 계획

체험프로그램 계획은 체험자가 스스로 체험에 참여하여 체험행사의 취지를 이해하고 진행자의 의도에 따라 즐거움을 찾을 수 있도록 체험내용, 체험순서 등을 구성하는 것을 말한다. 체험프로그램의 구성 요소는 체험운영자와 체험프로그램, 체험자이다. 체험자는 체험장을 방문하는 관광객으로 개인이나 가족, 단체 등으로 구분된다. 체험프로그램은 체험의 내용이나 시설 장비, 공간 등으로 체험프로그램의 완성도를 결정짓는 중요한 요소이다. 그러므로 체험내용의 소재나 그 소재가 담고 있는 의미, 그리고 스토리텔링을 통해 감동과 의미를 부여하는 과정이 매우 중요하다. 체험 운영자는 체험을 진행하고 진행을 보조하거나 기타 지원 인원으로 구분된다.

체험프로그램 계획에서는 사업 대상지의 자연, 인문·사회적 자원의 특성을 잘 검토하여 매력적이고 경쟁력 있는 주제를 선정하는 것이 필요하다. 선정된 주제는 개발기획자의 경험과 창의력을 바탕으로 특화된 프로그램으로 개발된다. 체험프로그램의 소재 선택 시 주의사항은 일반인들이 편하고 손쉽게 접할 수 있도록 부담스럽지 않아야 하며, 체험하는 동안 안전사고로부터 보호받을 수 있어야 하고, 체험 시간이나 체험 강도가 노동으로 느껴지지 않을 정도로 힘이 들지 않아야 한다. 체험자의 만족도를 높이기 위해서는 체험자의 성격, 취향, 체류시간 등을 고려해서 적정 인원이 적정한 가격으로 자신들의 체험욕구를 만족시킬 수 있도록 세부 일정 계획이 치밀하게 세워져야 한다. 그리고 체험은 대부분 야외에서 이루어지는 경우가 많으므로 체험 도중 발생할 수 있는 안전사고에 대한 신속한 대응방법 등이 체계적으로 마련되어야 한다.

이벤트 프로그램

지역의 활성화를 위한 관광 관련 사업 중 다양한 지역축제를 빼놓을 수 없다. 너무 많은 축제가 난립한다는 부정적인 시각도 있으나 지역이나 마을에서 소규모로 자체 개발한 축제가 그 지역을 대표하는 축제로 발전한 경우가 많이 있다. 마을 단위의 축제로 시작했지만 안정적이면서 전국적 규모의 축제로 성장하는 경우도 있다. 경기도 양평 수미마을의 '365축제'나 충남 청양 알프스 마을의 '사계절 다양한 마을축제' 등과 같이 농촌마을의 특성과 소재를 활용하여 성공한 축제도 있으며, 강원도 화천의 '산천어축제'나 충남 보령의 '머드축제'와 같이 지역의 자연환경이나 특성을 활용해서 전국적인 축제로 발전한 경우도 있다.

관광이벤트는 그 지역에서 가장 손쉽게 구할 수 있는 자원이 중심이 되어야 하고, 그 지역주민들이 즐기면서 자발적으로 참여할 수 있을 만큼 관심을 가질

사계절 관광을 위한 농어촌자원의 활용

수 있어야 한다. 현재 우리나라 축제에 대한 평가가 외지인이나 외국인의 참여 비율로 이루어지고 있는데, 이제는 지역주민들의 참여가 축제의 가치를 평가하는 기준이 되어야 한다. 외국의 유명한 축제들이 지역주민들의 적극적인 참여에 의해 이루어지는 것에 비해 우리나라는 지역주민들이 반강제적으로 동원되거나 일시적으로 고용된 사람들에 의해 진행되는 경우가 대부분이다. 지방자치단체장의 특별한 관심에 의해 일시적으로는 성공한 것처럼 보일지 몰라도 지속가능한 축제로 정착되지 못하는 이유는 바로 지역주민의 의도와는 무관하게 관官 주도형으로 운영되는 데 있다. 관의 관심이 줄어들고, 지원금이 없어도 자생적으로 유지될 수 있는 축제가 되도록 노력해야 할 것이다.

　대규모 관광단지를 조성하고, 다양한 축제를 계절별로 분산해서 개최하는 것은 사계절 내내 관광객을 맞이하려는 목적에서 이루어진다. 즉, 관광사업의 성공 여부는 3계절형이나 4계절형 관광지로서의 다양한 프로그램이나 시설 도입이 이루어졌는가에 달려 있다. 인위적으로 사계절 동안 관광객의 욕구를 만족시킬 수 있는 프로그램을 개발하고, 또 그런 환경을 조성하기란 쉬운 일이 아니다. 겨울의 눈을 활용한 스키장이나 바다를 이용한 해수욕장과 같은 경우는 1계절형 관광지이며, 마찬가지로 가을 단풍축제도 단풍철을 제외하고 나머지 계절에 관광객을 유치하기란 쉬운 일이 아니다. 뿐만 아니라 3~4계절형 관광단지를 조성하기에는 투자비용도 만만치 않으며, 지속적으로 유지관리하기 위해서는 엄청난 관리비용이 소요된다.

'사계절 방문하고 싶은 황룡강 정원'을 표방하는 전남 장성의 황룡강 노란꽃잔치 ⓒ 전남 장성군청

지역의 관광산업을 활성화시키기 위해서는 기존의 관광개발사업을 최근 들어 각광 받고 있는 농어촌관광과 연계시키는 방안을 모색해야 한다. 사계절이 뚜렷한 우리나라의 자연자원은 계절별로 변화무쌍한 매력을 지니고 있다. 그동안 우리는 자연자원을 품은 농어촌지역 자체가 4계절형 자원임을 잊고 있었다. 우리 지역의 자연과, 농촌의 농경문화 및 생산물 등을 관광시설이나 관광서비스와 연계시키는 프로그램을 개발하고 운영한다면 비록 대규모는 아닐지라도 연중 지속적으로 관광객을 유치할 수 있는 4계절형 관광여건을 조성할 수 있을 것이다. 각 고장이 지니고 있는 향토문화나 지역의 자연환경을 중심으로 소규모 프로그램을 발굴하고, 기존의 관광단지나 관광사업과 연계시키는 융복합적 사고의 확장이 요구된다.

5

자원 중심의 관광계획의 필요성 확대

이용자 만족도 극대화를 위한 종합관광계획

기존의 관광개발사업은 관광 목적지 중심의 개발 방식이 대부분이었다. 관광개발계획을 수립하기 위한 현황 분석은 개발 가능 지역을 분석하여 관광단지 조성 적지를 선정하는 과정에 불과하였으며, 결국 대규모 관광개발사업을 위한 단지 계획의 한계를 벗어나지 못하였다. 관광산업의 거점으로서의 관광단지 등 테마 중심의 개발계획도 필요하지만 지역 곳곳에서 추진되었던 관광사업 대부분이 천편일률적으로 관광 목적지 중심의 단지 계획에 한정된 것이 문제였다.

관광객의 관광지에 대한 평가는 단순히 관광 목적지에서 얻어지는 만족으로만 이루어지기보다는 관광을 떠나기 전 관광계획을 수립하고 준비하는 과정을 포함해서 목적지를 방문하고 귀가할 때까지 전 과정에서 단계별로 느끼는 경험에 대한 만족도의 종합으로 이루어진다. 그리고 그 만족도가 높을수록 재방문 의사가 높으며, 결국 관광지의 성공 여부는 관광객의 재방문율에 의해서 지속가능한 관광지로 평가를 받는다. 한 지역의 관광종합계획은 관광경험의 단계, 즉 준비 단계, 가는 단계, 목적지 경험 단계, 귀환 단계, 회상 단계에 이르는 전 단계를 관광객의 입장에서 치밀하게 계획해야 한다. 관광객이 각 단계를 거치면서 느끼는 경험의 종류와 질이 다르며, 관광활동이 끝난 후 각 단계별로 얻는 만족도 또한 다르므로 관광계획은 모든 단계에 신경을 써서 이용자의 만족도를 총체적으로 극대화할 수 있는 종합적인 접근을 통해 수립해야 한다.

관광휴양자원 가치의 관리 필요성

자원 가치가 훼손되지 않는 관광여가계획

이제까지 관광개발사업은 환경보호나 자연보호와 상반된 개념으로 인식되어 일반적으로 환경단체나 사회단체로부터 부정적으로 받아들여졌다. 대부분의 관광개발의 경우 지역 활성화라는 명분 아래 자연환경을 과도하게 훼손하는 경우가 많았으며, 개발사업이 성공적으로 마무리되지 못한 경우 아주 흉물스러운 모습으로 남게 되어 사회문제가 되기도 한다. 이와 같은 경향은 관광사업을 지역개발의 편향된 의미로 잘못 이해해서 나타난 사회현상이다. 앞으로의 관광사업은 관광개발계획 수립에서부터 사업의 시행에 이르기까지 자연환경이나 문화역사환경이 불필요하게 훼손되는 일이 없도록 세심한 주의를 기울여야 한다.

관광자원은 잘 보전되거나 관리되지 않으면 그 가치가 저감되거나 소멸되는 특성을 가지고 있으며, 한번 훼손되면 복구하는 것은 거의 불가능하다. 설령 복구가 가능하다 해도 경제적으로 엄청난 대가를 지불하지 않으면 안 된다. 지역의 관광자원은 대부분 수려한 자연경관과 지역주민의 삶의 흔적이 담긴 문화역사자원이 주를 이룬다. 생태학적으로나 문화사적으로 예민한 환경을 무모한 개발 방식으로 훼손하게 된다면 그 피해를 감수할 수밖에 없다. 관광자원의 개발에는 긍정적 부분과 부정적 부분이 공존하므로 자원이 과도하게 훼손되거나 오염되어 그 가치가 소멸되지 않도록 세심한 주의를 기울여야 한다.

자원 관리 중심의 생태관광계획

앞으로는 생태관광에 대한 관심이 증대될 것이다. 특히 북한과의 접경 지역의 DMZ 활용과 관련하여 해당 지방정부의 생태관광개발에 대한 압력이 커질 텐데 생태관광에 대한 가치와 개발 방식 등이 일괄되게 정리되지 않아 앞으로 큰 혼선이 빚어질 것이 우려된다. 생태관광은 생태라는 보존적 개념과 관광이라는 개발 지향적 개념이 한데 어우러진 복합명사로, 생태적 측면이나 관광적 측면이 서로 화학적으로 융화되지 않고서는 지방정부의 의지나 전문가의 가치, 그리고 주민들의 요구사항이나 용역사의 기술적인 한계에 의해 개발의 결과가 혼란스러울 수 있어 종합적인 기준 확보가 필요하다.

생태관광은 우수한 생태환경을 보호해야 하는 정책에 의해 경제활동에 대한 제한을 감수해야 하는 지역주민들의 경제적 손실을 생태체험이나 생태친화적인 경제활동을 통해 보상해 주는 개념으로 이해되어야 한다. 그러므로 아무리 지역주민의 민원이 강하고, 지방정부의 개발 의지가 강하다고 하더라도 생태환경이 훼손되거나 오염되는 문제가 야기되지 않는 범위 내에서 개발되고 관리되어야 한다. 즉, 생태보존지역 내에는 공원에서 제공되는 서비스 수준의 시설이 도입되어야 하고, 지역주민의 경제활동은 보존지역 밖에서 이루어지도록 하는 계획이 수립되어야 한다. 특히 생태관광지 내에서 이용자의 바람직하지 못한 행위나 환경 훼손 행위는 철저하게 관리되는 생태관광지 관리 정책이 강화되어야 한다.

관광지에서의 관광활동 관리 필요성

공공 목적으로 조성된 공원이 이용자의 불법적이거나 비도덕적 행위로 인해 오염되거나 훼손되는 것을 사전에 예방하는 관리, 즉 이용자관리기법이 꾸준히 발전해 왔다. 공원 이용자관리방법은 이용자가 자신의 잘못된 행위를 스스로 자제하게 하거나(간접적 관리방법), 그렇지 못한 경우 법이나 규칙에 의해 강제적으로 규제하는 방법(직접적 관리방법)이 있다. 공원에서 쓰레기를 버리는 행위나, 자연자원이나 문화역사자원을 훼손하는 행위, 그리고 다른 이용객의 이용만족도에 지장을 주는 여러 가지 반사회적 행동이 관리의 대상이다. 공원은 불특정 다수의 이용자를 위해 공적자금으로 조성되는 공공공간이므로 이용자의 활동을 제한해야 한다는 것은 누구나 수긍할 수 있지만, 관광지에서의 관광객의 자유로운 활동을 관리한다는 것은 익숙한 개념이 아니다.

최근 들어 관광지에서 바람직하지 못한 관광객들의 행위에 대한 문제가 심각해지면서 관광객의 관광활동에 대한 관리 필요성이 크게 부각되고 있다. 특정 지역에 관광객들이 너무 많이 방문하면서 관광자원이 과도하게 훼손·오염되는 경우가 발생하거나, 관광객과 관광지의 주민들 사이에서 사회적 갈등도 발생하고 있다. 지역주민들이 생활공간에 관광객 유입 자체를 거부하는 운동, 즉 투어리스트피케이션Touristfication이 새로운 사회문제로 대두하고 있다. 그러므로 관광객 유치나 관광서비스 제공 등의 차원에서 관광객의 자유로운 활동을 우선 배려해 주어야 한다는 기존 관광사업의 생각을 바꿔야 한다.

관광객의 부적절한 행동에 의해 관광자원이 잘 관리되지 않으면 자타의 관광만족도를 저감시키는 요인이 될 것이며, 한번 훼손된 관광자원이나 손상된 관광이미지를 복구하는 일은 거의 불가능하다. 특히 관광만족도에 손상을 받아 관광객의 재방문율이 하락하는 결과는 관광지의 몰락을 의미하는 것이므로 관광지의 존폐 문제로 직결된다. 관광산업은 지역경제 활성화를 추구하는 대표적 산업이므로 많은 관광객을 유치하는 것을 기본 목표를 삼고 있다. 그러므로 관광객의 활동을 인위적으로 규제한다는 것은 관광객의 자유로운 활동이 제약받는 것으로, 일반적으로 수긍하기가 쉽지 않다. 그러나 관광자원을 보존하고 관광환경을 보호하기 위해 무분별하고, 무차별적 관광활동을 엄격하게 제한하는 관광관리는 결국 관광객의 관광만족도를 보호하기 위한 수단이므로 보다 적극적으로 도입되어야 한다.

공원이나 관광지에서의 이용자관리방법은 거의 동일하다고 보면 된다. 공원 이용자나 관광객 스스로 잘못된 행동을 자제할 수 있게 하는 간접적 관리기법의 도입이 바람직하다. 그러나 이용자나 관광객의 부적절한 행동으로 다른 사람들이 불편함을 느끼거나 피해를 입는다면 법이나 규칙에 의거해서 강제적으로 규제할 수밖에 없다. 직접적 관리방법에는 활동내용, 활동구역, 활동시간을 제한하거나 바람직하지 못한 행위가 많이 발생한 곳에 관리인을 배치하여 이용객의 반사회적 활동을 직접적으로 규제하는 방법 등이 있다.

관광활동의 간접적 관리는 관광객이 자신의 행위가 관광환경에 악영향을 미칠 수 있는가의 여부를 스스로 판단하고 바람직한 관광환경을 조성하는 방향으로 자신의 행동을 조정하게 하는 방법이다. 관광지에서 바람직하지 못한 활동에 대한 규제사항을 홍보하거나, 바람직한 관광지를 만들어 가기 위해 관광객들의 협조를 안내하는 현수막을 설치하는 방법 등이 있다. 직접적 관리방법은 간접적 방법보다 관리효과가 빨리 나타나지만 관리비용이 많이 소요되거나 관광객의 활동을 직접적으로 규제함에 따라 관광객이 불편함을 느끼는 부정적 효과를 유발하는 단점이 있다.

관광활동을 관리하는 직접적 방법과 간접적 방법은 각각 장단점이 있지만 현장에서의 관리효과는 직접적 관리방법과 간접적 관리방법이 적절하게 조화되었을 때 가장 크게 나타난다. 직접적 방법이 효과를 보기 위해서는 관광객의 활동을 직접 규제하는 방법을 도입하기 이전에 당사자들에게 그 이유와 방법을 상세하게 설명하고 이해를 구하는 과정이 필요한데, 이러한 과정은 간접적 관리방법에 해당된다. 그리고 관광활동의 자율성을 보장하기 위해서 관광객의 자율에 의한 바람직한 활동을 유도한다고 하더라도, 법이나 규칙을 위반하는 행동에 대해서는 강력하게 처벌할 수 있는 직접적 관리방법이 없다면 그 효과를 보장하기 어렵다.

공원 및 휴양지 계획에서 갈등관리의 필요성

산업혁명 이후 도시 확장으로 인한 사회환경의 변화는 공원 및 휴양지의 수요를 증대시켰고, 시민들의 다양한 욕구와 불만을 해결하고자 최근에는 상향식

계획에 의한 공원 및 휴양지의 조성이 이루어지고 있다. 하지만 아직 성숙되지 못한 상향식의 주민참여형 공원 및 휴양지 계획은 다양한 이해관계의 충돌을 발생시키고 있다.

실례로 경기도 시흥시 뒷방울 저수지를 공원과 휴양지로 조성하려는 계획 과정에서 저수지와 주변 환경을 관리하는 행정관리부서, 농업용수의 이용과 관리에 관련된 지역민, 그리고 저수지에 대한 다양한 활용을 기대하는 새로 이주해 온 주민 간의 입장 차이로 갈등이 발생한 경우가 있었다. 이는 주민참여 과정에서 공원 및 휴양지 계획이라는 공공 정책의 원활한 추진을 어렵게 해 지연 및 백지화까지 거론되기도 하였다. 이에 갈등관리전문가가 이해당사자와 관련 부서 담당자 등 이해집단들의 주장을 경청하고, 조율한 결과물을 계획안으로 확정하는 과정으로 진행하였다. 특히 이해당사자들이 사업에 관련된 정보를 공유하고, 의사소통 및 상호작용하여 합의를 형성하는 과정을 거쳐 서로의 이해가 적절히 조화를 이룬 결론을 도출할 수 있었다. 즉, 성공적이며 지속가능한 공원 및 휴양지 계획을 위해서는 이해당사자들이 적극적으로 참여하고 허심탄회하게 속마음을 털어놓는 의견 수렴 과정인 갈등관리를 중시하는 계획의 수립이 필요하다. 갈등관리전문가의 중재를 통해 이해당사자가 서로의 입장을 진솔하게 이야기하고 서로를 이해하게 된다면 갈등 유발을 사전에 예방할 수 있는 동시에 지역사회의 공동의 선을 추구하는 협력적 계획 방안을 마련할 수 있다. 기존의 합리적 계획을 추구하던 계획 프로세스에서 이해당사자 간의 이해가 참여에 근간한 협력적 계획 프로세스로의 변화에 집중하는 사회적 흐름에서 같은 맥락을 확인할 수 있다.

이와 같이 공원 및 휴양지 계획에서 다양한 이해집단에 의한 특수한 갈등의 발생이 예상된다. 따라서 계획가(전문가)는 일반적·근린적 이용 목적의 이해관계자들만을 위한 단순 주민참여형 계획에서 다양한 이해관계자들의 입장을 충분히 대변하고, 갈등을 조정하며 합의점을 찾는 섬세한 주민참여형 계획 과정을 운영하는 역량을 갖춰야 한다.

6

관광여가 분야의 비전

과거의 관광자원개발정책은 국가경제 발전의 수단으로 중앙정부의 강력한 의지에 의해 이루어졌다. 그동안 관광산업이 양적인 측면에서 크게 발전한 것은 사실이나 지역의 입장에서 자기 지역의 문화나 자원을 개성 있게 담아내지 못한 한계가 있었으며, 지역주민의 참여가 배제되고, 개발이익이 외부로 유출되는 부작용도 심하였다. 그러나 최근 들어서는 관광개발사업이 지역 발전의 동력으로 작용하고 지역의 지속적인 발전을 위한 근간으로 인식되면서, 앞으로의 관광사업은 환경적 지속성과 사회적 지속성, 그리고 지역경제적 지속성을 유지하기 위한 사업으로 발전될 것으로 기대된다.

관광자원의 개발 목표는 지속가능한 관광, 지역공동체와 함께하는 관광이 될 것으로 판단된다. 산업 환경과 인구 구조가 변화함에 따라 새로운 개념을 가진 관광의 출현이 증폭되고 있고, 중앙정부나 지방정부 차원에서 벗어나 민간지원체계, 즉 중간지원조직, 주민공동체 등에 대한 관심이 증대될 것이다. 주민주도적인 개발 방식은 정부나 전문가들이 주도하는 합리적인 접근방법보다는 주민들이 자발적이고 주도적으로 참여하는 협력적 접근방법에 의한 개발 방식이 지배적일 것으로 보인다. 개발 주체는 지역공동체, 개발 대상은 지역이 보유하고 있는 모든 공유재로 변화되고 있으며, 지속가능한 관광, 관광복지 등 다원적 가치를 실현하기 위해서는 지역공동체와 어떻게 협력적으로 사업을 추진할 것인가가 새로운 화두가 될 것이다.

관광여가 분야에서의 조경의 역할은 점점 더 확대될 것으로 본다. 기존의 관광지나 관광단지 조성계획, 그리고 공원녹지를 중심으로 한 여가활동계획 등의 분야에서 새로운 영역이 보완될 것으로 기대된다. 앞으로는 관광여가의 질적·양적 수준은 현대인의 삶의 질적 수준을 평가하는 기준으로 작용할 것이므로 관광여가와 관련된 산업이 다양한 영역으로 확산될 것이다. 즉, 이용자중심의 관광여가문화에서는 이용자들의 관광여가행태에 대한 조사연구사업이 활발해질 것이고, 관광산업은 지방정부의 지역경쟁력 강화를 위한 기간산업의 역할로 인식되어 다양한 분야의 전문가들이 종합적으로 참여하는 기회가 증가할 것으로 생각된다.

관광전문가도 지역의 자연자원이나 향토역사문화자원을 활용한 다양한 형태의 관광사업을 수행할 수 있도록 다양한 분야를 이해하고, 서로의 특성을 융복합시킬 수 있는 전문가들이 활발하게 활동해야 서로 협력적인 역할 공유가 증대될 것으로 예상한다. 개발과 연구의 대상, 관광여가 관련 사업의 범위도 공간적으로나 내용적으로 확대될 수밖에 없다. 관광지 계획 및 설계 분야뿐만 아니라 생태관광, 농어촌체험관광, 문화역사관광 등에서 조경전문가의 역할이 증대될 것이며, 또한 다양한 이벤트 사업을 관장하는 회사, 관광사업을 총괄적으로 기획하는 컨설팅 회사, 지역사업을 주도하는 활동가 등 관광여가 분야 전문가의 수요도 늘어날 것이다.

함께 보면 좋을 자료

김용근, 「생태관광의 새로운 해석과 비전」, 한국생태학회 심포지엄, 2001.

김용근, 「문화관광자원으로서의 전통역사마을」, ECOMOS, 2002.

김용근, 「지역발전에 있어서의 관광의 역할」, 한국문화관광연구원, 『한국관광정책』 통권29호, 2007.

김용근, 「도시관광의 새로운 전개: 문화역사 자원의 이용과 관리-관광관리 개념의 도입을 중심으로」, 대한지방행정공제회, 『도시문제』 Vol.43 No.474, 2008.

김용근, 『마을공동사업의 이해와 갈등관리』, 해남, 2011.

IX
융합을 통한 지속가능한
공간의사결정과 그린인프라

박 찬

1. 그린인프라와 융합계획
2. 미래 변화를 고려한 지속가능한 발전
3. 지오디자인과 공간의사결정

싱가포르 가든스바이더베이 © 김아연

조경학은 국토와 도시의 자연, 인문환경을 종합하여 그린인프라$^{Green\ Infra}$ 계획을 제시하고, 설계, 시공 및 관리방법에 대한 고민과 함께 발전해 왔다. 이를 통해 국토와 도시의 환경적·사회적 지속가능성을 유지하고, 발전시키는 데 많은 기여를 하고 있다. 이 장에서는 기후변화, 생태계서비스 등 전 지구적인 담론에서부터 시작하여, 도시축소현상, 인구 감소, 산업구조 변화 등 도시의 미래 변화로 인해 발생할 수 있는 다양한 문제와 그린인프라를 통해 해결했을

때의 효과를 생태계서비스, 기후변화, 스마트도시재생 측면에서 설명하고자
한다. 또한 그린인프라를 지속적으로 계획·관리해 가는 의사결정 지원도구로
서의 지오디자인을 살펴보고, 궁극적으로 조경학에서 달성하고자 하는 지속
가능성에 대하여 설명하고자 한다. 마지막으로 융합계획을 통한 지속가능한
공간의사결정과 관련된 전문가로 성장해 나가기 위해 필요한 역량에 대해서
알아보자.

1

그린인프라와 융합계획

그린인프라 개념 및 구성 요소

도시인프라는 도시기반시설로 도로, 철도, 교량 등의 회색인프라와 병원, 학교, 우체국 등의 사회인프라, 그리고 공원, 녹지, 하천 등의 그린인프라(녹색인프라)로 구성되어 있다. 이러한 인프라는 도시를 구성하는 뼈대이기 때문에 균형이 잘 이루어져야 한다. 이 중 그린인프라는 공원, 숲, 그린벨트 등과 같은 요소의 집합 개념이다. 그린인프라는 인간의 삶의 질을 높이고 대기오염 조절, 기후 조절, 물 순환과 홍수 조절과 같은 생태계서비스를 증진시키는 기반이기도 하다. 최근에는 도시의 환경적 목표나 지속성을 달성시키는 다양한 기술이나 기법을 모두 포함하는 개념으로 진화하고 있다. 그린인프라는 3차원 공간(1차 요소), 환경생태적 인프라(2차 요소), 행태·문화요소(3차 요소)로 구성되어 있다.

도시계획에서 그린인프라 체계의 중요성은 19세기 후반 미국에서 도입된 공원체계를 통해 처음으로 고려되기 시작되었다. 보스턴의 에메랄드 네크리스Emerald Necklaces가 대표적 사례이다. 최근에는 그린인프라를 기후변화 적응을 위한 주요 전략으로 여기고 있고, 도시 리뉴얼을 위한 촉매제로 이용하는 사례가 늘어나고 있다. 그린인프라에서 또 하나의 중요한 화두는 공공재로써 시민들이 공간을 향유할 수 있는 권리를 보장하는 공간적 포용이다. 환경·자원·사회·경제 문제 등 인류가 직면한 문제들이 부각되고 기술의 발전 속도가 급속히 배가되면서 미래에 대한 불확실성이 높아지고 있는 상황에서, 이러한 불확실성은 지금까지 갈등관계로 인식되어 왔던 여러 이슈를 동시에 해결하여 효과를 거두어야 하는 난제를 안겨 주고 있다. 이를 종합적으로 해결하는 방법으로

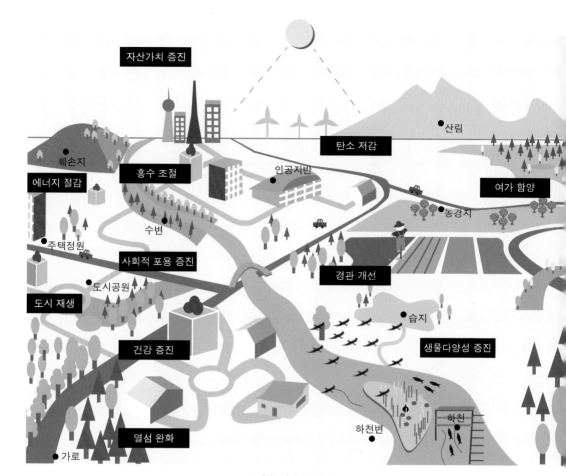

자산가치 증진

탄소 저감

산림

훼손지

에너지 절감

홍수 조절

인공지반

여가 함양

농경지

수변

주택정원

사회적 포용 증진

경관 개선

도시공원

도시 재생

습지

건강 증진

생물다양성 증진

하천변

하천

열섬 완화

가로

그린인프라의 요소와 기능

그린인프라가 중요한 역할을 할 수 있다. 그린인프라의 핵심은 생태적 기반 위에 공간문화를 창조하는 것이기 때문에 생태계프로세스와 생태계서비스를 이해해야 하고, 종합적인 관점에서 계획하고 관리하기 위해서 각 개별 분야에서 요구되는 역량을 키워야 한다. 국토 차원에서의 그린인프라는 다양한 공간에서 적용되고 있으며, 관리 권한이 다양한 부처로 분산되어 있어서 조경전문가가 중심이 되어 협력체계를 구축해 나가고 있다. 미래에도 다양한 문제를 해결하고 관리해 나가기 위해서는 컨트롤 타워가 필요하며, 그동안 그린인프라와 함께 발전해 온 조경전문가가 이 분야의 핵심 인재가 되어야 한다.

여가/관광
(문화체육관광부)

경관
(국토교통부)

문화재
(문화재청)

생태계서비스
(환경부)

해양, 섬

지역
(행정안전부+농림축산식품부)

도시
(국토교통부)

산림
(산림청)

보호지역
(환경부)

국토 차원에서의 그린인프라 요소와 협력 부처

그린인프라와 생태계서비스

생태계서비스Ecosystem services는 인간이 자연의 다양한 생태계 기능으로부터 직간접적으로 얻는 혜택을 의미한다. 생태계서비스는 지원, 공급, 조절, 문화 서비스로 요약되며, 이는 인간의 복지와 밀접한 연계를 맺고 있는 개념이다. 그린인프라는 이러한 생태계서비스를 유지, 증진시키는 중요한 공간이다. 그린인프라의 경우 폭염과 같은 미기후 조절, 홍수와 같은 기상재해 완화, 체험·교육과 같은 문화적 기능을 중심으로 많이 논의되고 있다. 최근 기후변화의 영향으로 국토환경이 크게 변하고 있다. 특히 도시화율이 높고, 인구밀도가 높은 우리나라 도시의 경우 홍수와 산사태, 태풍으로 인한 재난·재해의 빈도 및 강도가 증가하고 있다. 또한 여름철 도시열섬현상의 증가와 대기오염 문제는 도시 기능의 마비와 더불어 인간의 생명과 건강에도 치명적인 영향을 미치고 있다. 이러한 영향은 경제적 손실까지 초래함으로써 국가적 차원의 대응책 마련이 시급히 요구되는 상황이다. 이와 같은 일련의 현상은 전 세계적인 것으로 미국과 유럽, 일본 등 선진국을 중심으로 기후변화에 효과적으로 대응하면서 환경적으로 지속가능하고 회복력이 높은 도시로 변화하려는 노력이 이루어지고 있다. 이를 위한 수단의 하나로 공원, 녹지, 가로수 등을 포함한 그린인프라가 강조되고 있다. 이는 인류의 새로운 과제 해결을 위해서는 기존 기술의 점진적 개선이 아니라 새로운 사회의 요구에 대응한 근본적 혁신이 필요하다는 것을 의미한다. 이미 진전되고 있는 사회현상의 복잡화와 더불어 기술 발전과 사회의 상호작용 및 공진화에 따라, 이제는 문제의 단순 해결뿐만 아니라 근본적 해결 또는 타개책Break Through 마련이 요구되고 있다. 불투수층 면적의 비율이 높은 도시의 경우, 그린인프라 체계를 수립하여 홍수를 예방하며 식생 기반의 저영향 개발 기술을 통해 도시 강우유출량을 저감한 사례 등이 있는데, 미국 시애틀에서는 식생습지를 활용하여 85~99% 정도 유출량을 저감한 사례가 있다. 또한 저류된 빗물을 중수로 대체 활용함으로써 가용 수자원의 확보가 가능하고 투수층을 통한 빗물 침투로 인해 지하수위를 안정적으로 유지할 수 있다. 전 지구적으로 평균 기온이 상승하고 도시의 열섬현상이 심화되는 가운데 그린인프라 기반의 저영향 개발 시설을 확충함으로써 열섬현상을 완화할 수 있을 것으로 기대되며, 생태공원 형태의 시설 조성을 통해 도시 내 녹지공간이 확충됨에 따라 자연서식처를 확보하고 경관 효과까지 획득하는 사회적 편익을 얻을 수 있다.

그린인프라와 스마트도시재생

제2차 세계대전이 끝나고 전후 복구가 진행되던 1950년대부터 서유럽 및 미국의 일부 지역에서는 도시의 쇠퇴가 도시 정책의 주요 관심사로 떠올랐다. 새로운 제조업의 발전과 구도시의 경쟁력 약화로 인해 전통적 산업지역의 중심부로부터 주민과 자본이 떠나면서 빈 건물이 늘어나고, 폐허가 되는 일이 발생하기 시작한 것이다. 미국과 같이 공간이 넓은 지역에서는 쾌적한 교외에 새로운 주거단지가 건설되는 교외화가 진행되면서 도심은 저소득층이 거주하게 되었고, 이로 인해 세수가 감소되고 공공시설이 낙후되는 등 도시 쇠퇴가 발생하였다. 이러한 현상은 우리나라에서도 유사한 형태 또는 변형된 형태로 나타났고, 이를 위한 다양한 도시이론(도시재생, 도시부흥, 재도심화, 생태도시·저탄소녹색도시·문화도시·창조도시 건설 등)이 해법으로 제시되었다. 최근에는 도시재생이나 도시축소의 개념이 조경 분야에서 도전적으로 고려해야 하는 요소가 되고 있다. 도시재생은 도시 구조의 변화, 경제 구조의 변화, 기타 사회 구조의 변화와 같은 요인으로 인하여 쇠락한 지역에 새로운 기능을 추가해 활력을 불어넣고, 쇠락한 지역이 다시 자생력을 갖추게 하여 궁극적으로 쇠락한 지역을 다시 활동적인 지역으로 재생시키는 것을 목적으로 하는 사업 혹은 그 사업으로 인해 지역이 재생되는 현상 자체를 의미한다. 기존의 도시재생 전략에서는 쇠퇴한 도심에 새로운 계기를 마련하여 새로운 성장거점을 만들고 투자를 유치하고 주민을 끌어들이면 예전과 같은 도시성장을 이룰 수 있다고 가정하고 있다.

그런데 이 같은 관점은 모든 도시에 적용되기 어렵다. 일부 지역은 오랜 기간에 걸쳐 인구가 지속적으로 감소하여 기존의 도시인프라를 유지하는 것 자체가 힘들고, 국가 전체의 인구가 고령화되는 상황이기 때문에 동일한 방식의 도시재생은 해법이 될 수 없다. 따라서 이원화된 도시가 원상태로 도약할 수 있는 지역과 그렇지 않은 지역으로 구분하여 접근하는 것이 필요하다. 도시재생이 가능한 지역은 스마트기술을 활용하여 삶의 질을 도약시키는 방법을 고려함과 동시에 그린인프라 네트워크로 확대 관리를 고려함으로써 환경을 이롭게 하는 부분도 고려해야 한다. 즉, 그린-스마트 도시전략이 도시재생의 길이라는 철학과 논리를 가져야 한다. 그린스마트 재생은 생태적 재화의 확충을 통해 경제적 재화를 확대시키고, 사회적 자본을 형성함으로써 지역의 지속성을 높이는 데 많은 기여를 할 수 있다.

경의선 숲길은 철도인프라를 그린인프라로 변경시키면서 도시를 재생시킨 좋은 사례이다. 그동안 지역적 단절 요소로 남아 있던 철길이 공원으로 조성되면서 주변 지역의 사회적·문화적·경제적·물리적 파급 효과가 나타나고 있다. 사회적 변화 측면에서 경의선 숲길 공원 창전동 구간은 주민들의 여가활동 공간이자 외부 방문객들의 문화 소비 공간으로서 역할을 수행하고 있다. 경제적 변화 측면에서 경의선 숲길 공원 창전동 구간과 기존 도시와 연결되는 가로를 중심으로 토지의 거래가 활발히 일어나고 있다. 대상지역과 비교지역의 토지가격의 변동은 큰 폭으로 차이가 나며, 대상지역 내에서도 경의선 숲길 공원과 인접한 토지와 그렇지 않은 토지 사이에는 가격 차이가 있다. 또한 공원으로 인한 유동인구의 증가로 음식점, 소매업종의 점포 수가 증가한 것을 볼 수

서울 경의선 숲길의 이용객 증가 및 주변 상권의 변화 ⓒ 박찬

있다. 물리적 변화 측면에서 경의선 숲길 공원과 가로를 마주하고 있는 토지들
은 기존 주택들을 개량하여 주상용 또는 상업용 건물로 신축하거나 리모델링
하여 음식점, 카페, 패션잡화 매장으로 이용하는 모습이 관찰되고 있다. 또한
공원과 연결된 가로를 중심으로 건물의 신축 행위가 일어나고 있으며, 공원 후
면 건물들은 업무용 또는 주거용으로 이용하는 것을 관찰할 수 있다. 이처럼
대상지역은 다양한 용도로 건물이 리모델링되거나 신축되고 있어 자생적 도
시재생이 이루어지고 있다. 즉, 인프라 재생을 통해서 조성되는 넓은 상부공간
을 활용해 적절한 경관을 조성해 주면 용도에 구애를 받지 않고 일정한 유동인
구 수를 유지할 수 있다는 점에서, 인프라 재생은 주변 도시공간에 보다 다양
한 용도의 공간이 들어설 수 있게 하고 기존의 낙후되어 있는 도시공간을 활성
화시킬 수 있을 것이라고 기대할 수 있다.

　인구 감소가 지속적으로 일어나는 도시의 경우 도시재생이 어려울 수 있기
때문에 도시축소를 이해하고 그린인프라를 활용한 관리전략이 필요하다. 도
시축소는 도시의 물리적 규모가 작아지는 것이 아니라 지리적 경계와 기반시

설은 동일하게 유지하면서 인구와 경제적 면에서 상당한 감소가 나타나는 도시현상을 의미한다. 도시축소는 새로운 도심과 도시를 만들기 위한 정책적 방안과 의지를 적극적으로 찾으려는 것으로써 부정적 의미를 내포하지 않는다. 인구가 감소되는 상황에서 이를 전제로 한 도시관리에 관한 새로운 접근방식이 필요하게 된 것이다. 인구 감소를 도시축소로 개념화하는 것은 도시축소가 해결을 요하는 주요 문제라는 생각 때문이기도 하지만, 도시축소가 무분별하고 과도하게 성장해 왔던 도시를 잘 짜여진, 살 만한, 다양성 넘치는 도시로 만들 수 있는 기회라고 보고, 이를 통해 기존 도시의 난제를 해결할 수 있다고 생각하기 때문이다.

　도시축소와 그린인프라 적용 사례로는 미국의 디트로이트가 있다. 디트로이트는 20세기 초에 미국의 대표적 자동차 생산업체인 포드사를 비롯하여 제너럴모터스사, 크라이슬러사의 공장이 들어서면서 자동차 산업의 중심지로 성장하였다. 그러나 자동차 산업이 쇠퇴하면서 사람들이 주변 도시로 이주하게 되어 범죄와 버려진 땅이 만연하게 되었다. 이를 해결하기 위해 도시체계에 대한 관리전략을 ① 향상·유지, ② 갱신·유지, ③ 감축·유지, ④ 유지, ⑤ 대체·용도 변경·해체의 다섯 단계로 구분하여 세웠다.* ① 향상·유지 전략은 주로 대도심 및 산업용도 강화(변화)지역, ② 갱신·유지 전략은 주로 낮은 공실지역, ③ 감축·유지 전략은 주로 중간 공실지역, ⑤ 대체·용도 변경·해체 전략은 주로 높은 공실지역에 적용되고 있다. 그린인프라 개념으로는 도시정원, 도시농업, 녹지로 재활용, 조건부 이용지역 등으로 구분하여 근린지역의 안정화를 도모하고 있다. 첫째, 낮은 공실지역의 경우 '빈집'은 Ⓕ 주택구매자에게 판매, '수리가 필요한 빈집'은 Ⓑ 철거 및 부속토지로 판매하거나 최소한으로 관리, Ⓘ 복원하거나 주택구매자에게 판매, '공지'는 Ⓒ 녹지로 재활용하거나 최소한으로 관리, Ⓔ 인근 주택소유자에게 부속토지로 판매한다. 둘째, 중간 공실지역의 경우 '빈집'은 Ⓕ 주택구매자에게 판매, '수리가 필요한 빈집'은 Ⓐ 녹지로 재활용하거나 경제 발전을 위해 철거 및 합병, Ⓑ 철거 및 부속토지로 판매하거

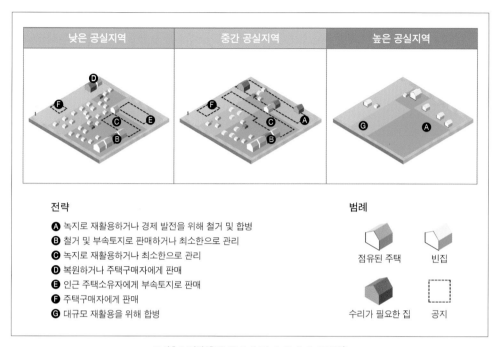

낮은 공실지역	중간 공실지역	높은 공실지역

전략

Ⓐ 녹지로 재활용하거나 경제 발전을 위해 철거 및 합병
Ⓑ 철거 및 부속토지로 판매하거나 최소한으로 관리
Ⓒ 녹지로 재활용하거나 최소한으로 관리
Ⓓ 복원하거나 주택구매자에게 판매
Ⓔ 인근 주택소유자에게 부속토지로 판매
Ⓕ 주택구매자에게 판매
Ⓖ 대규모 재활용을 위해 합병

범례

점유된 주택   빈집

수리가 필요한 집   공지

도시축소 전략(출처: 「Detroit Works Project」, 2013)*

나 최소한으로 관리, '공지'는 Ⓒ 녹지로 재활용하거나 최소한으로 관리한다. 셋째, 높은 공실지역의 경우 '수리가 필요한 빈집'은 Ⓐ 녹지로 재활용하거나 경제 발전을 위해 철거 및 합병, '공지'는 Ⓖ 대규모 재활용을 위해 합병한다. 여기서 주목할 부분은 많은 도시가 축소 지향적 도시 전략을 추진하는 데 있어 시민의 자발적 참여와 공감대 형성을 중요하게 생각하였다는 점이다.

그린인프라와 IT기술 융합

IT기술의 발달은 그린인프라의 생태계서비스의 명확한 이해를 돕고, 그린인프라의 이용 활성화에 영향을 준다. 각종 측정센서를 활용한 드론, 위성영상 등은 기후변화 적응, 환경문제 해결 등 그린인프라의 생태계서비스를 이해하는 데 활용되고, 이러한 정량적 측정 결과물과 연구 성과는 다른 분야와의 공간적 활용 논의에서 중요한 역할을 수행한다. 직관적으로 이해되었던 그린인프라 효과의 정량화는 다른 분야에서 동일 공간에 대한 이용 전략의 충돌을 협력적으로 조절해 가는 과정에서 매우 효과를 발휘하고 있다. 특히 한강의 이용과 관련해 기존에 수리적 측면에서 공원의 이용이 매우 제한적이었고, 공원의 생태성을 높이는 데 한계가 있었지만, 일부 수리해석 방법을 활용한 정량적 결과물로 한강에 생태성을 높이는 방안을 협의하는 데 효율적으로 활용되었다. 앞으로도 이러한 정량적 결과물은 그린인프라의 효과를 인지하지 못하는 분야와 장기적인 협력을 이끌어 나가는 데 효율적으로 활용할 수 있는 도구가 될 것이다. 또한 IT기술은 그린인프라 이용의 활성화에도 기여할 것이다.

몇 년 전에 화제가 되었던 게임 포켓몬고의 경우, 그린인프라와 결합한 IT서비스 중 하나로 증강현실기술을 기반으로 한 공원의 이용 활성화에 매우 큰 영향을 준 바 있다. 증강현실기술의 발달로 인해 향후 실제 공간과 가상 공간의 연계가 활발히 이루어질 것으로 예상되며, 누구나 자유롭게 이용 가능한 공원, 녹지, 하천과 같은 그린인프라가 제공하는 실제 공간과의 조합을 바탕으로 한 증강현실기술 발전이 극대화될 것으로 기대된다. IT기술의 또 다른 활성화 사례는 GIS 기반의 공원보건 인프라인 '지오헬스'와 포인트제도이다. 이는 환자와 의료기관을 연결해 환자에게 맞게 운동기구 활용이나 걷기 등의 공원 처방이 이루어지면 웨어러블 디바이스를 통해 공원 내에서의 활동이 실시간으로 축적되는 방식으로 이루어진다. 또한 포인트 어플리케이션인 팝^{PAP: Park Activity Points}을 사용해 공원에서의 활동을 통해 포인트를 모으고 그 포인트들을 건강보험료 감면 및 기타 진료활동에 사용한다. 어플리케이션 안의 프로그램은 단순한 포인트제도와 관련된 프로그램과 공원 안에서의 활동을 유도하는 유인책으로서의 프로그램으로 나눌 수 있다. 인구고령화·만성질환 증가에 따른 의료비 부담 증가와 생활수준 향상에 따른 건강에 대한 관심 확대로 헬스케어 패러다임은 질병 치료 중심에서 예방적 건강관리 강화로 전환되는 추세이다.

그래서 해외 주요보험회사는 이러한 환경변화에 대응하기 위해 빠르게 발전하는 기술을 적극적으로 활용하고 다른 산업과의 활발한 협업을 통해 헬스케어서비스 사업을 확대하고 있다. 현재 우리나라에서도 보험회사가 헬스케어 어플리케이션과의 협업을 통해서 많은 프로그램들과 상품들을 만들어 내고 있다.

2

미래 변화를 고려한 지속가능한 발전

인구·소득의 변화

사람은 사회를 구성하는 가장 기본적 요소이다. 시장의 규모도 기본적으로 인구의 크기와 구조에 의해 결정된다. 조경은 생태적 특성을 보전함과 동시에 인간의 외부활동을 위한 공간을 조성하기 때문에 인구 구조의 변화를 면밀히 살펴야 한다. 미래 인구 변화는 두 가지 측면에서 공간 구조와 기능의 변화를 가져올 수 있다. 첫째는 인구수이다. 인구수는 공간의 수요를 결정하는 가장 결정적 요소이다. 또한 총인구와 더불어 세대별 인구수의 변동과 가구 구성도 매우 중요한 정보이다. 자녀세대의 규모가 달라지는 것, 특히 부모세대에 대비한 상대적 크기는 공간의 활용방법에 대한 해법을 다르게 요구한다. 둘째는 생애주기에 따른 역할 변동이다. 우리는 다양한 연령규범을 갖고 살아가고 있다. 8세가 되면 학교에 진학하고, 20대에는 첫 취업을 한다. 30세 전후하여 결혼을 하고 자녀를 갖는다. 이후 50대까지 자녀를 키우고, 60대에는 일자리에서 은퇴를 한다. 그런데 수명이 연장되고 첫아이 출산 시기가 늦춰지면서 이러한 생애주기의 시점들도 변하였다. 이러한 변화는 궁극적으로 공간 활용방법 및 활성화와 연계되어 영향을 주고받게 된다.

통계청에 따르면, 대한민국의 총인구는 2017년 5,136만 명에서 2028년에 5,194만 명까지 증가한 후 감소하여 2067년에는 1982년 수준인 3,929만 명에 이를 전망이라고 한다. 인구변동 요인에는 출생, 사망, 국제이동이 있으나, 저출생·고령화의 심화에 따라 사망자 수가 출생아 수보다 많아지는 인구의 자연감소가 2019년부터 시작된다. 한편 이민·귀화 등 사회적 증가(국제 순유입)로 인해 실제 인구가 줄어드는 시점은 2028년이 될 것으로 전망되고 있다. 이러한 총인구의 변동은 도시마다 다르게 영향을 줄 것으로 보이나, 1960년대 이후 폭발적으로 늘어난 총인구와 사회적 이동으로 서울 근교의 도시들이 발전한 양상을 살펴보면 그 영향력이 매우 컸다. 2017년 706만 명이었던 65세 이상 고령층은, 2067년에는 1,827만 명까지 증가할 것이라고 장래인구추계(중위가정)는 보여 주고 있다. 인구구성비로 보아도 65세 이상 인구가 2017년에는 13.8%에 불과했지만, 2067년에는 46.4%에 달하게 될 것으로 보인다. 이러한 양상이 지속될 경우에는 기존에 제시하였던 공간 활용방법에서 탈피하여 다른 해법을 고민해야 한다.

국민소득이 증가하면서 소비패턴이 의식주에 관련된 생계형 소비에서 선진국에서 보여 주었던 전형적인 가치 소비로 변화하고 있다. 또한 다양한 정책의 시행으로 여가시간이 많아짐에 따라 삶의 질을 높이려는 다양한 활동이 이루어지고 있다. 이와 관련된 여러 연구에 따르면, 소득의 증가는 직접적으로 행복에 영향을 주기도 하지만, 여가활동을 할 수 있는 기회를 제공함으로써 삶의 만족과 행복에 많은 영향을 주고 있다. 최근 행복한 삶을 위해서는 일 영역과 삶 영역(가족·자신·여가)의 균형의 중요성이 인식되면서, 인간의 창의력과 심리적 잠재력을 발휘하고 문화를 창조해 낼 수 있는 삶의 영역으로 여가생활 문제가 강조되고 있다. 실제로 사람들은 여가활동을 통해 삶의 질 향상, 자아 성장, 건강 증진, 스트레스 해소, 여유 있는 삶의 영위, 모험과 흥분, 도전정신의 만족감 부여, 자존감 유지와 같은 긍정적 효과를 경험하는 것으로 밝혀졌다. 특히 21세기 한국사회는 경제성장 위주의 노동중심사회(노동형 인간, 일의 양 중시, 직장 중심의 생활)에서 점차 여가중심사회(여가형 인간, 일의 질 중시, 가족 중심의 생활)로 변화해 가는 과정에 있으며, 이러한 가치관은 국민생활 및 경제활동 방식에 커다란 변화를 가져다 주고 있다. 앞으로 우리 사회는 국민소득 1인당 3만 달러를 넘어 5만 달러 시대를 맞이하게 된다. 이런 시기가 오면 어느 때보다도 자신의 존재가치를 높이고 개성을 추구하는 공간 이용 행태를 보일 수 있다. 이

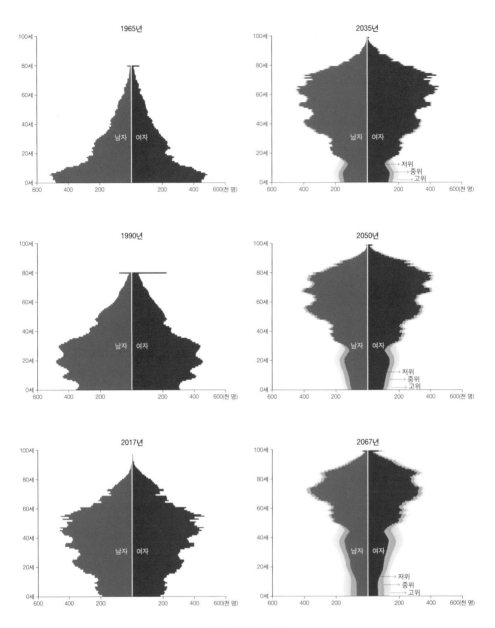

한국의 인구 구조 변화
(출처: 통계청http://kostat.go.kr,「장래인구특별추계: 2017~2067년」보도자료)

를 종합하면, 베이비부머세대가 사회의 주축을 이루었던 고도성장 시대의 대량 생산 및 소비 패러다임 아래에서 구축되었던 기존의 국토관리 패러다임은 변해야 하며, 변화된 패러다임으로 인해 발생하는 막대한 비용을 누가, 어느 시점에, 어떻게 부담할 것인가라는 문제를 둘러싸고 사회적 갈등도 심화될 것으로 보인다.

기후변화를 비롯한 환경의 변화

기후변화를 야기하는 대표적인 온실가스인 이산화탄소, 메탄 등의 대기 농도는 1900년대 이후 거의 기하급수적으로 증가하고 있다. 이산화탄소 배출과 더불어 산림 훼손, 초원 감소, 생태계 다양성 훼손과 이산화탄소 흡수 약화도 온난화의 원인이다. 기후변화로 인해 평균기온 상승, 강우 패턴의 변화, 해수면 상승 등이 발생하고 있다. 이러한 변화로 인하여 우리나라의 많은 지역에서 폭염, 혹서, 폭설, 폭우, 가뭄 등 다양한 기상 관련 비용이 발생하고 있다. 이를 해소하기 위해서 지구 평균온도 상승폭을 산업화 이전 대비 2℃ 이하로 유지하고, 더 나아가 온도 상승폭을 1.5℃ 이하로 제한하려는 국제적인 약속으로 2015년에 파리협정Paris Agreement을 채택하였다. 각국은 온실가스 감축 목표를 스스로 정해 국제사회에 약속하고 이 목표를 실천해야 하며, 국제사회는 그 이행에 대해서 공동으로 검증하게 되어 미래 기후변동의 폭은 줄어들 것으로 예상되나, 기후에 안전한 사회를 구축하기 위해서는 다양한 영향 가능성을 평가하고, 적응전략을 도출하여야 한다. 이를 위해서 기후변화에 관한 정부간 협의체IPCC; Intergovernmental Panel on Climate Change에서는 4개의 대표 시나리오 [RCPRepresentative Concentration Pathway 2.6, 4.5, 6.0, 8.5]를 마련하여 기후변화 영향을 분석할 수 있도록 하였다. RCP 8.5는 현재와 같은 추세로 온실가스를 계속 배출하는 경우를 가정한 시나리오이고, RCP 4.5는 온실가스 저감 정책이 상당히 실현된 경우 배출 상태를 가정한 시나리오이다. 한반도에서 온실가스가 현재 추세로 배출될 경우(RCP 8.5), 21세기 후반(2081~2100)의 연평균 기온은 현재

보다 5.9℃ 상승할 것으로 전망된다. 이와 함께 강우 패턴의 변화, 태풍의 영향 변화 등으로 인한 공간적 변화가 예상된다. 또한 수질·대기·토양 오염, 오존 층 파괴 등의 환경오염은 장기적으로 생태계 변화와 기상재해 등을 통해 인류 의 지속가능한 발전을 크게 위협하고 있다. 기후변화와 더불어 발생하는 대기 오염 등의 환경오염은 환경질환을 발생시키고, 전 세계적인 도시화 추세와 결 합하게 되면 우리의 삶의 질을 위협하는 주요 요인으로 작용할 것이다. 조경전 문가는 이에 대한 연구결과 등을 잘 종합하여 미래에 적합한 공간 이용을 제안 할 필요성이 있다.

기술의 진보

근대 이전에는 기술과 교류의 제한으로 일상생활의 장소를 통해서 시간과 공 간을 연계시켰으나, 사회적 상호작용의 범위가 확장된 사회체계를 갖춘 근대 이후에는 시간과 공간을 장소에 고정시키지 않았다. 또한 기술의 발달로 인하 여 다수의 인간은 토지 기반의 생산물 이용에 자유를 얻음에 따라 도시로 이 주하여 중소도시 및 농촌 지역의 축소가 예상되고 있다. 이는 항구적으로 토지 관리에 있어서 문제를 야기할 수 있다. IT기술의 발전은 사회조직의 장소귀속 성을 탈피시키기 때문에 일상생활에서의 공원 및 광장 등의 커뮤니티 공간의 저이용이 예상된다. 따라서 앞으로의 조경학에서는 공간의 조성뿐만 아니라 지속적 이용을 위한 다양한 방안을 제안해야 한다. 지금 주류화가 되고 있는 시민 참여를 통한 해결 방안 등도 이를 염두에 둔 흐름으로 해석할 수 있다. 만 약 4차 산업의 극적 발전으로 인해 인간이 시간과 공간에서 자유롭게 된다면 또 다른 공간 구조와 기능의 변화가 예상된다. 기술의 발달로 인하여 인간이 노동으로부터 자유를 얻어 갈 때 경험 및 감성을 중시하는 테마, 컬트, 체험 등 추상적 가치의 구매가 증가했던 사례를 볼 때 앞으로도 이러한 변화가 더욱 가 중될 수 있다. 기술의 발달, 특히 지역의 스마트화는 인간이 지금까지 삶을 살 아가기 위해 필요로 했던 많은 정보들이 자동화됨에 따라 공간과 시간의 자유를 얻게 될 가능성이 매우 크기 때문에 이에 대한 해법을 위한 공간 활용에 관해 상상력을 키워야 한다. 또한 앞으로는 과학기술의 발전 속도가 급격히 배가되면서 인간소외와 정체성 혼란, 사회적 부적응 문제 등이 대두될 것이다. 고령화 사회는 인간답게 사는 삶의 질에 대한 관심을 더욱 높일 것이다. 이러한 상황에서 조경전문가는 기술 그 자체의 발전보다는 인본주의적 사고가 동반된 기술의 발전이 이루어지도록 노력해야 한다.

지속가능한 발전 목표

'지속가능한 발전Sustainable Development'이라는 용어는 세계환경개발위원회가 1987년에 발표한 「우리 공동의 미래」에서 "미래 세대의 욕구를 충족시킬 수 있는 능력을 저해하지 않으면서 현재 세대의 욕구를 충족시키는 발전"이라고 정의하면서 본격적으로 사용하기 시작하였다. 지속가능한 발전은 한마디로 정의하기 어려운 담론으로 시대적 조류와 상황에 따라 활용 방법과 개념이 바뀌고 있으나, 삶의 질 향상, 세대 간 형평성, 사회적 통합, 국제적 책임을 주요 원칙으로 하고 있다. 유엔에서는 이를 실천하기 위해서 2016~2030년 모든 나라가 공동으로 추진해 나갈 목표로 경제·사회의 양극화, 각종 사회적 불평등의 심화, 지구환경의 파괴 등 각국 공통의 지속가능한 발전 위협 요인들을 동시에 완화하기 위한 17개의 행동 목표를 설정하고 있다.**

지속가능한 발전 목표 중에서 조경학과에서 학습하는 분야는 건강하고 질 좋은 삶(3), 친환경 에너지(7), 복원 가능한 인프라 건설(9), 안정적으로 유지되는 도시와 커뮤니티(11), 기후변화 대응(13), 생태계 보호(15) 등과 직간접적으로 연계되어 있다. 건강하고 질 좋은 삶의 경우, 모든 연령대의 사람들을 위한 복지 증진을 목표로 하고 있고, 우울증 감소 및 신체 건강을 위한 활동을 돕는 활력 있는 도시공간과 대기오염 등으로 인한 건강 위험으로부터 안전한 공간을 만드는 것이 조경 분야와 연계되어 있다. 친환경 에너지의 경우, 재생 가능 에너지 공급 의무화 목표 및 에너지 효율 목표 달성을 정책으로 이행하고 있기

지속가능한 발전 17가지 목표(출처: 지속가능발전포털, http://ncsd.go.kr)**

때문에 조경 분야와 직접적인 연결고리는 없지만, 조경공간에서의 에너지 효율 향상 및 저탄소를 위한 노력 등의 활동이 연계되어 있다. 복원 가능한 인프라 건설은 미래 사회의 변화를 고려하여 탄력적인 국토와 도시공간을 만드는 것과, 기후변화로 인한 재해에 대해서도 회복력이 높은 공간을 만드는 것을 목표로 한다. 특히 스마트 기술, 빅데이터 등을 활용하여 복원력 높은 공간을 만드는 것과 산업시설 이전 등으로 인한 도시축소로 발생하는 유휴부지의 지속가능한 활용 전략 개발이 화두가 되고 있다. 안정적으로 유지되는 도시와 커뮤니티는 조경 분야에서 전통적으로 도시 스케일에서 형성해 온 전원도시, 녹색도시, 생태도시 등의 담론과 실천적 해법과 연계되어 있다. 특히 커뮤니티 스케일에서는 공원의 조성 및 관리, 도시농업, 시민 참여 녹화사업 등 사회적 자본을 형성하기 위한 공간 형성과 프로그램 관리가 연계되어 있다. 기후변화 대응 부분에서는 조경 분야의 논의 의제인 각종 네트워크들이 직접적으로 연관성을 갖는다. 바람길의 '화이트 네트워크', 물을 활용한 '블루 네트워크', 수목을 활용한 '그린 네트워크'와 더불어 탄소 저장·자양분 공급·빗물을 오래 머금고 있는 토양의 고유 기능을 강화한 '골드 네트워크' 등을 적용한 생태순환

시스템을 구축하여 기후변화 완화 및 영향에 대한 적응을 목표로 하고 있다.
생태계보호는 조경 분야의 중요한 한 축으로서 공간 개념에서는 국립공원, 생
태축 등 보전지역 및 생태계서비스 논의와 연계되어 있고, 종 개념에서는 생물
다양성협약과 연계되어 있다. 이처럼 조경학은 지속가능한 발전 목표와 밀접
한 연관성을 가지고 있으며, 지속가능한 미래 사회를 위해 많은 역할을 하고
있다.

3

지오디자인과 공간의사결정

지오디자인의 개념

우리나라는 이용 가능한 물리적 공간이 한정되어 있다. 이에 따라 자원의 효율적 이용이 매우 중요하다. 현대 사회는 다양한 가치관의 등장으로 인하여 가치 충돌이 많이 나타나고 있다. 특히 개발과 보전에 관한 가치 충돌이 주를 이루고 있다. 공간계획은 결국 자원의 효율적 이용을 위한 합의된 목표를 도출해 가는 과정이기 때문에 이해당사자 간의 협력 관계를 잘 구축해 가는 것이 필요하다. 지금까지 우리나라의 국가와 도시는 자원의 효율적 이용 및 보전을 목표로 국토·도시계획 및 환경계획을 수립하고 관리해 왔다. 이에 따라 현재는 토지이용에 따른 환경 부작용을 최소화하기 위해서 노력하고 있다. 국토의 이용과 관련해서는 「국토기본법」에 의한 국토계획과 「국토의 계획 및 이용에 관한 법률」에 의한 도시군기본계획 및 용도지역지구 지정 등을 통해 관리하고 있다. 환경적 측면에서는 대규모 개발사업의 경우 전략환경영향평가를 수행하여 사전에 부작용을 최소화하였다. 전략환경영향평가는 기존의 상위 행정계획 및 개발기본계획에 대한 사전 환경성 검토가 개편된 환경평가 유형으로, 정책계획 및 개발기본계획을 대상으로 "환경에 영향을 미치는 상위계획을 수립할 때에 환경보전계획과의 부합 여부 확인 및 대안의 설정·분석 등을 통하여 환경적 측면에서 해당 계획의 적정성 및 입지의 타당성 등을 검토하여 국토의 지속가능한 발전을 도모하는 것"을 목표로 하고 있다. 환경영향평가는 프로젝트를 기반으로 개발의 영향을 최소화할 수 있도록 협의하는 장치이며, 생태면적률 등의 제도 등과 결합하여 개발의 환경문제를 해소하는 데 기여하고, 균형점을 찾고 있다. 즉, 개념적으로는 그린인프라관리를 매우 중요한 국토관리의 전략으로 삼고 다양한 제도를 통해서 관리를 수행하고 있다.

앞으로 우리사회가 경험하게 될 미래 사회는 과거에 경험했던 것보다 매우 불확실한 상황이 될 가능성이 매우 높다. 불확실성이 매우 높은 상황에서의 그린인프라와 연계된 의사결정은 직관에 의존에서 논의했던 차원을 넘어서 논의에 필요한 데이터를 수집하고, 정보화하고, 지혜를 도출하는 과정이 매우 중요하게 될 것이다. 지오디자인Geodesign은 이러한 과정을 모듈화함으로써 점차 공간 문제의 해결 과정에 디자인 프로세스를 접목한 공간계획 수립을 위한 새로운 방법론으로 자리매김하고 있다. 즉, 지오디자인은 공간적 해법의 결과물인 디자인은 상상에 기반하여 제약 없이 발상하고, 시각화를 통해 즉시 평가하며, 이러한 과정을 반복적으로 수행함으로써 디자인을 개선시켜 나가야 한다. 또한 디자인의 또 다른 주요 특성은 협업이기 때문에 다양한 이해관계자들과의 협상과 대안 마련을 위한 반복 작업을 취사 선택이 쉽게 제시한 프레임워크를 통해 계획가는 창의적인 발상에 더욱 집중할 수 있도록 하는 개념으로 정리되고 있다. 지오디자인 프레임워크는 공간계획에서 요구되는 다음 여섯 가지 질문을 통해 계획지역에 대한 이해, 현황과 문제점을 파악하고, 문제 해결을 위한 다양한 대안과 최적안의 선택까지 프로세스를 정의한 틀이다.

- 계획지역은 어떻게 설명 또는 묘사되나?(현황)
- 계획지역은 어떤 절차에 의해 공간적 변화가 일어나는가?(절차)
- 현재 계획지역에는 어떤 문제가 있는가?(평가)
- 문제의 해결을 위해 계획지역은 어떻게 변화시킬 것인가?(변화)
- 이러한 변화는 계획의 실행으로 인해 지역에 어떤 영향을 미칠 것인가?(영향)
- 변화를 이끌 다양한 대안들 중 어떤 대안이 계획지역에 가장 적합한가?
  (의사결정)

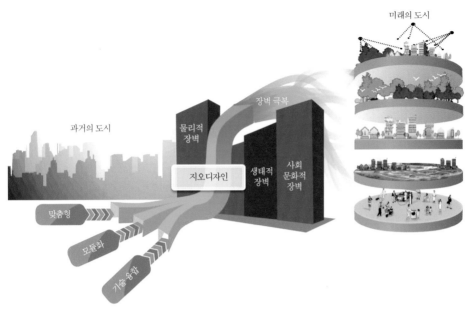

미래의 도시

과거의 도시

물리적 장벽

장벽 극복

지오디자인

생태적 장벽

사회 문화적 장벽

맞춤형

모듈화

기술 융합

지오디자인 이용을 통한 도시회복력 증진 ⓒ 박찬

지오디자인의 활용 사례

미국 조지아주는 「Coastal Georgia Project」를 위해서 지오디자인 프레임을 활용하였다. 이 프로젝트는 2016년 조지아주 해안권역위원회와 조지아대학이 해안 지역을 중심으로 자연보전과 지역개발에 관한 미래계획 수립을 위해 공동으로 추진하였다. 조지아 해안 지역은 해안선을 따라 습지와 산호섬이 발달해 보존 가치가 높은 지역이고, 지역 전반이 농촌이나 사바나 항을 중심으로 제조업이 발달하였으며, 역사·문화유산과 더불어 해안 관광산업이 발달하였다. 사바나를 중심으로 몇몇 카운티는 다양한 경제활동과 높은 인구 및 소득 증가가 예상되는 반면, 이외의 카운티들은 향후 20년간 인구 감소가 예상되는 지역이다. 이 지역은 지방정부(카운티, 시)의 개발 제한 또는 인센티브 부여를 통한 공간계획 도구들이 권역 단위의 교통계획, 야생동물 이동통로, 홍수관리 및 기후변화 대응 등을 지연시키는 걸림돌이 되고 있기 때문에 시, 카운티, 권역별 개발 및 보존계획 수립 시에 충돌이 잦아 협업과 협상을 통한 지역 간 갈등을 최소화하는 계획안을 마련하기 위해 지오디자인 방법론을 적용한 사례이다. 전문가들은 현황과 문제점을 바탕으로 지역 평가를 위한 공간정보를 사전에 구축하여 지오디자인 워크숍에서 이해관계자들 간의 협업, 협상 및 타협을 지원하고, 참여자 모두가 제안한 변화 모형을 통해 향후 20년간의 인구, 주택, 상업 및 산업용지 개발, 공원 및 보존지역 개발 대안을 도출하여, 각 그룹의 이해를 최대한 만족시키는 최적의 대안을 제시하도록 유도하였다. 영향평가와 가중치를 통해서 최적의 합의점을 찾아냈는데 시각화된 자료가 주는 직관적인 공간정보는 지역주민과 분야별 전문가들의 이해를 돕고, 전문가와 지역주민의 의견을 즉각적으로 반영하여 이틀이라는 짧은 워크숍 기간 내에 협상과 타협에 의한 계획안을 이끌어 내는 데 중요한 역할을 수행하였다. 앞으로 이러한 프레임을 활용한 사례는 다양한 분야에서 활용될 것이다. 특히 이러한 프레임은 공간계획 및 갈등관리에 매우 적합하게 사용될 수 있다.

빅데이터를 활용한 공간의사결정과 불확실성

과거에는 상당히 예측 가능하고, 구조화된 자료들을 기반으로 통계적 기법들을 활용하여 의사결정에 필요한 분석을 하였으나, 앞으로 다가올 시대는 다양한 가치관의 반영과 함께 빅데이터를 통해 예측이 어려운 다양한 사회 측면을 검토하여 기존에 존재하지 않은 사항에 대해 대응하는 의사결정을 해야 한다. 하지만 어떤 데이터들은 본질적으로 불확실하다. 예를 들어, 인간의 감정이나 날씨, 미래요인 등은 아무리 많은 데이터를 정제하여 분석하더라도 불확실성을 제거할 수 없다. 불확실성을 관리하기 위하여 분석가들은 데이터를 둘러싼 상황정보Context를 만들어 내야 한다. 이를 위해 사용하는 방법 중 하나가 신뢰도가 낮은 다양한 자료를 조합하여 보다 정확하고 유용한 데이터 포인트를 만들어 내는 데이터 융합data fusion이라는 과정이다. 불확실성을 관리하는 또 다른 방법은 최적화 기법이나 퍼지논리 기법과 같은 고급 수학을 이용하는 방법이다. 이를 위해서는 통계 공부가 필수적이다. 이외 해법으로는 공공참여지리정보시스템PPGIS; Public Participation Geographic Information Systems 자료를 만들고 활용하는 것이 있다. 이미 구글Google, 플리커Flickr, 통신사 등이 공간빅데이터를 생산하는 데 기여하고 있으며, 많은 참여자들이 리뷰나 사진 자료 등을 올림으로써 공간의사결정에 활용할 수 있는 많은 정보를 제공해 주고 있다. 통신사의 경우 유동인구 추정에 활용 가능한 솔루션을 제공해 주고 있으며, 구글의 경우 공간별 사람들의 만족도 등을 종합적으로 보여 주는 플랫폼을 제공하여 사람들의 행태나 의사를 확인할 수 있는 가능성을 열어 주었다. 플리커는 전 세계적으로 핫스폿의 사진을 올릴 수 있도록 서비스를 제공함으로써 방문자 수 등의 간접자료를 생산해 내는 데 활용할 수 있는 가능성을 제시하였다. 인스타그램Instagram과 같은 서비스도 공간별로 해시태그hashtag 등을 통해서 정보를 구분하여 확인할 수 있는 형태를 제안하여 공간별 정보를 쉽게 확인할 수 있는 방법을 제시하고 있다. 이처럼 다양한 공간빅데이터가 데이터베이스 형태로 구축되고 있기 때문에 이를 활용할 수 있는 툴을 익히는 것이 앞으로의 조경가에게 필요한 덕목이 되고 있다. 이를 위해서는 빅데이터를 다룰 때 유용한 컴퓨터 프로그래밍을 익히는 것이 중요하다.

함께 보면 좋을 자료

Barry W. Starke · John Ormsbee Simonds 지음, 안동만 옮김, 『조경학』, 보문당, 2016.

Jan Gehl 지음, 이영아 옮김, 『사람을 위한 도시』, 국토연구원, 2014.

에드워드 글레이저 지음, 이진원 옮김, 『도시의 승리』, 해냄출판사, 2011.

유현준, 『도시는 무엇으로 사는가』, 을유문화사, 2015.

임승빈 외, 『조 · 경 · 관: 조경을 바라보다, 경관을 만들다』, 나무도시, 2013.

(재)환경조경나눔연구원 · 미래포럼기획단 편, 『조경이 그리는 미래』, 한숲, 2018.

Clifford S. Russell 지음, 곽승준 외 옮김, 『환경 · 자원의 경제학적 접근』, 산문출판, 2001.

Andrew Goudie, *The Human Impact on the Natural Environment: Past, Present, and Future*, Hoboken: Wiley-Blackwell, 2013.

Rob Kitchin, Tracey P. Lauriault, Gavin McArdle (ed.), *DATA AND THE CITY*, Regions and cities, Abingdon: Routledge, 2018.

한국조경헌장

2013년 10월 28일 제정

(사)한국조경학회

조경은 아름답고 유용하고 건강한 환경을 형성하기 위해 인문적 · 과학적 지식을 응용하여 토지와 경관을 계획 · 설계 · 조성 · 관리하는 문화적 행위이다.

조경은 건강한 사회의 척도이고 행복한 삶의 기반이다. 조경은 생태적 위기에 대처하는 실천적 해법을 제시하고, 공동체 형성을 위한 소통의 장을 마련하며, 예술적이고 창의적인 경관을 구현해야 한다. 지속가능한 환경을 다음 세대에게 물려주는 것은 조경의 책임이자 과제이다.

우리는 이 헌장을 통해 조경을 재정의하고 고유한 가치를 공유하며 새로운 좌표를 제시하고자 한다.

I. 조경의 가치

자연적 가치

자연은 생명의 원천이다. 지구에는 다양한 동식물종이 서로 관계를 맺고 있으며, 조경은 이들의 건강한 공생을 중시한다. 자연은 현 세대를 위한 소비의 대상만이 아니라 미래 세대를 위해 보존되고 관리되어야 하는 자원이다. 조경은 자연과 사람 사이에 형성되어 온 부조화를 해소하고 상처받은 자연을 건강하게 치유한다.

사회적 가치

삶의 터전은 유한한 공간이자 공공의 자원이다. 사회 구성원은 이 터전을 지혜롭게 공유하고 행복을 추구할 권리를 가지며, 조경은 시민의 공공적 행복을 우선적으로 고려한다. 조경은 사회적 약자를 배려하고 누구에게나 평등한 공공 환경을 조성한다.

문화적 가치

인류가 축적해 온 인문적 자산은 그 자체로 존중되어야 하는 조경의 토대이다. 조경은 역사성, 지역성, 문화적 다양성을 존중하며, 창의적 예술 정신을 지향한다.

Ⅱ. 조경의 영역

정책

정책은 환경과 공간을 창조하기 위한 정치적·행정적 기반이다. 건전하고 합리적인 조경 정책 수립은 조경의 여러 영역이 그 역할을 제대로 수행할 수 있는 조건이다. 정책 입안과 결정에 조경가가 참여할 수 있는 제도적 환경을 마련해야 한다.

계획

조경계획을 통해 관련 분야의 의사 결정 과정에 방향을 제시하며, 설계의 합리적 체계와 틀을 제공한다. 조경계획은 다양한 환경적 요소를 고려하여 토지 이용과 관리 기준을 도출하거나, 설계의 선행 단계로서 전체적인 공간의 틀과 수행체계를 제시한다.

설계

조경설계는 계획안을 구체적으로 구현하는 창작 행위이며, 계획설계, 기본설계, 실시설계, 감리의 과정으로 나뉠 수 있다. 조경가는 설계를 통해 개인과 사회의 복합적인 요구와 문제를 합리적이고 창의적으로 해결한다.

시공

조경시공은 안전하고 쾌적한 공간을 창조하기 위해 기술적인 문제를 해결하고 생태적으로 건강한 환경을 건설하는 과정이다. 시공의 수준은 조경 공간의 완성도를 결정하는 중요한 요인이다. 책임 있는 장인정신과 합리적인 제도적 환경은 시공의 질적 향상을 위한 기반이다.

감리

조경감리는 설계안을 구현함에 있어서 공사의 완성도와 품질을 총체적으로 관리하는 행위다. 업무의 내용에 따라 설계 감리, 검측 감리, 시공 감리, 책임 감리로 구분되며, 원 설계자가 참여하여 사후 설계 관리를 수행하는 디자인 감리를 포함한다.

운영관리

운영관리는 조경공간의 물리적 환경을 유지하고 사회문화적 가치를 증진시키는 과정이다. 물리적 환경을 조성하는 행위 못지않게 이용 프로그램 운영도 조경의 중요한 영역이며, 이를 통해 공간의 가치가 제고된다.

연구

조경 연구는 조경의 고유한 영역뿐만 아니라 조경과 관련된 인문·사회적, 과학·기술적 학문 연구를 포괄한다. 우수한 환경과 공간을 창출하기 위해서는 이론적·실천적 연구에 대한 관심과 투자가 요구되며, 다른 학문 분야와의 적극적인 학술 교류와 협력도 필요하다.

교육

조경 교육은 사회의 변화와 수요에 대응할 수 있는 이론적 토대를 구축하고 실천적 기술을 제공한다. 교육의 영역은 창의적 문제 해결 역량을 지닌 조경 전문가를 양성할 뿐만 아니라 시민을 대상으로 하는 교육과 전문가의 재교육까지 아우른다.

Ⅲ. 조경의 대상

조경이 다루는 토지와 경관은 국토, 지역, 도시, 교외, 농·산·어촌을 포괄한다. 각 범위의 자연 생태계와 사회·문화적 맥락은 조경의 토대이자 대상이다. 조경의 대상은 정원과 공원을 근간으로, 도시 경관, 자연 환경과 문화 환경, 사회적 공간과 삶의 기반으로 확장되고 있다.

1. 정원은 단독 및 공동주택 정원, 비주거용 건물 정원(상업·의료·업무·문화시설 등의 정원), 공공 정원(공개공지, 공공시설의 정원, 공동체 정원), 실내 정원, 옥상 정원, 식물원, 수목원 등을 포함한다.
2. 공원은 생활권공원(소공원, 어린이공원, 근린공원)과 주제공원(역사공원, 문화

공원, 수변공원, 묘지공원, 체육공원, 도시농업공원)으로 구분되는 도시공원과 자연공원(국립공원, 도립공원, 군립공원, 지질공원)을 포함한다.

3. 녹색기반시설은 정원, 공원, 녹지, 하천, 가로, 광장, 자전거도로, 도로, 철도, 주차 공간, 건축구조물, SOC 시설, 비오톱, 학교 숲, 도시 숲, 경작지, 산림, 개발 제한구역 등을 포괄한다.

4. 역사·문화 유산은 유·무형 문화재, 사적·명승 같은 기념물, 민속 자료, 문화재 자료, 향토 유적, 정원 유적, 근대 문화 유산, 비지정 문화재 등과 관련 공간을 포함한다.

5. 산업 유산과 재생 공간은 항만, 공장, 창고, 발전소, 철도·운송·수운 시설, 농업 시설, 광업 시설, 교통 시설, 군사 시설, 쓰레기 매립지, 오염 지역, 용도가 불확정한 공간 등을 포함한다.

6. 교육 공간은 초·중·고 및 대학 캠퍼스, 연구시설, 청소년 수련 시설, 체험 학습원 등을 포함한다.

7. 주거 단지는 단독주택단지, 연립주택단지, 아파트단지 등을 포함한다.

8. 건강과 공공복지 공간은 범죄 예방(CPTED) 공간, 무장애 공간, 도시 농업 공간, 치유 공간, 추모 및 기념 공간 등 사회적 요구가 반영된 공간을 포함한다.

9. 여가 관광 공간은 스포츠 시설(운동장, 골프장, 스키장 등), 온천, 캠핑장, 유원지, 워터파크, 놀이공원, 관광 숙박 시설, 관광 편의 시설 등을 포함한다.

10. 농·산·어촌 환경은 농·산·어촌 경작지 및 마을, 휴양 단지, 관광 농원, 자연 휴양림 등을 포함한다.

11. 수자원 및 체계는 배수 체계, 지하수 함양, 홍수 조절, 생태 습지, 유수지, 빗물 정원, 친수 공간 등을 포함한다.

12. 생태 자원 보존 및 복원 공간은 생태 숲, 생태 통로, 연안 생태계, 하천, 습지, 서식처 등의 보존 및 복원이 필요한 공간, 기후·토양·동·식물상의 조사 분석, 생물다양성 증진이 필요한 공간을 포함한다.

Ⅳ. 조경의 과제

1. 세계적 보편성을 지향하는 동시에 지역성과 문화적 다양성의 가치를 발견한다.
2. 대지, 경관, 삶의 의미와 역사를 해석하고 표현하는 창의적 조경 작품을 생산하고, 미래의 라이프스타일을 이끄는 조경 문화를 형성한다.
3. 계획과 설계 행위를 통해 생물종다양성을 제고하고, 전 지구적 기후 변화에 대

응할 수 있는 첨단의 설계 해법과 전문 지식을 갖춘다.

4. 누구나 자유롭게 찾고 경험할 수 있는 건강하고 안전하고 민주적인 공간을 구축하며, 지속가능한 환경 복지를 지향한다.

5. 시민과 협력하고 커뮤니티를 지원하는 참여의 문화와 리더십을 실천한다.

6. 복합적 도시 문제의 해결 과정에서 지혜를 발휘할 수 있는 전문 지식과 기술을 축적한다.

7. 관련 분야와의 협력을 선도하고 조정하며 도시와 자연 환경의 문제를 융합적·통합적으로 계획·설계·관리한다.

8. 사회적으로 책임 있는 역할을 수행하기 위해 조경가의 직업 윤리를 확립하고 질 높은 조경 서비스를 제공한다.

참고문헌

- 강신용·장윤환, 『한국근대 도시공원사』, 대왕사, 2004.
- 강정은 외, 『기후변화 적응형 도시구현을 위한 그린인프라 전략 수립』, 한국환경정책평가연구원, 2012.
- 고정희, 『100장면으로 읽는 조경의 역사』, 한숲, 2018.
- 구형수 외, 『저성장 시대의 축소도시 실태와 정책방안 연구』, 국토연구원, 2016.
- 국립공원연구원, 「국가보호지역의 미래 발전방향 모색 전문가 토론회」, 2015.
- 김용식 외, 『최신 조경식물학』, 광일문화사, 2007.
- 김한배, 『미술로 본 조경 조경으로 본 도시: 이상향의 이념과 전개』, 도서출판 날마다, 2017.
- 나카무라 요시오 지음, 김재호 옮김, 『풍경학입문』, 도서출판 문중, 2004.
- 니시무라 유키오 지음, 이정형 옮김, 『도시의 아름다움』, 기문당, 2012.
- 도시녹화기술개발기구 특수녹화공동연구회 엮음, 김원태·운용한·한규희 옮김, 『알아야 할 벽면녹화의 Q&A』, 기문당, 2009.
- 문화재청, 『명승유형별 보존관리방안 연구』, 문화재청, 2017.
- Michael Laurie 지음, 최기수·진상철 옮김, 『조경학개론』, 명보문화사, 1983.
- 박기용, 『거창의 누정』, 거창문화원, 1998.
- Barry W. Starke·John Ormsbee Simonds 지음, 안동만 옮김, 『조경학』, 보문당, 2016.
- 서기환, 『공간계획 및 정책과정에서의 갈등조정 및 완화를 위한 Geodesign 활용방안 연구: 도시재생 계획수립을 중심으로』, 국토연구원, 2016.
- 소현수·김해경·최기수, 「주거단지 외부공간에서의 전통 재현 양상에 관한 연구」, 『한국전통조경학회지』 24(2), 2006.
- 아널드 R. 브로디·데이비드 E. 브로디 지음, 김은영 옮김, 『인류사를 바꾼 위대한 과학』, 글담출판, 2018.

- 양병이, 「조경계획과 조경설계」, 서울대학교 환경대학원 부설 환경계획연구소, 『터전』 제2호, 1989.
- 애너 파보르드 지음, 구계원 옮김, 『2천년 식물탐구의 역사: 고대 희귀 필사본에서 근대 식물도감까지 식물 인문학의 모든 것』, 글항아리, 2011.
- 이경재 외, 『환경생태계획』, 광일문화사, 2011.
- 이규목, 『도시와 상징』, 일지사, 1988.
- 이노우에 토시히코·스다 아키히사 지음, 유영초 옮김, 『세계의 환경도시를 가다』, 사계절, 2004.
- 이양주 외, 『경기도 시민정원사 인증 및 활동 활성화 방안』, 경기연구원, 2017.
- 이혜민 외, 「도시 리질리언스 향상을 위한 재해별 그린인프라 유형 고찰」, 『國土計劃』 제53권 제1호, 대한국토·도시계획학회, 2018.
- 임승빈 외, 『조·경·관: 조경을 바라보다, 경관을 만들다』, 나무도시, 2013.
- 임승빈 외, 『조경이 그리는 미래』, 한숲, 2018.
- Jan Gehl 지음, 이영아 옮김, 『사람을 위한 도시』, 국토연구원, 2014.
- 정경진, 『도시가로정원에 대한 시민의식과 유지관리 방안에 관한 연구: 서울시 가로정원 시범조성지 모니터링』, 서울연구원, 2013.
- Charles Waldheim 지음, 김영민 옮김, 『랜드스케이프 어바니즘』, 조경, 2007.
- 최기수, 『서울의 경과 곡』, 서울학연구소, 1994.
- Camillo Sitte 지음, 손세욱·구시온 옮김, 『도시·건축·미학: 까밀로 지테의 공간예술론』, 태림문화사, 2000.
- 통계청, 『장래인구특별추계: 2017~2067년』, 2019.
- 한국자생식물협회, 『우리꽃 599종』, 2004.
- 한국전통조경학회, 『최신 동양조경문화사』, 도서출판 대가, 2016
- 한국조경학회, 『조경계획론』, 문운당, 2007.
- 한국조경학회, 『조경수목학』, 문운당, 2002.
- 한국조경학회, 『조경식재설계론』, 문운당, 2012.
- 한국조경학회, 「한국조경헌장」, 2012.
- 한국조경학회, 『서양조경사』, 문운당, 2005.
- 허균, 『한국의 정원, 선비가 거닐던 세계』, 다른세상, 2002.
- 홍선기 외, 『생태복원공학』, 라이프사이언스, 2004.

• Andrew Goudie, *The Human Impact on the Natural Environment: Past, Present, and Future*, Hoboken: Wiley-Blackwell, 2013.

• Carl Steinitz, *A Framework for Geodesign: Changing Geography by Design*, Redlands (CA): Esri Press, 2012.

• Charles Beveridge and Paul Rocheleau, *Frederick Law Olmsted: Designing the American Landscape*, New York: Rizzoli, 2005.

• Christophe Girot, *The Course of Landscape Architecture: A History of our Designs on the Natural World, from Prehistory to the Present*, London: Thames & Hudson, 2016.

• David Harvey, *Paris, Capital of Modernity*, New York: Routledge, 2004.

• Detroit Works Project, Detroit Future City:2012 Detroit Strategic Framework Plan, 2nd printing. Detroit: Inland Press, https://detroitfuturecity.com/wp-content/uploads/2017/07/DFC_Full_2nd.pdf. 2013.

• Dorothy Sucher, *The Invisible Garden*, Washington D.C.: Counterpoint, 1999.

• D. W. Meinig, The Beholding Eye, D. W. Meinig (ed.), *The Interpretation of Ordinary Landscape*, Oxford: Oxford Univ. Press, 1979.

• E. A. Gutkind, *Our World From the Air: An International Survey of Man and the Environment*, New York: Doubleday, 1952.

• E. Relph, *Place and Placelessness*, London: Pion Press, 1976.

• Frederick Law Olmsted · Charles E. Beveridge · Lauren Meier · Irene Mills (eds.), *Frederick Law Olmsted: Plans and Views of Public Parks*, Baltimore: Johns Hopkins University Press, 2015.

• G. Cullen, *Townscape*, London: Architectural Press, 1961.

• Harry Launce Garnham, *Maintaining the Spirit of Place*, Mesa: PDA Publishers Corp., 1985.

• Janet Cubey · Judith Merrick (eds.), *RHS Plant Finder 2012-2013*, Woking(UK): Royal Horticultural Society, 2012.

• J. B. Jackson, *The Necessity for Ruins and Other Topics*, Amherst: University of Massachesetts Press, 1980.

• John F. Benson and Maggie H. Roe (eds.), *Landscape and sustainability*, London: Spon Press, 2000.

- Kenneth I. Helphand, *Lawrence Halprin*, Athens(GA): University of Georgia Press, 2017.
- Kevin Lynch, *The Image of The City*, Cambridge: MIT Press, 1960.
- Lawrence Halprin, *The RSVP Cycles: Creative Processes in the Human Environment*, New York: George Braziller, 1970.
- Marc Treib (ed.), *Modern Landscape Architecture: A Critical Review*, Cambridge(MA): The MIT Press, 1994.
- Mayor of London, London View Management Framework in 『London Plan Supplement Guidance』, 2007.
- Michael D. Murphy, *Landscape Architecture Theory: An Evolving Body of Thought*, Long Grove: Waveland Press, 2005.
- Paul D. Spreiregen, *Urban Design: The Architecture of Towns and Cities*, New York: McGraw-Hill, 1965.
- Peter Walker and Melanie Simo, *Invisible Gardens: The Search for Modernism in the American Landscape*, Cambridge(MA): The MIT Press, 1996.
- Reuben M. Rainey·Marc Treib (eds.), *Dan Kiley: Landscapes-the Poetry of Space*, San Francisco: William Stout Publishers, 2009.
- Robert Holden·Jamie Liversedge, *Landscape Architecture: An Introduction*, London: Laurence King Publishing, 2014.
- Rob Kitchin·Tracey P. Lauriault·Gavin McArdle (eds.), *DATA AND THE CITY* (Regions and cities), Abingdon: Routledge, 2018.
- Scott Campbell, Green cities, growing cities, just cities?: Urban planning and the contradictions of sustainable development, *Journal of the American Planning Association* 62(3), 296-312, 1996.

- 鳴海邦碩 編, 『景觀からまちつくり』, 京都: 學藝出版社, 1988.

홈페이지

- 쇼몽국제정원박람회 홈페이지
  http://www.domaine-chaumont.fr/en/international-garden-festival
- ASLA(American Society of Landscape Architecture) 홈페이지
  https://www.asla.org
- 유네스코와 유산 홈페이지
  http://heritage.unesco.or.kr
- IFLA(International Federation of Landscape Architecture) 홈페이지
  https://www.iflaworld.com

찾아보기

이 책을 기획하고 쓴 사람들

김아연

서울대학교 조경학과를 졸업하고 같은 대학원 및 미국 버지니아대학교 건축대학원에서 조경학 석사학위를 받았다. 현재 서울시립대학교에서 공원 및 오픈스페이스설계스튜디오, 통합환경설계론, 환경설계방법론을 강의하고 있다. 또한 조경 플랫폼 공간 시대조경 일원으로 조경 설계 실무와 설계 교육 사이를 넘나드는 중간 영역에서 활동하고 있다. 국내외 정원, 놀이터, 공원, 캠퍼스, 주거단지 등 도시 속 다양한 스케일의 조경 설계 프로젝트를 담당해 왔으며 동시에 자연과 문화의 접합방식과 자연의 변화가 가지는 시학을 표현하는 설치 작품을 만들고 있다. 저서로 『텍스트로 만나는 조경』(공저), 『LAnD 조경·미학·디자인』(공저) 등이 있고, 역서로 『빌딩블로그』(공역)가 있다. 자연과 사람의 관계에 대한 아름다운 꿈과 상상을 현실로 만드는 일이 조경설계라고 믿고, 이를 사회적으로 실천하는 일을 중요시 여긴다.

김영민

서울대학교 조경학과와 건축학과를 졸업하고 미국 하버드대학교에서 조경학 석사학위를 받았다. 미국 SWA사에서 조경 및 도시 설계가로 전 세계에서 다양한 프로젝트를 수행하였으며, USC 건축대학원에서 강의하였다. 현재 서울시립대학교에서 기초컴퓨터설계, 정원 및 외부공간설계스튜디오, 조경창의융합설계, 도시공간문화론을 강의하고 있다. 이와 함께 조경가로서 국내외의 프로젝트와 공모전을 통해서 다양한 스케일의 설계를 수행하고 있다. 저서로 『스튜디오 201, 다르게 디자인하기』, 『공원을 읽다』(공저), 『용산공원』(공저) 등이 있고, 역서로 『랜드스케이프 어바니즘』이 있다. 이론가이자 설계가로서 실천에 기여할 수 있는 이론을 탐색하고, 이론적 담론을 형성할 수 있는 실천을 추구하려고 노력 중이다.

김용근

서울시립대학교 환경원예학과를 졸업하고 서울대학교 환경대학원에서 조경학 석사학위를, 미국 텍사스A&M 대학교에서 관광휴양학 박사학위를 받았다. 서울시립대학교 중앙도서관장을 역임하였고, (사)한국조경학회 수석부회장, (사)한국농어촌학회 회장을 역임하였다. 현재 서울시립대학교 명예교수로 (사)지역공동체갈등관리연구소 대표이사를 맡고 있다. 저서로 『주민주도적인 마을 만들기 I, II』, 『마을 공동사업의 이해와 갈등관리』 등이 있으며, 관광휴양, 국립공원 이용자 관리 및 지역계획에 관련된 다수의 논문을 발표하였다. 지역 활성화를 위한 컨설팅과 지역의 희망을 이루기 위해 공동사업상 장애물인 갈등관리에 대한 현장 중심의 연구와 구성원의 역량 강화 교육에 매진하고 있다.

김한배

서울시립대학교 조경학과를 졸업하고 서울대학교 환경대학원에서 조경학 석사학위를, 서울시립대학교 대학원에서 공학 박사학위를 받았다. 현재 서울시립대학교 명예교수이다. (사)한국조경학회장과 (사)한국경관학회장을 역임하였다. 저서로 『우리 도시의 얼굴찾기』, 『미술로 본 조경 조경으로 본 도시』, 『보이지 않는 용산 보이는 용산』(공저) 외 16권이 있다. 현대조경설계 이론 및 경관론 관련 논문 60여 편을 발표하였다. 최근에는 18세기 유럽 낭만주의에서부터 출발한 픽처레스크 경관미학의 기원과 계보, 동아시아 경관사상과의 관계, 현대 경관계획이론으로의 전개 과정에 관심을 갖고 연구하고 있다.

박찬

서울대학교 조경지역시스템공학부를 졸업하고 같은 대학교 생태조경지역시스템공학부에서 조경학 석사학위를, 같은 대학교 환경대학원에서 공학 박사학위를 받았다. 한국 국립환경과학원, 일본 국립환경연구소, 국토연구원에서 기후변화 대응, 스마트 녹색 도시 등의 연구를 수행하였고, 현재 서울시립대학교에서 조경계획, 지리정보체계, 환경생태정보학, 공간의사결정론 등을 강의하고 있다. 토지이용을 중심으로 인간, 도시, 자연환경 등의 상호작용을 이해하고, 사회경제변화, 기후변화, 기술변화 등의 미래 변화에 따라 파생되는 문제점과 현상을 융합(학문 분야 간, 과학-정책 간)적인 관점에서 데이터 기반 모델링을 통해서 연구하여 해결방안을 제시하는 Spatial Data Science 연구실을 운영하고 있으며, 국내외 많은 연구자들과의 공동연구를 통해서 지구촌의 지속가능한 발전을 도모하는 데 기여하고 있다.

소현수

서울시립대학교 조경학과를 졸업하고, 같은 대학원에서 조경학 석사학위와 박사학위를 받았다. 현재 서울시립대학교에서 기초설계, 동·서양조경문화론, 한국조경사, 환경계획연구방법론 강의를 담당하고 있다. 조경역사학의 가치를 실천하기 위하여 문화재청 궁능문화재분과 문화재위원과 서울특별시 기념물분과 문화재위원으로 활동 중이고, 역사문화경관연구실을 운영하며 옛 경관 속에서 조경의 규범을 찾고 역사경관의 역할을 확장하는 방편을 모색하고 있다. 저서로 『오늘, 옛 경관을 다시 읽다』(공저), 『지리산 유람록의 이해』(공저)가 있으며, 역서로 『조경가를 꿈꾸는 이들을 위한 조경 설계 키워드 52』(공역)가 있다.

이상석

서울시립대학교 조경학과를 졸업하고 서울대학교 환경대학원에서 조경학 석사학위를, 서울시립대학교 대학원에서 공학 박사학위를 받았다. 순천대학교 조경학과 교수, 미국 캘리포니아대학교 버클리캠퍼스 교환교수를 역임하였으며, 현재 서울시립대학교에서 조경재료 및 시공, 조경구조학, 조경상세설계 및 적산, 경관조형설계론 등을 강의하고 있다. (재)환경조경발전재단 이사장과 서울정원박람회 조직위원장을 역임하였으며, (사)한국조경학회장을 맡고 있다. 저서로『조경구조학』(공저),『경관, 조형 & 디자인』,『조경디테일』,『정원만들기』,『아름다운 정원』,『조경재료학』등이 있다.

이재호

서울시립대학교 조경학과를 졸업하고 서울대학교 환경대학원에서 조경학 석사학위를 받았다. 이후 미국 텍사스 A&M 대학교에서 공원 및 휴양학 박사학위를 받았고, 커뮤니티 계획 및 개발에 중점을 두고 연구를 진행하며, 지역 공동체 활성화 관련 프로젝트에 다수 참여하였다. 텍사스A&M 대학교에서 박사후 연구원으로 일하였고, 조경계획과 커뮤니티계획을 강의하였다. 현재 서울시립대학교에서 조경학개론, 녹색관광계획, 커뮤니티계획, 환경갈등관리, 조경연구방법론 등을 강의하고 있다. 조경의 물리적 공간에 대한 이해와 '커뮤니티'의 사회과학적 기반 이론을 바탕으로 하여 도시재생, 농촌계획, 지역관광 등에 힘쓰고 있으며, 공원 및 녹지공간에서 이용자 관리와 이해관계자 간의 갈등관리에 관련된 다수의 논문을 발표하였다.

한봉호

서울시립대학교 조경학과를 졸업하고 같은 대학원에서 조경학 석사학위와 공학 박사학위를 받았다. 현재 서울시립대학교에서 조경수목의 이해, 식재계획 및 기법, 배식방법론, 환경생태계획을 강의하고 있다. 친환경 도시를 위한 도시생태현황도(비오톱 지도) 작성 방법을 개발하였고, 가로수 관리지침, 생태공원 조성계획, 국립공원 기본계획과 보전관리계획을 최초로 수립하였다. 현장조사에 기반한 실사구시 연구를 추진하고 있다. 사회공헌을 위한 활동으로 (재)환경생태연구재단 이사장, 생태보전시민모임 공동대표, 서울환경운동연합 생태도시위원장을 맡고 있다. 저서로『환경생태학』(공저),『환경생태계획』(공저) 등이 있다.

조 만 처
경 나 /
학 는 음

1판 1쇄 펴낸날 2020년 3월 16일
1판 2쇄 펴낸날 2021년 10월 8일

지은이 | 김아연·김영민·김용근·김한배·박찬·소현수·이상석·이재호·한봉호
펴낸이 | 김시연

펴낸곳 | (주)일조각
등록 | 1953년 9월 3일 제300-1953-1호(구: 제1-298호)
주소 | 03176 서울시 종로구 경희궁길 39
전화 | 02-734-3545 / 02-733-8811(편집부)
       02-733-5430 / 02-733-5431(영업부)
팩스 | 02-735-9994(편집부) / 02-738-5857(영업부)

이메일 | ilchokak@hanmail.net
홈페이지 | www.ilchokak.co.kr

ISBN 978-89-337-0770-8 93520
값 24,000원

* 지은이와 협의하여 인지를 생략합니다.
* 이 도서의 국립중앙도서관 출판예정도서목록(CIP)은 서지정보유통지원시스템 홈페이지(http://seoji.nl.go.kr)와
  국가자료종합목록 구축시스템(http://kolis-net.nl.go.kr)에서 이용하실 수 있습니다. (CIP제어번호 : CIP2020009066)